计算机科学与技术专业核心教材体系建设—— 建议使用时间

课程系列	基础系列	电类系列	程序系列	系统系列	应用系列	选修系列
一年级上	大学计算机基础		计算机程序设计			
一年级下	离散数学（上） 信息安全导论	电子技术基础	面向对象程序设计 程序设计实践			
二年级上	离散数学（下）	数字逻辑设计 数字逻辑设计实验	数据结构			
二年级下			算法设计与分析	计算机网络		
三年级上			软件工程 编译原理	计算机体系结构	人工智能导论 数据库原理与技术 嵌入式系统	
三年级下			软件工程综合实践	计算机系统综合实践 操作系统 计算机原理	计算机图形学	
四年级上						机器学习 物联网导论 大数据分析技术 数字图像技术
四年级下						

U0197931

面向新工科专业建设计算机系列教材

Java 语言程序设计基础
（微课版）

李金双◎编著

清华大学出版社
北京

内 容 简 介

与其他 Java 语言教材相比，本书更注重程序设计能力的培养，而不是 Java 语法的细枝末节。本书内容主要包括 3 方面：Java 核心语法、程序设计基础、图形用户界面程序设计初步。

为方便学习，本书配有 MOOC 和 Online Judge 等学习资源，每年在 3 月和 9 月共开课两次，尽量与之配合学习，有学习进度督促和教师答疑，当可事半功倍。

根据学习者个人情况不同，每天大约花两小时学习，只需要坚持十五六周就能掌握程序设计的基本技能、熟悉 Java 语言的核心语法。

万丈高楼平地起，本书只是学习程序设计技术的开始，希望通过本书的学习，让学习者发现程序设计的乐趣，养成良好的程序设计习惯，为进一步学习好数据结构、算法分析等后续课程奠定坚实的基础。

本书适合任何专业的学习者，只要你想学习一门流行的程序设计语言，学习程序设计技术，无论你是零基础的初学者，还是学习过其他程序设计语言，只要你还不能独立编写略微复杂的程序，本书都适合你。

本书封面贴有清华大学出版社防伪标签，无标签者不得销售。

版权所有，侵权必究。举报：010-62782989，beiqinquan@tup.tsinghua.edu.cn。

图书在版编目（CIP）数据

Java 语言程序设计基础：微课版/李金双编著. —北京：清华大学出版社，2022.5
面向新工科专业建设计算机系列教材
ISBN 978-7-302-60563-8

Ⅰ.①J… Ⅱ.①李… Ⅲ.①JAVA 语言－程序设计－高等学校－教材 Ⅳ.①TP312.8

中国版本图书馆 CIP 数据核字（2022）第 064157 号

责任编辑：白立军 杨 帆
封面设计：刘 乾
责任校对：郝美丽
责任印制：宋 林

出版发行：清华大学出版社
  网 址：http://www.tup.com.cn，http://www.wqbook.com
  地 址：北京清华大学学研大厦 A 座   邮 编：100084
  社 总 机：010-83470000   邮 购：010-62786544
  投稿与读者服务：010-62776969，c-service@tup.tsinghua.edu.cn
  质量反馈：010-62772015，zhiliang@tup.tsinghua.edu.cn
  课件下载：http://www.tup.com.cn，010-83470236
印 装 者：三河市铭诚印务有限公司
经 销：全国新华书店
开 本：185mm×260mm 印 张：23.25 插 页：1 字 数：542 千字
版 次：2022 年 7 月第 1 版   印 次：2022 年 7 月第 1 次印刷
定 价：69.80 元

产品编号：092980-01

出版说明

一、系列教材背景

人类已经进入智能时代,云计算、大数据、物联网、人工智能、机器人、量子计算等是这个时代最重要的技术热点。为了适应和满足时代发展对人才培养的需要,2017年2月以来,教育部积极推进新工科建设,先后形成了"复旦共识""天大行动"和"北京指南",并发布了《教育部高等教育司关于开展新工科研究与实践的通知》《教育部办公厅关于推荐新工科研究与实践项目的通知》,全力探索形成领跑全球工程教育的中国模式、中国经验,助力高等教育强国建设。新工科有两个内涵:一是新的工科专业;二是传统工科专业的新需求。新工科建设将促进一批新专业的发展,这批新专业有的是依托于现有计算机类专业派生、扩展而成的,有的是多个专业有机整合而成的。由计算机类专业派生、扩展形成的新工科专业有计算机科学与技术、软件工程、网络工程、物联网工程、信息管理与信息系统、数据科学与大数据技术等。由计算机类学科交叉融合形成的新工科专业有网络空间安全、人工智能、机器人工程、数字媒体技术、智能科学与技术等。

在新工科建设的"九个一批"中,明确提出"建设一批体现产业和技术最新发展的新课程""建设一批产业急需的新兴工科专业"。新课程和新专业的持续建设,都需要以适应新工科教育的教材作为支撑。由于各个专业之间的课程相互交叉,但是又不能相互包含,所以在选题方向上,既考虑由计算机类专业派生、扩展形成的新工科专业的选题,又考虑由计算机类专业交叉融合形成的新工科专业的选题,特别是网络空间安全专业、智能科学与技术专业的选题。基于此,清华大学出版社计划出版"面向新工科专业建设计算机系列教材"。

二、教材定位

教材使用对象为"211工程"高校或同等水平及以上高校计算机类专业及相关专业学生。

三、教材编写原则

（1）借鉴 *Computer Science Curricula* 2013（以下简称 CS2013）。CS2013 的核心知识领域包括算法与复杂度、体系结构与组织、计算科学、离散结构、图形学与可视化、人机交互、信息保障与安全、信息管理、智能系统、网络与通信、操作系统、基于平台的开发、并行与分布式计算、程序设计语言、软件开发基础、软件工程、系统基础、社会问题与专业实践等内容。

（2）处理好理论与技能培养的关系，注重理论与实践相结合，加强对学生思维方式的训练和计算思维的培养。计算机专业学生能力的培养特别强调理论学习、计算思维培养和实践训练。本系列教材以"重视理论，加强计算思维培养，突出案例和实践应用"为主要目标。

（3）为便于教学，在纸质教材的基础上，融合多种形式的教学辅助材料。每本教材可以有主教材、教师用书、习题解答、实验指导等。特别是在数字资源建设方面，可以结合当前出版融合的趋势，做好立体化教材建设，可考虑加上微课、微视频、二维码、MOOC 等扩展资源。

四、教材特点

1. 满足新工科专业建设的需要

系列教材涵盖计算机科学与技术、软件工程、物联网工程、数据科学与大数据技术、网络空间安全、人工智能等专业的课程。

2. 案例体现传统工科专业的新需求

编写时，以案例驱动，任务引导，特别是有一些新应用场景的案例。

3. 循序渐进，内容全面

讲解基础知识和实用案例时，由简单到复杂，循序渐进，系统讲解。

4. 资源丰富，立体化建设

除了教学课件外，还可以提供教学大纲、教学计划、微视频等扩展资源，以方便教学。

五、优先出版

1. 精品课程配套教材

主要包括国家级或省级的精品课程和精品资源共享课的配套教材。

2. 传统优秀改版教材

对于已经出版、得到市场认可的优秀教材，由于新技术的发展，计划给图书配上新的教学形式、教学资源的改版教材。

3. 前沿技术与热点教材

反映计算机前沿和当前热点的相关教材,例如云计算、大数据、人工智能、物联网、网络空间安全等方面的教材。

六、联系方式

联系人:白立军

联系电话:010-83470179

联系和投稿邮箱:bailj@tup.tsinghua.edu.cn

面向新工科专业建设计算机系列教材编委会

2019 年 6 月

面向新工科专业建设计算机系列教材编委会

主　任：

张尧学　清华大学计算机科学与技术系教授　中国工程院院士/教育部高等
　　　　学校软件工程专业教学指导委员会主任委员

副主任：

陈　刚　浙江大学计算机科学与技术学院　　　　　院长/教授
卢先和　清华大学出版社　　　　　　　　　　　　常务副总编辑、
　　　　　　　　　　　　　　　　　　　　　　　副社长/编审

委　员：

毕　胜　大连海事大学信息科学技术学院　　　　　院长/教授
蔡伯根　北京交通大学计算机与信息技术学院　　　院长/教授
陈　兵　南京航空航天大学计算机科学与技术学院　院长/教授
成秀珍　山东大学计算机科学与技术学院　　　　　院长/教授
丁志军　同济大学计算机科学与技术系　　　　　　系主任/教授
董军宇　中国海洋大学信息科学与工程学院　　　　副院长/教授
冯　丹　华中科技大学计算机学院　　　　　　　　院长/教授
冯立功　战略支援部队信息工程大学网络空间安全学院　院长/教授
高　英　华南理工大学计算机科学与工程学院　　　副院长/教授
桂小林　西安交通大学计算机科学与技术学院　　　教授
郭卫斌　华东理工大学信息科学与工程学院　　　　副院长/教授
郭文忠　福州大学数学与计算机科学学院　　　　　院长/教授
郭毅可　上海大学计算机工程与科学学院　　　　　院长/教授
过敏意　上海交通大学计算机科学与工程系　　　　教授
胡瑞敏　西安电子科技大学网络与信息安全学院　　院长/教授
黄河燕　北京理工大学计算机学院　　　　　　　　院长/教授
雷蕴奇　厦门大学计算机科学系　　　　　　　　　教授
李凡长　苏州大学计算机科学与技术学院　　　　　院长/教授
李克秋　天津大学计算机科学与技术学院　　　　　院长/教授
李肯立　湖南大学　　　　　　　　　　　　　　　校长助理/教授
李向阳　中国科学技术大学计算机科学与技术学院　执行院长/教授
梁荣华　浙江工业大学计算机科学与技术学院　　　执行院长/教授
刘延飞　火箭军工程大学基础部　　　　　　　　　副主任/教授
陆建峰　南京理工大学计算机科学与工程学院　　　副院长/教授
罗军舟　东南大学计算机科学与工程学院　　　　　教授
吕建成　四川大学计算机学院(软件学院)　　　　　院长/教授
吕卫锋　北京航空航天大学　　　　　　　　　　　副校长/教授

马志新	兰州大学信息科学与工程学院	副院长/教授
毛晓光	国防科技大学计算机学院	副院长/教授
明　仲	深圳大学计算机与软件学院	院长/教授
彭进业	西北大学信息科学与技术学院	院长/教授
钱德沛	北京航空航天大学计算机学院	教授
申恒涛	电子科技大学计算机科学与工程学院	院长/教授
苏　森	北京邮电大学计算机学院	执行院长/教授
汪　萌	合肥工业大学计算机与信息学院	院长/教授
王长波	华东师范大学计算机科学与软件工程学院	常务副院长/教授
王劲松	天津理工大学计算机科学与工程学院	院长/教授
王良民	江苏大学计算机科学与通信工程学院	院长/教授
王　泉	西安电子科技大学	副校长/教授
王晓阳	复旦大学计算机科学技术学院	院长/教授
王　义	东北大学计算机科学与工程学院	院长/教授
魏晓辉	吉林大学计算机科学与技术学院	院长/教授
文继荣	中国人民大学信息学院	院长/教授
翁　健	暨南大学	副校长/教授
吴　迪	中山大学计算机学院	副院长/教授
吴　卿	杭州电子科技大学	教授
武永卫	清华大学计算机科学与技术系	副主任/教授
肖国强	西南大学计算机与信息科学学院	院长/教授
熊盛武	武汉理工大学计算机科学与技术学院	院长/教授
徐　伟	陆军工程大学指挥控制工程学院	院长/副教授
杨　鉴	云南大学信息学院	教授
杨　燕	西南交通大学信息科学与技术学院	副院长/教授
杨　震	北京工业大学信息学部	副主任/教授
姚　力	北京师范大学人工智能学院	执行院长/教授
叶保留	河海大学计算机与信息学院	院长/教授
印桂生	哈尔滨工程大学计算机科学与技术学院	院长/教授
袁晓洁	南开大学计算机学院	院长/教授
张春元	国防科技大学计算机学院	教授
张　强	大连理工大学计算机科学与技术学院	院长/教授
张清华	重庆邮电大学计算机科学与技术学院	执行院长/教授
张艳宁	西北工业大学	校长助理/教授
赵建平	长春理工大学计算机科学技术学院	院长/教授
郑新奇	中国地质大学(北京)信息工程学院	院长/教授
仲　红	安徽大学计算机科学与技术学院	院长/教授
周　勇	中国矿业大学计算机科学与技术学院	院长/教授
周志华	南京大学计算机科学与技术系	系主任/教授
邹北骥	中南大学计算机学院	教授

秘书长：

白立军	清华大学出版社	副编审

前言

诞生于 20 世纪 90 年代中期的 Java 编程语言,目前已成为最重要的程序设计语言之一。Java 语言不但应用广泛,而且语法简单严谨、结构清晰,既适合编写侧重程序设计思想训练的结构化程序,又适合编写侧重于工程实践的面向对象程序,并且还提供了丰富的图形用户界面组件,是学习程序设计初学者的首选语言。

本书是一本学习 Java 编程的入门教材,也是读者了解和初步掌握程序设计思想及其实现方法的一本理想读物。本书既适合从零开始学习的读者,又适合学习过一两门程序设计语言,具有一定程序设计能力的读者。如果你还不能使用 Java 语言完成下列多数任务,那么本书非常适合你。

(1) 输入将来的某个日期,判断其是星期几。

(2) 输入一篇英文文章,统计其中的单词数量以及每个单词的出现次数。

(3) 二分查找、选择排序、冒泡排序。

(4) 熟练使用标签、文本域、文本区域、按钮、单选按钮、复选框、组合框、列表框、文件选择对话框、消息提示对话框、颜色选择对话框、菜单等组件。

(5) 简单图形绘制、图像的显示与控制、简单的声音和动画控制。

(6) 熟悉类、对象、封装、继承、多态、构造方法、重载方法、覆盖方法、抽象类、接口、内部类、异常、输入输出等概念。

(7) 能编写简单的多线程、客户/服务器程序。

本书还提供了一个贯穿全书的程序设计能力提升应用案例:扑克牌单机版斗地主程序。

对零基础的读者来说,每天学习约两小时,十五六周可完成全部学习(不包括斗地主程序编写时间);具有一定基础的读者在相同时间内应可完成包括斗地主程序编写的所有任务。

本书注重完整的程序设计实践,每章都附有大量具有可实践性的程序实例、自测题、编程实践题。本书与其他教材最大的不同是更注重程序设计能力的培养,在内容安排上由四部分组成。

第一部分是程序设计基础(第 1~7 章),分别是 Java 语言初步(包括数据的输入输出)、顺序结构程序设计(包括数学函数和 Online Judge 系统)、选择结构程序设计、循环结构程序设计、数组(包括二分查找、简单排序算法)、字符串(包括日期和时间)、函数(包括程序的调试)。

第二部分是图形用户界面程序设计(第 7~15 章),并在第 9 章和第 10 章进行了集中讲解,内容涉及窗体、对话框、面板等容器,以及各种常用图形组件的使用,事件、布局管理器等基本概念的讲解,以及各组件之间的关联控制等内容。通过本部分的学习,使读者能熟练掌握针对组件的基本操作,编写简单的图形用户界面程序。

第三部分是面向对象程序设计(第 8、11~13 章),本部分主要是熟悉面向对象的基本概念,侧重理论讲解。内容包括类的创建、构造方法、属性和方法的封装、类方法、方法的重载与覆盖、类继承、接口的定义与实现、异常处理等。

第四部分是高级 Java 程序设计(第 14~16 章),其内容无论是编写哪种类型的程序都会涉及。第 14 章针对输入输出,主要是讲解文件操作。第 15 章讲解多线程程序的编写,这是 Java 语言的特色部分之一,主要是了解多线程程序编写,理解线程访问资源冲突问题及解决方式。第 16 章讲解简单的客户/服务器程序的编写,理解网络程序间信息传递的机制,方便读者将单机版斗地主程序改为网络版。

为了提升读者的程序设计水平,本书提供了一个以斗地主规则为基础的编写扑克牌程序的案例。通过本例学习,读者将能掌握编写单机版斗地主程序所需要的所有技术,包括如何存储扑克牌、扑克牌类型和牌值的获取、洗牌、抓牌、扑克牌的显示、符合斗地主规则的 1~5 张牌的牌型判断和大小比较,简单的声音和动画。掌握这些技术之后,读者可自行编写完整的斗地主程序,当然,该程序的人工智能部分是初级的,能管尽管或配合少量逻辑判断。

为便于学习,本书还为读者和主讲教师提供了丰富的配套资源,包括 PPT 和示例源代码。每年的 3 月和 9 月都会在中国大学 MOOC 上开课,上面有丰富的视频资源,有更多的人一起学习,有教师的答疑,相信一定会有利于读者的学习。将程序设计基础典型题部署在 Online Judge 平台上,方便读者自学。

虽然作者竭尽所能,但水平有限,书中难免有不妥或错误之处,真诚地欢迎各位专家和读者批评指正。

作　者
2022 年 2 月于东北大学

CONTENTS

目录

第1章　Java 语言初步

本书相关课程每年 3 月和 9 月都会在中国大学 MOOC 上开课，同时还将本书配套的程序设计基础典型题部署在 Online Judge 平台（网址为 https://pintia.cn/）。

中国大学
MOOC-Java
程序设计

◆ 1.1　程序设计和 Java 语言

现代社会中计算机系统无处不在，所有的计算机系统，不管是台式计算机、笔记本计算机、平板计算机、智能手机、游戏机，还是像汽车导航系统之类的专用设备，其形状和功能虽然大不相同，但是它们的工作原理却是类似的，都以相似的方式处理数据。任何计算机系统都是由硬件和软件两部分组成，硬件是实际存在的物理设备，而软件则是控制这些硬件工作的相关的计算机指令集合。例如，手机外壳和内部的电路板等元器件就是硬件，而 Android 和 iOS 就是操作系统软件，微信、支付宝之类就是应用级别的软件。实际上，如果离开了计算机软件，计算机硬件系统将没有任何用处。程序设计过程就是利用计算机程序设计语言来编写计算机软件的过程。

由于电子计算机上的所有信息都是采用两种容易识别的状态进行存储，这两种状态分别用二进制数字 0 和 1 来描述。例如，导线有有电和没电两种状态，用数字 1 代表有电，用数字 0 代表没电，如果采用这样的 8 根导线来描述状态，前 5 根导线没电、后 3 根导线有电就可以用二进制数 00000111 来表示。

计算机软件所使用的所有指令和数据都要用二进制数表示，这就是机器语言。例如，让计算机计算 3＋5×7 的值，就要知道数字 3、5、7 的二进制表示，指令加号和乘号的二进制表示，还需要知道计算结果存放位置的二进制表示，显然这与常用的自然语言相去甚远，为程序设计带来极大不便。这样就产生了一系列与我们生活中所使用的语言（主要词汇用英语）更为接近的程序设计语言，用这样的语言编写计算机程序，然后利用该语言的编译器将其编译成计算机可执行的机器语言。这些语言各具特色，Java 语言就是其中最为出色的程序设计语言。

Java 语言自 1995 年发布以后,顺应因特网快速发展的潮流,很快成为一种主流的计算机程序设计语言,是多年来最流行的程序设计语言之一。图 1.1 是 TIOBE 2022 年 3 月编程语言排行榜的前 10 名(https://www.tiobe.com/tiobe-index/),Java 语言排名第三。

Mar 2022	Mar 2021	Change	Programming Language	Ratings	Change
1	3	∧	Python	14.26%	+3.95%
2	1	∨	C	13.06%	-2.27%
3	2	∨	Java	11.19%	+0.74%
4	4		C++	8.66%	+2.14%
5	5		C#	5.92%	+0.95%
6	6		Visual Basic	5.77%	+0.91%
7	7		JavaScript	2.09%	-0.03%
8	8		PHP	1.92%	-0.15%
9	9		Assembly language	1.90%	-0.07%
10	10		SQL	1.85%	-0.02%

图 1.1　TIOBE 2022 年 3 月编程语言排行榜

图 1.2 是 TIOBE 排行榜前 10 名编程语言长期的走势图,2002—2022 年,Java 语言一直是最流行的程序设计语言之一,多数时间排名第一。可以预见至少在未来的几十年内,Java 语言仍将是最流行的程序设计语言之一。

扫码见彩图

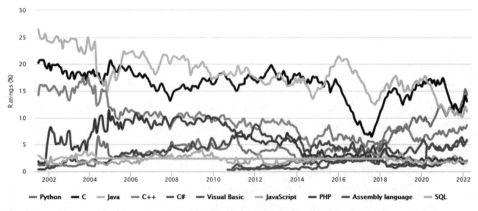

TIOBE Programming Community Index

Source: www.tiobe.com

图 1.2　TIOBE 排行榜前 10 名编程语言长期趋势图

Java 语言的最大特点之一是其平台无关性:一次编写,在任何平台(操作系统)上都可以直接运行,另外它具有语法简单、支持面向对象程序设计、分布式、安全性好等特点。因此,Java 的应用极为广泛,是学习计算机程序设计技术的首选程序设计语言。

◆ 1.2　Java 程序设计开发环境

开发 Java 语言首先要安装 Java 开发工具包(Java Development Kit,JDK),它是 Java 语言核心的软件开发工具包,包含了 Java 语言的运行环境和 Java 语言的开发工具。JDK 有不同的版本,本书使用普通计算机上最常用的 Java 标准版(Java Standard Edition,Java SE)。使用 Java 语言首先要安装 JDK,只要在搜索引擎(例如百度)输入关键字 JDK 后搜索,在列表中找到 Oracle 公司的链接后单击进入,界面如图 1.3 所示。

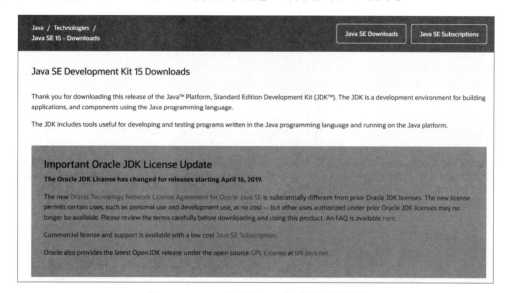

图 1.3　Oracle 公司的 Java 标准版下载页面

单击右上角的 Java SE Downloads 按钮后,在图 1.4 所示版本选择页面中选择与自己计算机匹配的版本下载即可,本书使用的操作系统是 Windows,因此选择倒数第二项 jdk-15.0.1_windows -x64_bin.exe 版本执行文件下载,如果操作系统是 Linux 或 macOS,可根据自己的实际情况选择下载。

JDK 的安装过程非常简单,一直单击 Next 按钮以其默认配置安装即可。安装 JDK 以后,虽然具备了使用 Java 语言编写计算机程序的能力,但其开发环境是极其简陋的,不利于程序的开发与调试。因此,本书使用功能更为强大的集成开发环境,当前最流行的集成开发环境有 Eclipse 和 NetBeans,前者使用的人更多但配置较复杂,对于初学者来说掌握起来更困难一些,后者一键式安装,无须更多配置,因此代码均在 NetBeans 集成开发环境(Integrated Development Environment,IDE)中完成。

使用搜索引擎搜索 NetBeans IDE,选择"NetBeans 官网"下载最新版本即可,图 1.5 所示 NetBeans 下载产品版本选择页面。

单击版本介绍后的 Download 按钮,在如图 1.6 所示的 NetBeans 下载操作系统选择

Java SE Development Kit 15.0.1

This software is licensed under the Oracle Technology Network License Agreement for Oracle Java SE

Product / File Description	File Size	Download
Linux ARM 64 RPM Package	141.81 MB	jdk-15.0.1_linux-aarch64_bin.rpm
Linux ARM 64 Compressed Archive	157.01 MB	jdk-15.0.1_linux-aarch64_bin.tar.gz
Linux x64 Debian Package	154.79 MB	jdk-15.0.1_linux-x64_bin.deb
Linux x64 RPM Package	162.02 MB	jdk-15.0.1_linux-x64_bin.rpm
Linux x64 Compressed Archive	179.33 MB	jdk-15.0.1_linux-x64_bin.tar.gz
macOS Installer	175.94 MB	jdk-15.0.1_osx-x64_bin.dmg
macOS Compressed Archive	176.53 MB	jdk-15.0.1_osx-x64_bin.tar.gz
Windows x64 Installer	159.69 MB	jdk-15.0.1_windows-x64_bin.exe
Windows x64 Compressed Archive	179.27 MB	jdk-15.0.1_windows-x64_bin.zip

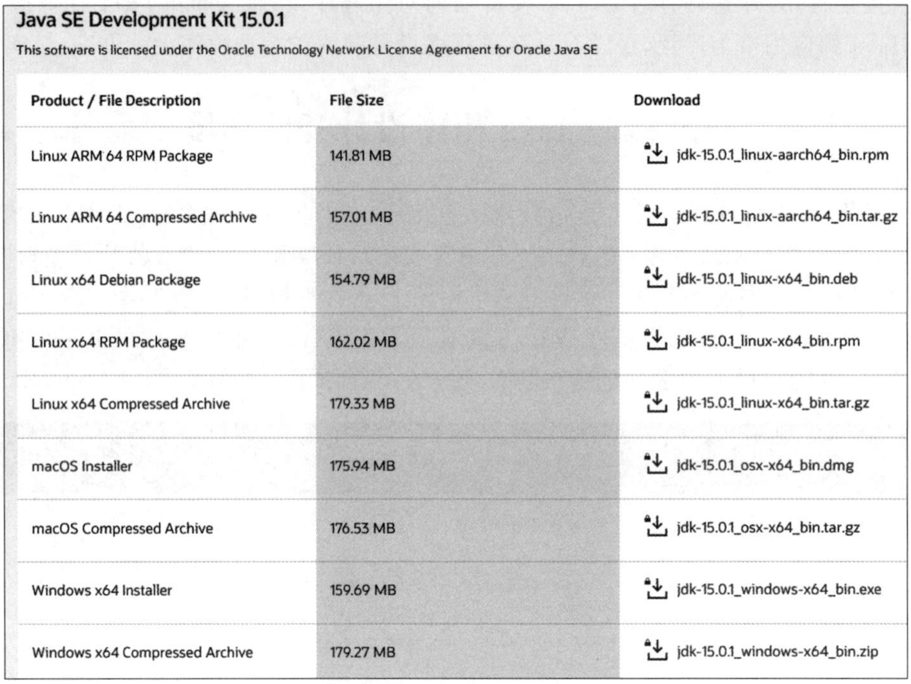

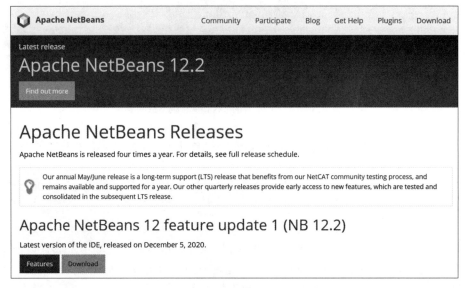

图 1.4 JDK 下载版本选择列表

图 1.5 NetBeans 下载产品版本选择页面

页面中选择与自己计算机匹配的文件下载后安装即可，同样采用默认配置安装。注意，必须首先安装 Java JDK，然后才能安装 NetBeans IDE。

安装完毕后，打开 NetBeans IDE，在 File 菜单中选择 New Project 命令建立一个新项目，在类别中选择 Java with Ant，项目中选择 Java Application，如图 1.7 所示。

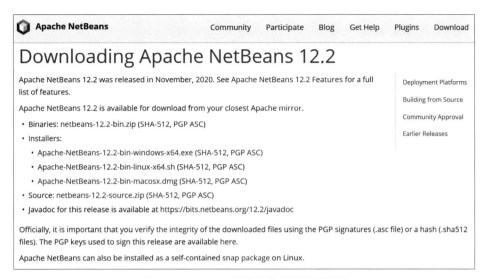

图 1.6　NetBeans 下载操作系统选择页面

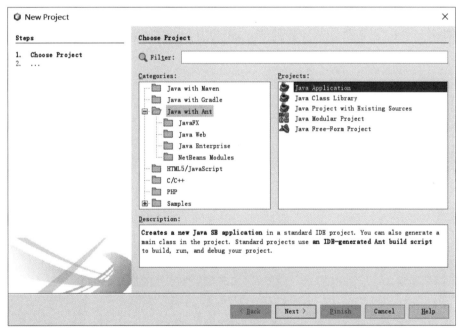

图 1.7　新建项目窗口

　　单击 Next 按钮,如果该项目为灰色,则会提示下载并安装激活需要的插件,安装完毕后会重新启动软件,再次重复上述操作。进入如图 1.8 所示的新建 Java 应用窗口,在最上方的 Project Name 中输入 HelloWorld 项目名,其他保持不变。

　　单击 Finish 按钮完成项目生成向导,进入如图 1.9 所示的 NetBeans IDE 软件的主界面。

　　开发环境的最上端是菜单栏和工具栏,其左上是项目(Projects)区窗格,左下是导航

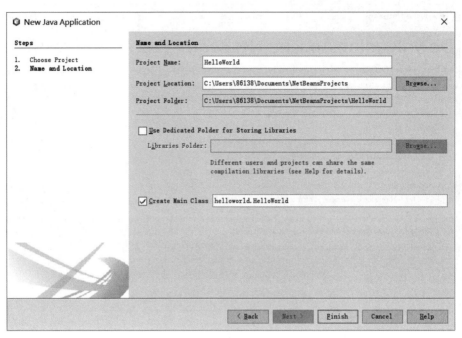

图 1.8　新建 Java 应用窗口

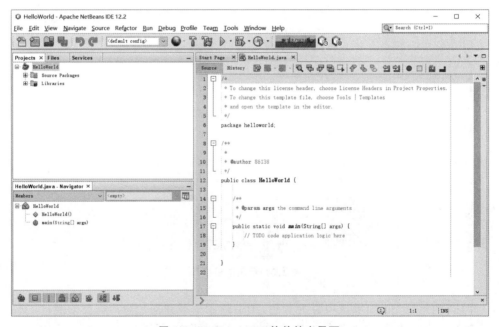

图 1.9　NetBeans IDE 软件的主界面

(Navigator)区窗格,右侧是文件编辑(Editor)区窗格,如果哪个窗格不小心被关闭了,可以通过选择 Window 菜单下的相应菜单项显示,如图 1.10 所示的菜单中的第一项(Projects)、第五项(Navigator)和第九项(Editor)。

图 1.10　NetBeans IDE 开发环境的 Window 菜单

现在右侧编辑区正在显示的是 HelloWorld.java 的源文件（如没有显示，双击左侧项目区 Source Packages 中 helloworld 包中的 HelloWorld.java 源文件名），在其 public static void main(String[] args) 函数中的 //TODO code application logic here 后面按 Enter 键，在新行中输入"System.out.println("Hello World");"语句，一定要注意要在英文状态下输入，并且要保证字母的大小写输入正确，如果输入都正确，每当输入"."符号时都会有输入提示，可以选择提示中的单词以加快输入，输入完成后如图 1.11 右上编辑窗格代码所示。

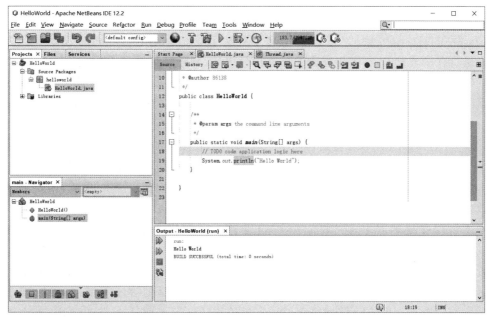

图 1.11　编辑并运行 HelloWorld.java 源文件

    在编辑窗格中右击,在弹出的快捷菜单中选择 Run File 命令编译运行程序,如果一切正确,在右下的输出(Output)窗格中会显示编译信息和程序运行结果(在屏幕上输出字符串 Hello World)。

    现在已经正确安装好 NetBeans IDE 开发软件,并且已经用 Java 语言编写了第一个计算机应用程序。下面用完整的 HelloWorld 程序认识一下 Java 语言编写的程序的结构。

```
/*
 * To change this license header, choose License Headers in Project Properties.
 * To change this template file, choose Tools | Templates
 * and open the template in the editor.
 */
package helloworld;

/*
 *
 * @author lijinshuang
 */
public class HelloWorld {

    /*
     * @param args the command line arguments
     */
    public static void main(String[] args) {
        //TODO code application logic here
        System.out.println("Hello World");
    }

}
```

    程序中以"/ * "开始、" * /"结束的部分是多行注释部分,它们之间的内容都是注释,注释是给程序员看的,不属于程序的正常执行语句,删除注释语句不影响程序的运行,但是良好的注释可以增强程序的可读性和可维护性。在"package helloworld;"语句的上方和下方各有一段注释部分,语句中间的" * "只是起到装饰作用。在 public static void main(String[] args) 语句上方也有一段注释语句。

    以"//"开始的是单行注释语句,只有一行注释时使用更加方便。public static void main(String[] args) 语句下面就有一条单行注释语句,提示编写的程序代码应写在此处。

    package 语句表明源文件的存放位置,相当于磁盘上的一个文件夹名,不要随意修改它。源文件是用程序设计语言编写的未被编译成机器语言的程序文件,Java 语言源文件的扩展名是 java。我们编写的所有程序代码必须放置在某个类中,public class HelloWorld 中关键字 class 表示这是一个类,类的名字为 HelloWorld,public 是一个修饰符号,因为使用了这个修饰符,HelloWorld 类所在的源文件名称必须是 HelloWorld.java,注意类中字母的大小写与文件名中字母的大小写必须一致,类名后面的左花括号({)和最后面与之相对应的右花括号(})表明这个类的范围,每个类都会编译成一个扩展名为 class 的字节码文件,这就是可以直接在 Java 虚拟机中运行的执行文件。

类里面的 public static void main(String[] args)中的 main 是主函数名,我们编写的程序代码一定要放置在其后的一对花括号({ })中。"System. out. println("Hello World");"是一条程序语句,该语句的含义是在系统的标准输出设备(显示器)上输出一行信息,输入程序代码时一定注意要在西文状态下输入,括号、双引号、分号等都是西文状态下的符号,如果使用中文状态输入这些符号,程序将无法运行,每条语句都要以西文分号(;)结束。

◈ 1.3　标识符和关键字

在计算机程序中存在的任何一个组成成分都需要有一个唯一的名字来标识它,这个名字就是标识符。Java 语言中对标识符的定义有如下规定。

(1)标识符的长度不限。

(2)标识符可以由字母、数字、下画线(_)和美元符号($)组成,但第一个字符必须是字母、下画线或美元符号之一,不能是数字。

(3)标识符中同一个字母的大写或小写被认为是不同的,即标识符区分字母的大小写。例如,name 和 Name 代表两个不同的标识符。

在通常情况下,为提高程序的可读性和可理解性,在对程序中的任何一个成分命名时,都应该取一个能反映该成分具体含义的名称作为标识符。此外,作为一种习惯,除非特殊约定,尽量用小写字母定义标识符,如果标识符由多个单词组成,从第二个单词开始每个单词的首字母通常大写。例如,setColor、getArea 等。

Java 语言本身已经定义和使用了一些标识符,这些标识符被称为关键字,也称保留字。关键字主要有数据类型关键字(如 int、float、char 等),或控制语句中的关键字(如 if、while 等)。由于关键字有其特殊的语法含义,因此自己定义的标识符不能使用这些关键字,表 1.1 列出了 Java 语言的关键字,所有的关键字中字母都是小写的。

表 1.1　Java 语言的关键字

	关　键　字								
	abstract	boolean	break	byte	byvalve	case	catch	char	class	const
Java 语言	continue	default	do	double	else	extends	false	final	finally	float
	for	goto	if	implements	import	instanceof	int	interface	long	native
	new	null	package	private	protected	public	return	short	static	super
	switch	synchronized	this	threadsafe	throw	transient	true	try	void	while

◆ 1.4　整数类型和实数类型

使用任何一种程序设计语言编写的计算机程序,都需要存储数据,也需要对数据进行计算和处理。数据存储在计算机内存中,由于计算机的存储空间是有限的,因此针对每种类型的数据都约定好其存储空间的大小和存储方式,并且规定了针对该类型数据的操作方式,这就是数据类型。

在程序中,对于数值型的数据存储主要分为两类:整数类型和实数类型。

1. 整数类型

整数类型用来存储整数,其含义与数学中的含义相同,但是受存储空间的限制,其存储有一定的范围。Java 语言按其存储空间的大小,定义了如表 1.2 所示的 4 种整数类型。

表 1.2　Java 语言的 4 种整数类型

类型	描述	占字节数	取 值 范 围
字节型	byte	1	$-128\sim127$,即 $-2^7\sim2^7-1$
短整型	short	2	$-32\,768\sim32\,767$,即 $-2^{15}\sim2^{15}-1$
整型	int	4	$-2\,147\,483\,648\sim2\,147\,483\,647$,即 $-2^{31}\sim2^{31}-1$
长整型	long	8	$-9\,223\,372\,036\,854\,775\,808\sim9\,223\,372\,036\,854\,775\,807$,即 $-2^{63}\sim2^{63}-1$

通常如果不加以特殊说明,整数指的是 int 类型,它使用 4 字节存储数据,共有 32 个数据位(每字节 8 位),表示的数值范围为 $-2\,147\,483\,648\sim2\,147\,483\,647$。若要使用更大的整数,则应在数据末尾加上大写的 L 或小写的 l 以说明其是 long 类型数据,long 类型使用 8 字节存储数据,其数值的存储范围比 int 类型大得多,能存储多达 19 位的整数。

整数有 3 种进制的表示形式。

(1)十进制:就是平常生活中的数字表示形式,逢十进一,程序中输入数据时要求其首位不能为 0。

(2)八进制:输入时以数字 0 开始,后面跟多个 0~7 的数字,逢八进一,如 0123,对应的十进制数是 83($1\times8^2+2\times8^1+3$)。

(3)十六进制:以 0x 或 0X 开始,后面跟多个 0~9 的数字、a~f 的小写字母或 A~F 的大写字母,字母代表数字 10~15,逢十六进一,如 0x12E,对应的十进制数是 302($1\times16^2+2\times16^1+14$)。

例 1.1　整数类型数据的输入输出示例。

```
public class IntExample {
    public static void main(String[] args) {
        //定义 4 个 int 类型变量,存储数据的标识符被称为变量名
        int a1,a2,a3,a4;
        //分别以十进制、八进制、十六进制形式输入 3 个整数
```

```
            a1=21;
            a2=021;
            a3=0x21;
            //输入的数超过 int 的范围,编译错误,因此注释掉了
            //a4=12345678910;
            //定义 3 个 long 类型变量
            long b1,b2,b3;
            //输入一个 int 范围内的整数,没有问题
            b1=123;
            //十六进制形式输入一个整数,没有问题
            b2=0x123;
            //输入的数超过 int 的范围,在数字后面加上 L 或 l,表明是 long 类型
            b3=12345678910L;
            //输出变量的值,变量不要加双引号
            System.out.println(a1);
            System.out.println(a2);
            System.out.println(a3);
            //输出字符串后再输出变量的值,使用"+"连接
            System.out.println("b1="+b1);
            System.out.println("b2="+b2);
            System.out.println("b3="+b3);
        }
}
```

程序运行结果如下:

```
21
17
33
b1=123
b2=291
b3=12345678910
```

在 Java 语言中,等号(=)是赋值运算符,赋值运算符的作用是将赋值运算符右边的数据或变量的值赋给赋值运算符左边的变量。注意赋值运算符的左边必须是一个变量。运行程序,变量 a1、a2、a3 都是按十进制输出的,数值分别为 21、17、33。变量 b1、b2、b3 的值均正常输出,输出结果不带有 L 标记。

输出数据时使用的是 println 函数,也可以使用 print 函数,二者的区别是前者输出信息后会自动换行而后者不换行。

2. 实数类型

实数类型是以浮点方式进行存储的,又称浮点数,用来存储带小数的数。Java 语言中的实数类型按其取值范围不同,可分为 float 类型(单精度浮点型)和 double 类型(双精度浮点型)两种,如表 1.3 所示。

表 1.3　Java 语言的两种实数类型

类　　型	描述	占字节数	取 值 范 围
单精度浮点型	float	4	−3.402 823 47E38F～3.402 823 47E38F,7 位有效数据
双精度浮点型	double	8	−1.797 693 134 862 315 7E308～1.797 693 134 862 315 7E308, 15 位有效数据

在计算机中,实数类型存储的是数字的近似值,采用类似于十进制的科学记数法的方式存储,因此虽然占用相同的存储空间(如 int 类型和 float 类型,都占 4 字节),实数类型的存储范围比整数类型要大得多。在以科学记数法方式输入数据时,用字母 E 或 e 后加整数数字的方式代表 10 的多少次方。在小数后不加任何字符或加上 d 或 D 表示双精度浮点数,如 2.3,2.3e3,2.3e3d,2.3e3D。在小数后加上 f 或 F,表示单精度浮点数,如 3.2f, 3.2e−3F。

例 1.2　实数类型数据的输入输出示例。

```java
public class DoubleExample {
    public static void main(String[] args) {
        //定义 3 个 double 类型变量
        double x1,x2,x3;
        //分别以整数、非科学记数方式、科学记数方式输入 3 个实数
        x1=21;
        x2=2.1;
        x3=2.1E-2;
        //定义两个 float 类型变量
        float y1,y2;
        //不允许将 double 类型数据直接赋值给 float 变量,编译错误,因此注释掉了
        //y1=12.3;
        //输入一个整数,没有问题
        y1=123;
        //输入的小数后面加上 F 或 f,表明是 float 类型
        y2=12.3f;
        int a;
        //不允许将实数直接赋值给整数变量,编译错误,因此注释掉了
        //a=3.0;
        System.out.println(x1);
        System.out.println(x2);
        System.out.println(x3);
        System.out.println(y1);
        System.out.println(y2);
    }
}
```

程序运行结果如下:

```
21.0
2.1
0.021
123.0
12.3
```

程序运行,实数类型输出时以带小数的形式输出数据,如数据的小数部分为 0,则输出十分位为 0 的一位小数。

3. 数据类型之间的转换

当把一个容纳信息量小的数据类型转换为一个容纳信息量大的数据类型时,数据本身的信息不会丢失,所以它是安全的。这类数据类型转换不必特殊声明,编译器会自动地完成类型转换工作,这种转换被称为隐式数据类型转换。例如,当把一个整数类型的数据赋值给实数类型时,因为整数类型数据的存储范围远小于实数类型,因此编译器看到语句"float a＝3;"会自动将整数 3 转换为实数 3.0f,然后再赋值给变量 a。

反之,当把一个容纳信息量较大的数据类型向一个容纳信息量较小的数据类型转换时,因为可能面临信息丢失的危险,则必须使用数据类型显式转换,以告知编译器这种风险是已知的,但是仍然要求进行数据类型的转换,否则将会出现编译错误。例如,当直接把实数类型的数据赋值给整数类型时(int a＝3.0),就会出现编译错误。

显式类型转换的形式如下:

(数据类型) 数据或变量

如把上述例子中的"int a＝3.0;"改为"int a＝(int)3.0;",明确告知编译系统进行数据类型的转换,程序编译时就没有问题了。

在表达式中,编译器往往会自动进行数据类型的隐式转换。例如,有 int 类型的变量 a,double 类型的变量 b,则表达式 a＋b 的计算结果是 double 类型的,因为 double 类型是信息量更大的类型。

◆ 1.5　算术运算符和算术表达式

1. 算术运算符

算术运算符是控制数据进行算术运算的符号,其中的加减乘除的运算与操作方式和小学数学中的讲解是一致的。

算术运算符根据所需要操作数的个数,可分为双目运算符和单目运算符,表 1.4 为 Java 语言的算术运算符。双目运算符需要两个操作数,这两个操作数分别写在算术运算符的左右两边。单目运算符只需要一个操作数,可以位于算术运算符的任意一侧,但是分别有不同的含义,表 1.4 中的最后两个算术运算符是单目运算符。

表 1.4 Java 语言的算术运算符

算术运算符	名　　称	示　　例
＋	加	a＋b
－	减	a－b
＊	乘	a ＊ b
/	除	a/b
％	取模运算(给出运算的余数)	a％b
＋＋	自增	a＋＋或＋＋a
－－	自减	b－－或－－b

需要注意以下内容。

(1) 两个整数类型的数据做除法时,结果只保留整数部分,小数部分无论大小被直接舍去,相当于取整运算。例如,5/3 的结果为 1,7/3 的结果为 2。

(2) 只有整数类型才能进行取余运算,其结果是两个整数整除后的余数。例如,5％3 的结果为 2,7/3 的结果为 1。

(3) 自增与自减算术运算符只适用于变量,且变量可以位于算术运算符的任意一侧,算术运算符在变量之前是先增(或减)后算,运算符在变量之后是先算后增(或减)。例如,下面的 3 个语句清楚地说明了这一点:

```
int  a1=1,a2=1;
int  b=++a1;
int  c=a2++;
```

尽管 a1 和 a2 的原值都为 1,但执行后 b 的值是 2,而 c 的值是 1。这是因为＋＋a1 表示在使用变量 a1 之前,先使 a1 的值加 1,然后再使用其新值,即先加 1 后使用(先增);而 a2＋＋表示先使用 a2 的原值,待使用完之后,再使 a2 的值加 1,即先使用后加 1(后增)。当然,这 3 个语句执行完后,a1 和 a2 的值都为 2。

2. 算术表达式

算术表达式是由算术运算符与操作数(变量或数字)连接组成的式子。例如,x＋y＊z 就是一个简单的算术表达式。我们可以利用计算算术表达式的值来进行某些情况的判断,如可以通过计算算术表达式 a％b 的值来判定整数 a 是否能被整数 b 整除,其值为 0 表明整数 a 能被整数 b 整除,否则不能。

在编写带有算术运算符"/"的算术表达式时,一定要注意的是,如果被除数和除数都是整数,其结果实际上是取整(求商)。例如,计算 $1+\dfrac{1}{2}+\dfrac{1}{3}$ 时,如果写成 1＋1/2＋1/3,算术表达式的结果为 1,这是因为算术表达式中的后两项按整数除法计算,其值都为 0,所以结果为 1。这显然不符合题意,解决该问题只要将分子或分母用实数表示即可,如可以写成 1＋1.0/2＋1.0/3。

另外,在编写程序时,所有的算术运算符都不能省略,例如表示 $2x^2$,应写成 $2*x*x$,而不能写成 $2x*x$。

3. 复合的赋值运算符

在赋值运算符"="之前加上其他的双目运算符,则构成复合的赋值运算符。算术运算符中的加、减、乘、除和取余数都可以这样写。实际上经常可以见到将语句"sum＝sum＋a;"写成"sum＋＝a;",许多程序设计人员认为后者比前者的可读性更好。表 1.5 是复合的赋值运算符。

表 1.5 复合的赋值运算符

运 算 符	示 例	等效表达式
＋＝	a＋＝b	a＝a＋b
－＝	a－＝b	a＝a－b
*＝	a*＝b	a＝a*b
/＝	a/＝b	a＝a/b
%＝	a%＝b	a＝a%b

需要注意的是,复合是左侧变量对右侧算术表达式整体的复合,例如算术表达式"a*＝b＋c;"等效于"a＝a*(b＋c);",而不是"a＝a*b＋c;"。

◆ 1.6 简单程序设计

在编写程序之前,还需要学习最后一个知识点:如何通过键盘输入任意一个整数类型或实数类型的数据。

在前面的 HelloWorld 程序中,使用系统提供的 println 函数输出了一个字符串数据,类似地使用系统提供的函数进行各种数据的输入。因为要输入的数据类型很多,所以与输入有关的函数也很多,它们都封装在 Scanner 类中。要想使用 Scanner 类,需要在编写的类之前加入一条导入语句"import java.util.*;",这条语句的含义是导入 Java 语言的工具包(util)中的所有(*)的类。但其实并没有真正导入这些类文件,更准确的说法是告诉编译器有可能使用 Java 语言工具包中的一些类。

具体使用方式如下。

(1) 首先在编写的类的前面加上下面的语句:

```
import java.util.*;
```

(2) 然后在 main 函数中,使用 Scanner 类创建一个对象,语句如下:

```
Scanner reader=new Scanner(System.in);
```

(3) 最后利用 reader 中的下列方法,读取用户在命令行输入的各种基本类型的数据。

输入字节型、短整型、整型、长整型数据方法分别如下：

nextByte()、nextShort()、nextInt()、nextLong()

输入单精度浮点型、双精度浮点型数据方法分别如下：

nextFloat()、nextDouble()

例如"reader.nextInt();"语句可以获得输入的整型数据，"reader.nextDouble();"语句可以获得输入的双精度浮点型数据。

例 1.3　编写程序，输入任意两个整数，求它们的和。

打开 NetBeans IDE，在左上 Projects 窗格中，选择 HelloWorld→Source Packages→helloworld 包右击，在弹出的快捷菜单中选择 New→Java Class 命令，显示如图 1.12 所示的新建 Java 类对话框。使用 File 菜单中的 New File 命令也可完成此操作。

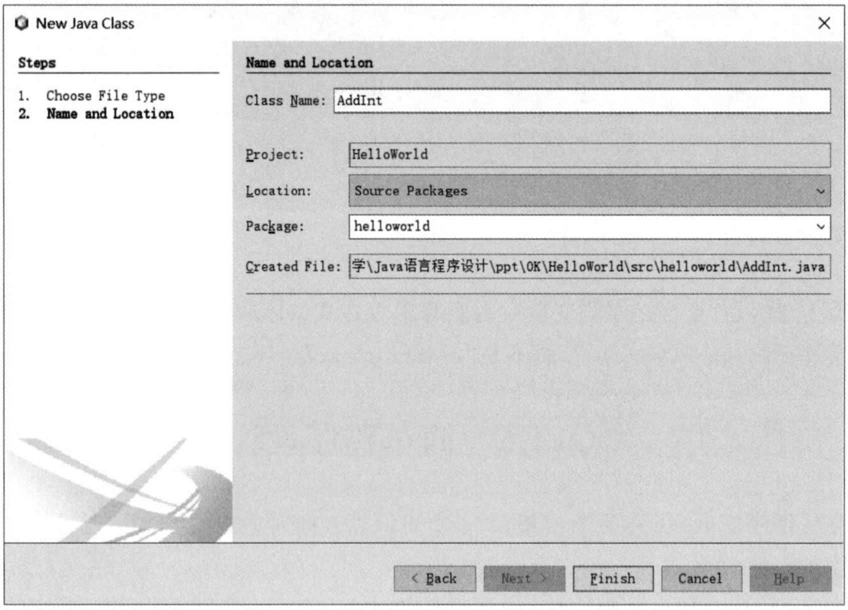

图 1.12　新建 Java 类对话框

在类名中输入 AddInt，单击 Finish 按钮创建 AddInt 类，可以从 HelloWorld 类中复制 main 函数，然后编写如下代码：

```java
//注意位置在 class 之前,也可写成 import java.util.Scanner;
import java.util. * ;
public class AddInt {
    public static void main(String args[]) {
        int a,b,sum;
        //创建 Scanner 对象,reader 是变量名(名字随意)
        Scanner reader=new Scanner(System.in);
        //输入两个整数
        a=reader.nextInt();
        b=reader.nextInt();
```

```
        sum=a+b;
        System.out.println(sum);
    }
}
```

注意：语句"import java.util.＊;"必须在 package 语句和 class 语句之间，并且不能出现在注释语句中。

在代码编辑窗格中右击，在弹出的快捷菜单中选择 Run File 命令编译运行程序，因为程序需要输入数据，所以程序处于等待用户输入状态。在右下的输出窗格中输入两个整数，有两种输入方式：一种是在一行中输入两个数，两个数之间用空格或制表符（键盘左侧的 Tab 键）分隔开，按回车（Enter）键结束输入；另一种是输入一个数后按 Enter 键，再输入第二个数后再按 Enter 键。输入 3 5，程序输出计算结果为 8。

如果输入的数据带有小数（如输入 3.5 2.5），程序将运行错误，因为 nextInt 方法读入的必须是整数。

例 1.4　编写程序，输入任意两个实数，求它们的乘积和商。

```
import java.util.＊;
public class MulDivDouble {
    public static void main(String args[]) {
        double a,b,mul,div;
        //创建 Scanner 对象，reader 是变量名（名字随意）
        Scanner reader=new Scanner(System.in);
        //输入两个实数
        a=reader.nextDouble();
        b=reader.nextDouble();
        mul=a＊b;
        div=a/b;
        //输出多个数据，可用"+"连接，注意中间是字符串
        System.out.println(mul+", "+div);
    }
}
```

输入 3.5 4.2，输出结果为"14.700000000000001，0.8333333333333333"。注意乘积的结果，体会实数在程序中是近似存储这一概念。

例 1.5　华氏温度转摄氏温度。我们所说的温度是摄氏温度（C），但是西方许多国家使用的是华氏温度（F），华氏温度转摄氏温度的公式为 $C=\dfrac{5}{9}(F-32)$，现编写一个程序，输入华氏温度，输出其所对应的摄氏温度。

```
import java.util.＊;
public class FtoC {
    public static void main(String args[]) {
        double F,C;
        Scanner reader=new Scanner(System.in);
```

```
/ * 输入前显示提示信息,程序更友好
**print 函数与 println 相比,前者输出后不换行,后者换行 * /
System.out.print("请输入华氏温度:");
F=reader.nextInt();
C=5.0/9 * (F-32);
System.out.println("所对应的摄氏温度:"+C);
    }
  }
```

在用户输入数据前给出一些提示信息,使得用户在使用程序时感觉更友好,一切从最终用户的使用方便出发,这是一个很好的编程习惯。在程序中,如果将 5.0/9 写成 5/9,由于被除数和除数都是整数,其结果为 0(整数除法得到的是整数部分),将造成计算上的错误,这是初学者容易犯错误的地方。

◆ 本 章 小 结

1. 先安装 JDK,然后再安装 NetBeans IDE。

2. Java 程序必须写在类中,编写的程序代码要放置在类的 main 函数中。

3. Java 语言的标识符可以由英文字母、数字或下画线组成。但要注意名称中不能有空格,第一个字母不能是数字,并且不能是 Java 语言的关键字。

4. 标识符是区分大小写的。

5. 存储数据的标识符被称为变量,变量名尽量有意义。

6. 使用变量的原则是"先声明后使用",即变量在使用前必须先声明。

7. 因为 Java 使用的是 Unicode 字符集,所以可以使用汉字作为变量名称,但建议不要这样使用,以免跨平台运行时产生难以预料的错误。

8. Java 程序都是由语句组成的,语句以分号(;)结束。

9. 可以使用空格、制表符、回车增加语句的可读性,但不能使用空格、回车等截断标识符。

10. 数据类型的转换有两种方式:自动类型转换和强制类型转换。

11. 没有任何标记的整数被认为是 int 类型,没有任何标记的实数被认为是 double 类型。

12. 对两个整数来说,"/"的计算结果是取整,"%"的计算结果是取余数。

13. 创建 Scanner 类的对象,然后调用其相应的 nextXXX 方法可以直接读取从键盘输入的相应数据类型的数据。

14. 使用 Scanner 类的对象,一定不要忘记在类之前加上 import 语句。

◆ 概 念 测 试

1. Java 源文件的扩展名是_____,Java 字节码文件的扩展名是_____。

2. Java 语言的基本数据类型中,表示整数类型的关键字分别为_____、_____、

_____、_____,所占的存储空间分别为_____字节、_____字节、_____字节、_____字节。

3. 表示实数类型的关键字分别为_____、_____,所占的存储空间分别为_____字节、_____字节。

4. 已知"int a=2,b=4;",则表达式 b++/--a 的值为_____,表达式 b++ * a++ 的值为_____。

5. 不用数学函数,算式 b^2-4ac 的表达式写为_____。

6. 已知"int a=22,b=6;",则表达式 a/b 的值为_____,表达式 a%b 的值为_____。

7. 已知"Scanner in=new Scanner(System.in);",则从键盘上获取一个 int 类型整数的语句为_____,从键盘上获取一个 long 类型整数的语句为_____,从键盘上获取一个 double 类型实数的语句为_____。

◇ 编 程 实 践

1. 安装 Java 开发环境,编写程序输出字符串"Hello World!"。

2. 输入两个整数 a 和 b,输出它们的和、差、积、商及余数。

3. 输入两个实数 a 和 b,输出它们的和、差、积、商及余数。

4. 摄氏温度转华氏温度。摄氏温度转华氏温度的公式为 $F=\dfrac{9}{5}C+32$,现编写一个程序,输入摄氏温度,输出其所对应的华氏温度。

5. 输入一个圆的半径(带小数),输出它的周长和面积。

6. 编写程序,显示如下菱形图形。

```
            *
          * * *
        * * * * *
      * * * * * * *
        * * * * *
          * * *
            *
```

7. 编写程序,输入一个整数,输出其个位上的数字和十位上的数字。

8. 编写程序,显示提示信息"输入商品的价格(实数)",输入后显示提示信息"输入商品的数量(整数)",输入后显示"应付款:(计算所得的具体金额)元"。

9. 以时、分、秒的形式输入一个时间,然后将其换算成秒输出。例如输入 1 20 22,则输出 4822 秒。

10. 以整数形式输入分子和分母,然后以实数形式输出该数字的分数形式和小数形式。例如输入 1 4,则输出 1/4=0.25。

第 2 章　顺序结构程序设计

在第 1 章编写了几个简单的 Java 程序，在编写这些程序时是自上而下一行行地书写代码，程序在运行时也是按照自上而下的次序一行行地执行代码，并且除了注释之外所有书写的代码都被执行了，这样的程序设计结构就是顺序结构。顺序结构只能完成最简单的程序设计任务。

◆ 2.1　字符类型和布尔类型

1. 字符类型

Java 提供了字符类型，如表 2.1 所示，字符类型用于存储单个字符。

表 2.1　字符类型

类　　型	占 字 节 数	范　　围
char	2	Unicode 字符集

就像生活中不同的国家使用不同的语言一样，针对字符的不同存储方式产生了不同的字符集，但是所有的字符集的前 128 个字符与 ASCII 字符集是相同的，Java 语言采用的是应用最为广泛的 Unicode 字符集。

赋值给字符类型变量有 4 种形式。

(1) 用单引号括起的单个字符。这个字符可以是 Unicode 字符集中的任何字符。例如，'b'、'F'、'4'、'＊'、'好'。

注意：在程序中用到引号的地方(不论单引号或双引号)，应使用英文半角的引号，不要写成中文全角的引号。

(2) 用单引号括起的转义字符。在字符集中有些字符是控制字符，具有特殊的含义，如回车、换行、制表符等，这些字符很难用一般方式表示。为了清楚地表示这些特殊字符，Java 中使用了转义字符：用反斜杠"\"开头，后面跟一个字符来表示某个特定的控制符，因为"\"后面的字符被赋予了全新的含义，已不再是其本义，因此字符"\"被称为转义字符，例如'\n'代表回车键。Java 语言中常用的转义字符如表 2.2 所示。

表 2.2　Java 语言中常用的转义字符

转 义 序 列	Unicode 转义代码	含　义
\n	\u000a	回车
\t	\u0009	制表符
\b	\u0008	空格
\r	\u000d	换行
\f	\u000c	换页
\'	\u0027	单引号
\"	\u0022	双引号
\\	\u005c	反斜杠

（3）用单引号括起的以转义字符开始的八进制序列，形式为'\ddd'。此处 ddd 表示八进制数中的数字符号 0～7，如'\101'。

八进制表示法只能表示 '\000'～'\377' 范围内的字符，即表示 ASCII 字符集的部分，不能表示全部的 Unicode 字符。

（4）用单引号括起的以转义字符开始的十六进制序列，形式为'\uxxxx'。此处 xxxx 表示十六进制数，如'\u234f'。

例 2.1　字符类型的各种赋值方式示例。

```java
public class CharTest {
    public static void main(String args[]) {
        char a,b,c,d,e,f,g,h;
        a='A';                  //输入字母
        b='\102';               //输入八进制的 66,对应 B
        c='\u0043';             //输入十六进制的 67,对应 C
        d=97;                   //输入十进制的 97,对应 a
        e='\t';                 //输入制表符
        f='中';                 //输入汉字
        g='\n';                 //输入回车
        h='国';                 //输入汉字
        //如不在前面加上空白字符串，则会将这些变量中的值加起来
        System.out.println(""+a+b+c+d+e+f+g+h);
        System.out.println("--如果输出语句前面不加上引号--");
        System.out.println(a+b+c+d+e+f+g+h);
    }
}
```

程序运行结果如下：

ABCa 中
国

——如果输出语句前面不加上引号——

42596

字符类型变量中实际上存储的是字符在 Unicode 字符集中的位置，可以这样设想：字符集就像一叠有连续编号的卡片，每张卡片上绘制的是一个字符的图片，字符变量中存储的就是该字符所在卡片的编号，实际上就是一个占 2 字节的整数。因此，如果输出语句前面不加上引号，输出语句中的字符就会自动转换为 int 类型进行加法运算，输出这些字符编号之和 42596。

例 2.2　char 类型与 int 类型之间的转换，理解字符的存储方式。

```java
public class CharCast {
    public static void main(String[] args) {
        char word1='中',word2='国';
        int  position=20320;
        System.out.println("汉字:"+word1+"的位置:"+(int)word1);
        System.out.println("汉字:"+word2+"的位置:"+(int)word2);
        System.out.println(position+"位置上的字符是:"+(char)position);
        position=position+10;
        System.out.println(position+"位置上的字符是:"+(char)position);
    }
}
```

程序运行结果如下：

汉字:中的位置:20013
汉字:国的位置:22269
20320 位置上的字符是:你
20330 位置上的字符是:個

可以看到字符变量和整数变量之间可以进行类型转换，在第一条输出语句中，(int)word1 将字符变量 word1 中的值转换为数字类型输出，否则将输出字符'中'；在第三条输出语句中，(char)position 将整型变量 position 中的值转换为字符类型输出，否则将输出整数 20320。字符变量也可以直接参与整数的运算，不过需要注意字符变量的存储空间是 2 字节，int 类型是 4 字节，所以在运算时不要超过字符的存储范围。

2. 字符类型的输入

可用 Scanner 对象的 next() 函数连接 charAt(0) 函数来获得键盘中输入的字符，例如有字符变量 ch，可使用语句"ch＝reader.next().charAt(0)；"读取一个字符。

例 2.3　输入一个字符，输出该字符及其对应的 Unicode 编码。

```java
import java.util.*;
public class CharInput {
    public static void main(String args[]) {
        char a;
```

```
        Scanner reader=new Scanner(System.in);
        a=reader.next().charAt(0);
        System.out.println(a+","+(int)a);
    }
}
```

如果输入字符 A,则会输出"A,65"。

实际上,next()函数可以获取一个单词,使用 charAt(0)函数可以获取这个单词的第一个字符,使用 charAt(1)函数则可以获取这个单词的第二个字符,以此类推。

3. 布尔类型

Java 提供布尔类型来表示逻辑判断的结果,例如,变量 a 中的数据是否大于变量 b 中的数据? 是则结果为真,否则结果为假。布尔类型如表 2.3 所示。

布尔类型变量的值只有两个:true(逻辑真)和 false(逻辑假)。

表 2.3　布尔类型

类　　型	取　　值
boolean	true 或 false

例 2.4　布尔类型使用示例。

```
public class BooleanTest {
    public static void main(String args[]) {
        boolean a,b;
        a=true;
        b=false;
        System.out.println(a+","+b);
    }
}
```

程序运行结果如下:

```
true,false
```

◈ 2.2　关系运算符和逻辑运算符

1. 关系运算符

关系运算实际上就是数据之间大小的比较运算,它有 6 个运算符,如表 2.4 所示。

表 2.4　关系运算符

关系运算符	名　　称	示　　例
==	等于	a == b
!=	不等于	a != b
>	大于	a > b

续表

关系运算符	名　称	示　例
＜	小于	a ＜ b
＞＝	大于或等于	a ＞＝ b
＜＝	小于或等于	a ＜＝ b

关系运算比较容易理解,但需要注意以下内容。

(1) 关系表达式的运算结果是 boolean 类型:true 或 false。

(2) 注意区分等于运算符(＝＝)和赋值运算符(＝),前者比较符号两端运算结果是否相等,后者将符号右侧的计算结果赋值给左侧变量。

2. 逻辑运算符

利用逻辑运算符可以进行逻辑运算,逻辑表达式的运算结果是 boolean 类型值。逻辑运算符如表 2.5 所示。

表 2.5　逻辑运算符

运算符	名称	示例	运 算 规 则
＆	与	x＆y	x、y 都为 true 时,结果为 true,否则为 false
｜	或	x｜y	x、y 都为 false 时,结果为 false,否则为 true
！	非	！x	x 为 true 时,结果为 false;x 为 false 时,结果为 true
^	异或	x^y	x、y 都为 true 或都为 false 时,结果为 false,否则为 true
＆＆	条件与	x＆＆y	x、y 都为 true 时,结果为 true,否则为 false
‖	条件或	x‖y	x、y 都为 false 时,结果为 false,否则为 true

需要注意的是,通常使用"＆＆"和"‖"进行与和或的逻辑运算,运算过程中,如果从左边的表达式中得到的操作数就能确定运算结果,就不再对右边的表达式进行运算了。例如,表 2.5 中 x＆＆y 的 x 的值为 false,无论 y 的值是什么,该表达式的最终结果都是 false,因此不需要再判定 y 的值;类似地,在表达式 x‖y 中若 x 的值为 true,则无论 y 的值是什么,该表达式的最终结果都是 true,因此同样不需要再判定 y 的值。这种情况被称为"短路",因此采用"＆＆"和"‖"运算符有可能加快运算速度。而运算符"＆"和"｜"在执行操作时,运算符左右两边的表达式都会被运算执行。

例 2.5　关系运算和逻辑运算示例。

```java
public class LogicalTest {
    public static void main(String[] args) {
        double x,y;
        x=5;
        y=10;
```

```
        System.out.println(x> 5);                //false
        System.out.println(x> =5);               //true
        System.out.println(x==5);                //true
        System.out.println(x!=5);                //false
        System.out.println(y> 5&&y<10);          //false
        System.out.println(!(y> 5&&y<10));       //true
        System.out.println(y<=5||y> =10);        //true
        System.out.println(y> 5||y<10);          //true,只执行前半部分
        System.out.println(y> 5|y<10);           //true
    }
}
```

程序的运行结果如输出语句右侧的注释所示,读者可通过输出结果加深对关系运算、逻辑运算结果的理解。

3. 运算符的优先级

在表达式中往往存在多个运算符,此时表达式是按照各个运算符的优先级从左到右进行解释和运算的。也就是说,在一个表达式中,优先级高的运算符首先被执行,然后才执行优先级较低的运算符,运算符的优先级如表 2.6 所示,详细信息见附录 A。

表 2.6　运算符的优先级

优先级	运 算 符	名　称
1	( )	圆括号
2	[ ] , .	后缀运算符
3	−(取负数) , ! , ~ , ++ , −−	一元运算符
4	* , / , %	乘,除,取模
5	+ , −	加,减
6	>> , << , >>>	移位运算符
7	> , < , >= , <=	关系运算符
8	== , !=	等于,不等于
9	& , ^ ,		位运算
10	&& , ||	逻辑与,逻辑或
11	?:	条件运算符
12	=(还包括与"="结合的运算符,如+=)	赋值运算符

最基本的规律:圆括号运算的优先级最高,接下来依次是单目运算符、双目运算符,赋值运算符的优先级最低。在双目运算符中算术运算符高于关系运算符,关系运算符高于逻辑运算符。

同优先级的运算符的运算次序要按照它们的结合性来决定,运算符的结合性决定它

们是从左到右计算(左结合性)还是从右到左计算(右结合性)。左结合性很好理解,因为大部分的运算符都是从左到右来计算的。需要注意的是右结合性的运算符,主要有赋值运算符(如＝、＋＝等)和一元运算符(如＋＋、! 等)。例如,a＋＋＋b 会被解释成(a＋＋)＋b,而不是 a＋(＋＋b)。

当不确定运算的次序,或者表达式比较复杂时,应使用圆括号来保证运算的次序。多使用圆括号既能保证正确的运算次序,往往又能提高程序的可读性。

◆ 2.3 类 和 对 象

Java 是一种面向对象的程序设计语言,要求所有的程序代码都要写在某个类(class)中,前面编写的程序都是写在某个类的 main 函数(类是 NetBeans IDE 帮助创建的)中。类和对象(object)是面向对象程序设计中最核心的概念。

类是用程序设计语言对某一类事物进行抽象的、概念上的描述,而对象则是某个类在程序中实际存在的具体个体,也称该类的一个实例(instance)。例如,圆类描述圆的信息:圆心坐标 x 和 y、圆的半径长度、线的颜色等,而屏幕上具体显示的某个圆(圆心坐标为100、100,圆的半径为 50,线的颜色为红色)是圆类的一个对象,另一个圆(圆心坐标为 50、150,圆的半径为 45,线的颜色为绿色)就是圆类的另一个对象。

类中定义有描述该类对象特征的变量称为属性,如圆类中的圆心坐标、圆的半径、线的颜色等;类中往往还有一些编写好的、完成一定功能的程序称为方法,有时也称函数,例如,圆类中如果有计算圆周长的功能代码,或者计算圆面积的功能代码,都是圆类的方法。创建类的对象使用 new 关键字,例如,new Scanner(System.in)创建了 Scanner 类的一个对象,然后使用“.”操作符访问其属性和方法。例如,如果使用 Scanner reader ＝ new Scanner(System.in)创建了一个 Scanner 类的对象,并将其引用存放在变量 reader 中,我们就可以调用其 nextInt 方法来得到一个整数,调用语句为 reader.nextInt()。后面将通过对象访问的方法称为方法,将通过类名就可以直接访问的方法称为函数。

Java 语言本身提供了丰富的类和对象以帮助编程者完成各种复杂的程序设计任务,例如,使用 System 类中的 out 对象的 print 或 println 方法进行数据输出,使用 Scanner 类的对象(创建时使用了 System 类中的 in 对象)进行数据输入,后面本书还将使用更多系统提供的类和对象。

◆ 2.4 数学函数和 Math 类

在进行数学计算时,经常会使用一些数学函数,Java 语言提供的数学函数都存放在 Math 类中。Math 类包含了一组基本的数学运算函数和常数,如求指数、对数、平方根和三角函数等。

Math 类定义了两个最常用的双精度常量 E 和 PI,它们可以直接使用:
E＝2.718281828459045
PI＝3.141592653589793

Math 类中定义的数学函数非常多,可通过类名直接调用相应函数,这些函数按其功能大体上可分为以下 5 类。

(1) 常用数学计算函数:求绝对值、最大数、最小数等,如表 2.7 所示。

表 2.7　常用数学计算函数

函　　数	功　能　描　述
int abs(int a)	返回 a 的绝对值,int 类型
long abs(long a)	返回 a 的绝对值,long 类型
float abs(float a)	返回 a 的绝对值,float 类型
double abs(double a)	返回 a 的绝对值,double 类型
double max(double a, double b)	返回 a、b 两个值中较大的一个
double min(double a, double b)	返回 a、b 两个值中较小的一个

与 abs 函数类似,max 和 min 函数除了有 double 类型的参数外,也有针对 int、float、long 类型参数的函数。

(2) 幂函数、指数函数与对数函数:求幂值的函数、求平方根、自然对数、常用对数等,如表 2.8 所示。

表 2.8　幂函数、指数函数与对数函数

函　　数	功　能　描　述
double pow(double a, double b)	返回 a 的 b 次幂的值
double sqrt(double a)	返回 a 的算术平方根
double exp(double a)	返回 e 的 a 次幂的值
double log(double a)	返回 a 的自然对数值
double log10(double a)	返回 a 的常用对数值

(3) 三角函数:求正弦函数、求反正弦函数等,如表 2.9 所示。

表 2.9　三角函数

函　　数	功　能　描　述
double sin(double a)	返回角 a 的三角正弦值
double cos(double a)	返回角 a 的三角余弦值
double tan(double a)	返回角 a 的三角正切值
double asin(double a)	返回角 a 的反正弦值,范围为 $-pi/2\sim pi/2$
double acos(double a)	返回角 a 的反余弦值,范围为 $0.0\sim pi$
double atan(double a)	返回角 a 的反正切值,范围为 $-pi/2\sim pi/2$

（4）数据舍入相关函数：四舍五入、向上取整、向下取整等，如表 2.10 所示。

表 2.10　数据舍入相关函数

函　　数	功　能　描　述
double rint(double a)	返回 a 的最邻近的整数值，double 类型
double ceil(double a)	返回 a 的整数上限值，即大于或等于 a 的最小整数值
double floor(double a)	返回 a 的整数下限值，即小于或等于 a 的最大整数值
long round(double a)	返回 a 的最邻近的整数值，long 类型
int round(float a)	返回 a 的最邻近的整数值，int 类型

（5）其他函数：弧度转角度、角度转弧度、随机数函数等，如表 2.11 所示。

表 2.11　其他函数

函　　数	功　能　描　述
double signum(double d)	符号函数：如果 d 是零，则返回零；如果 d 大于零，则返回 1.0；如果 d 小于零，则返回 -1.0
double toDegrees(double angrad)	将用弧度测量的角转换为近似相等的用角度测量的角
double toRadians(double angdeg)	将用角度测量的角转换为近似相等的用弧度测量的角
double random()	返回大于或等于 0.0、小于 1.0 的随机数

上面列出的是一些常用的数学函数，更多的函数请参阅 JDK 的参考文档。

例 2.6　数学函数使用示例。

```java
public class MathExample {
    public static void main(String[] args) {
        double x, y, z;
        x=2.3;
        y=-3.6;
        z=2;
        System.out.println(Math.round(x));            //2
        System.out.println(Math.round(y));            //-4
        System.out.println(Math.ceil(x));             //3.0
        System.out.println(Math.ceil(y));             //-3.0
        System.out.println(Math.floor(x));            //2.0
        System.out.println(Math.floor(y));            //-4.0
        System.out.println(Math.sqrt(z));             //1.4142135623730951
        System.out.println(Math.pow(z, 3));           //8.0
        System.out.println(Math.random() * 100);      //[0,100)的随机数
    }
}
```

程序的运行结果如输出语句右侧的注释所示，读者可通过输出结果加深对数学函数

调用方式,以及各常用函数运算结果的理解。

◇ 2.5　程序设计实例

例 2.7　输入三角形的三条边的长度,输出其周长和面积。

已知三角形三条边的长度分别是 a、b、c,则由海伦公式求面积: $p=(a+b+c)/2$, $S=\sqrt{p(p-a)(p-b)(p-c)}$。

解题思路:三条边的长度可以是小数,因此使用 double 类型定义三条边,使用 Scanner 类型对象的 nextDouble 方法获得输入的 double 类型变量值;求面积要用到求平方根函数 sqrt。程序代码如下:

```java
import java.util.*;
public class Triangle {
    public static void main(String[] args) {
        double x,y,z,peri,area,s;
        Scanner in=new Scanner(System.in);
        x=in.nextDouble();
        y=in.nextDouble();
        z=in.nextDouble();
        peri=x+y+z;
        s=peri/2;
        area=Math.sqrt(s * (s-x) * (s-y) * (s-z));
        System.out.println(peri+"\t"+area);
    }
}
```

输出时使用了制表符分隔周长和面积值,也可以使用逗号、空格之类进行分隔。另外,用表达式实现海伦公式时要注意,表达式中必须要写上公式中被省略的乘号,表达式中如果出现了分层括号,表达式中只有圆括号,要用圆括号代替数学公式中的方括号和花括号。

例 2.8　输入一个小写字母,判断其是字母表中的第几个字符。

解题思路:在字符集中小写字母是连续存放的,其字符编码值是连续的,将输入字符的字符编码减去小写字母 a 的字符编码,如果值为 0 说明输入的是第一个字符(小写字母 a),如果值为 1 说明输入的是第二个字符(小写字母 b),以此类推。程序代码如下:

```java
import java.util.*;
public class CharChange {
    public static void main(String[] args) {
        char ch;
        int position;
        Scanner in=new Scanner(System.in);
        ch=in.next().charAt(0);
```

```
            position=ch-'a'+1;
            System.out.println("输入的是第"+position+"个小写字母。");
        }
    }
```

因为差值 0 代表第一个字符,因此将该值加 1 得到位置 position 的值。

例 2.9 输入一个 100 以内的正整数,交换其个位数和十位数后输出。例如输入 52,则输出 25。

解题思路:利用整数除法运算来获取个位和十位上的数值。整数除以 10 取余数可以得到个位数字;因为该整数数值小于 100,所以直接除以 10 取整即可得到十位数字。将个位数字乘以 10 后加上原十位数字,就完成了交换。程序代码如下:

```
import java.util.*;
public class Swap {
    public static void main(String[] args) {
        int a,b;
        Scanner in=new Scanner(System.in);
        a=in.nextInt();
        b=a%10 * 10+a/10;
        System.out.println(a+"十位数和个位数交换后得到"+b);
    }
}
```

思考一下,如果是一个四位数如何得到其每位上的数字? 假设该数是 n,则千位为 n/1000,百位为 n/100%10、十位为 a/10%10、个位为 a%10。注意,也可以使用 a%100/10 获取十位数字,但这样写并不好。因为本书前面方法取所有数字的思路是一致的:先将要取出数字后面的数字删除(使得该数字出现在个位上),然后除以 10 取余数。

例 2.10 使用字母替换法设置银行卡密码。要想密码难以被人猜中,密码的每位都独立随机效果最好,但这样的密码难以记住,并容易被遗忘。字母替换法是一种既容易记忆又难以猜测的密码设置方法,其方法是用不容易被忘记的任意语句做基础,如"朝辞白帝彩云间",从其拼音中取出若干字母,如取用首字母 zcbdcyj,以前 6 个字母在字母表中的位置的个位作为密码的一位。z 是第 26 个字母,取数字 6,c 是第 3 个字母,取数字 3,以此类推,可得密码 632435。编写程序,输入 6 个小写字母,输出根据这些字母而设定的 6 位数字密码。

解题思路:用 Scanner 分 6 行输入 6 个字符;对于每个字符,如例 2.8 所示,只要减小写字母 a 再加数字 1 后就可求得其位置,再除以 10 取余数即可求得该字母所对应的数字。程序代码如下:

```
import java.util.Scanner;
public class Password {
    public static void main(String args[]) {
        int p1,p2,p3,p4,p5,p6;
        Scanner in=new Scanner(System.in);
```

```
        p1=in.next().charAt(0)-'a'+1;
        p2=in.next().charAt(0)-'a'+1;
        p3=in.next().charAt(0)-'a'+1;
        p4=in.next().charAt(0)-'a'+1;
        p5=in.next().charAt(0)-'a'+1;
        p6=in.next().charAt(0)-'a'+1;
        System.out.println(""+p1%10+p2%10+p3%10+p4%10+p5%10+p6%10);
    }
}
```

以每行一个字母的方式输入 z、c、b、d、c、y，则输出数字 632435，这就是设定的密码。

例 2.11　仿照字符编码方式，对扑克牌进行编码。然后编写程序，输入一个除大小王之外的扑克牌编码，输出其花色值和数字值。

解题思路：在玩扑克牌时，其实我们并不关注扑克牌上的图片，而只关注扑克牌的花色和数字。通常情况下，把 A 看作数字 1，J、把 Q、K 看作数字 11、12 和 13。一副扑克牌有 4 种花色：黑桃、红心、梅花、方块。如果用数字 1 表示黑桃 A，就不能再表示其他花色的 A 了。用数字 0～12 表示黑桃 A、2、3、4、5、6、7、8、9、10、J、Q、K，之所以从 0 开始，是为了方便获取数值，用数字 13～25 表示红心 A～K，用数字 26～38 表示梅花 A～K，用数字 39～51 表示方块 A～K，用数字 52～53 表示小王和大王。根据上述编码，用数字 0、1、2、3 分别表示黑桃、红心、梅花、方块 4 种花色。

扑克牌编码除以 13 取整数可得到花色值，除以 13 取余数可得到数字值，注意数字值与牌面值差一。程序代码如下：

```
import java.util.Scanner;
public class Poker1 {
    public static void main(String args[]) {
        int a;
        Scanner reader=new Scanner(System.in);
        System.out.println("请输入 0~51 的一个整数:");
        a=reader.nextInt();
        //输出使用(a%13+1)，以保证先运算加法，然后再连接到字符串后面
        System.out.println("该数字所表示的扑克牌花色值是"+a/13
                        +",数字值是"+(a%13+1));
    }
}
```

请思考：小王和大王对应的花色值和数字值分别是多少？

◆ 2.6　Online Judge 系统

1. Online Judge 系统简介

要想学好程序设计首先需要编写大量的程序，在进行编程实践的过程中，由于考虑不

周或设计上的缺陷,有一些程序员自以为编写正确的程序,实际上是错的或部分错误的,Online Judge(简称 OJ)系统能自动对程序的正确性进行检查,从而能帮助程序员学习设计出正确的程序。

OJ 系统是在线的判题系统。用户可以在线提交程序的源代码,系统自动对源代码进行编译和执行,并通过出题时预先给定的多组测试数据检查程序的正确性。OJ 系统被广泛应用于世界各地高校学生程序设计的训练、各种程序设计竞赛、程序设计竞赛参赛队员的选拔,以及在数据结构和算法的学习中对算法性能的判断中。

用户提交的程序在 OJ 系统下执行时将受到比较严格的限制,包括运行时间限制、内存使用限制等。裁判程序根据比较用户程序的输出数据和标准输出样例的差别,或者检验用户程序的输出数据是否满足一定的逻辑条件来判断对错。

本书中所有与程序设计算法相关的编程实践任务都部署在程序设计实验教学辅助平台"拼题 A"OJ 系统上,希望同学们在此平台上完成我们部署的每道题,这样就一定能达到预期的目标。

2. 拼题 A

拼题 A 的网址为 https://pintia.cn/,主页面如图 2.1 所示。

图 2.1 拼题 A 的主页面

在网站上注册新用户,登录后单击右上角的用户名,在弹出菜单中选择"个人中心"命令,打开个人中心页面,选择左侧"账号"选项,显示如图 2.2 所示的个人中心账号管理页面。

在图 2.2 的"应邀做题"中输入邀请码 16cb496a8795e9af,单击"接受邀请"按钮,再次回到首页就可以看到题目集了。单击"Java 语言程序设计基础"题目集,显示类似于图 2.3 所示的题目列表页面。

在题目列表页面选择题目就可以做题了。例如,选择第一个题目,进入做题页面,其中题目内容显示如图 2.4 所示。

图 2.2 个人中心账号管理页面

图 2.3 题目列表页面

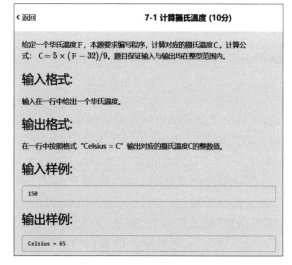

图 2.4 题目内容显示

　　题目的描述非常详细,还有输入输出的基本样例。在 OJ 系统中编写题目必须遵循一定的规范,将在 NetBeans 中编写好的程序复制到如图 2.5 所示的源程序提交区后,单击下面的"提交"按钮就可查看程序是否正确了。注意查看编译器是不是 Java。

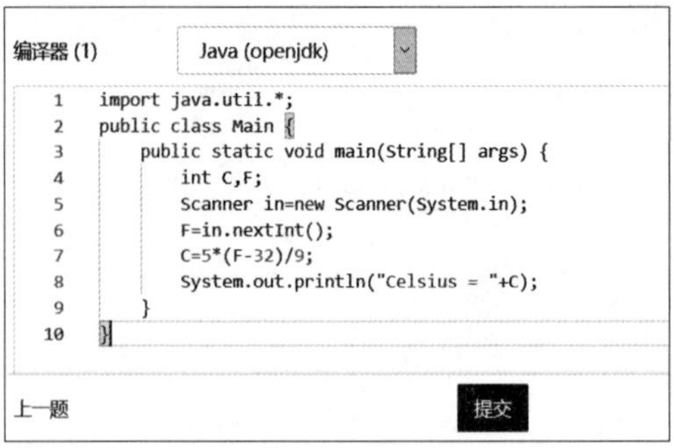

图 2.5　源程序提交区

　　源程序提交区就在题目内容显示的下面,提交的源程序类名必须是 Main,这是 OJ 系统所要求的,程序的输入输出都要严格按照程序内容说明的要求,不要任何额外的信息。如图 2.5 所示的源程序提交后,显示如图 2.6 所示的运行结果界面。

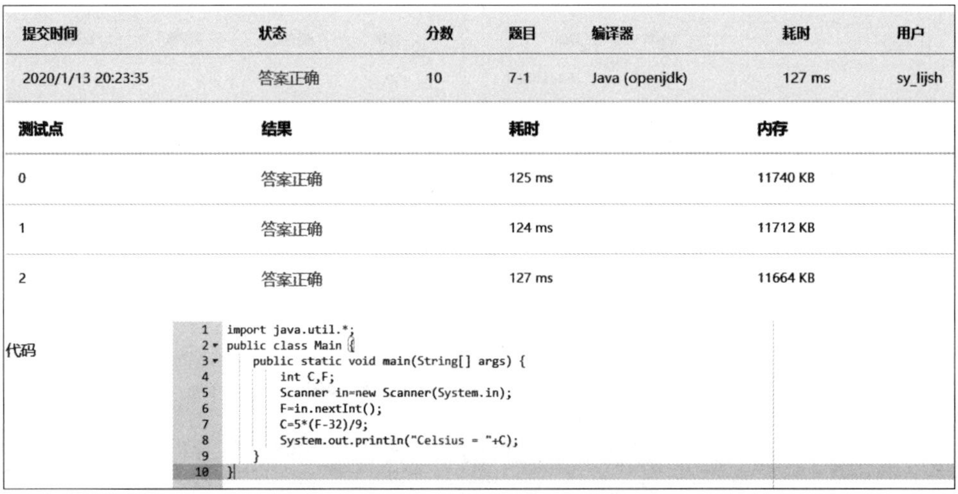

图 2.6　正确的运行结果

　　程序有 3 个测试点,实际上就是 3 组不同的输入输出结果,图 2.5 中的源程序完全正确。下面仅将最后的输出语句中的"Celsius = "改为"Celsius ="," 仅仅少了最后一个空格,提交结果如图 2.7 所示。

　　OJ 系统对程序的运行结果进行严格的比对,虽然只差了一个空格,与程序设计思想完全无关,但 3 个测试点都没能通过。因此一定要注意程序的输出格式要求,不能出现一点点错误。在本题中出现"格式错误"的提示,但该提示也是由出题教师人为给定的,有时并不准确。编写输出语句时复制输出样例,然后再对其进行修改通常是一个不错的选择。

提交时间	状态	分数	题目	编译器	耗时	用户
2020/1/13 20:24:35	格式错误 ①	0	7-1	Java (openjdk)	117 ms	sy_lijsh

测试点	结果	耗时	内存
0	格式错误 ①	117 ms	11520 KB
1	格式错误 ①	112 ms	11620 KB
2	格式错误 ①	111 ms	11584 KB

代码
```
1  import java.util.*;
2  public class Main {
3      public static void main(String[] args) {
4          int C,F;
5          Scanner in=new Scanner(System.in);
6          F=in.nextInt();
7          C=5*(F-32)/9;
8          System.out.println("Celsius ="+C);
9      }
10 }
```

图 2.7　错误的运行结果

3. 格式化输出语句

OJ 系统对输出语句的格式有着严格的要求,用普通的 print 函数或者 println 函数输出数据使用的是默认设置,特别在输出实数类型时往往达不到 OJ 题目对格式的要求。用户可以使用 printf 函数对输出格式进行控制。

例 2.12　使用 printf 函数格式化输出整数和实数。

```
public class Printf {
    public static void main(String[] args) {
        int a=1,b=2;
        double x=1,y=2;
        //输出 int 类型,共占 4 位,不足 4 位左侧用空格补齐:%4d
        System.out.printf("%4d%4d\n",a,b);
        //输出 int 类型,共占 4 位:%4d,其他字符原样输出,\n 代表换行
        System.out.printf("a=%4d,b=%4d\n",a,b);

        //输出 double 或 float 类型,保留一位小数:%.1f
        System.out.printf("f(%.1f) = %.1f\n",x,y);
        //输出 double 或 float 类型,保留两位小数:%.2f
        System.out.printf("f(%.2f) = %.2f\n",x,y);
        //输出 double 或 float 类型,共占 6 位,保留两位小数:%6.2f
        System.out.printf("%6.2f, %6.2f\n",x,y);
    }
}
```

程序运行结果如下:

```
   1   2
a=   1,b=   2
```

```
f(1.0) = 2.0
f(1.00) = 2.00
  1.00,   2.00
```

最后一行的输出是首先输出两个空格,再输出数据 1.00,共占 6 位;其次再输出两个空格后输出数据 2.00,也占 6 位;最后输出换行符以达到输出数据后换行的目的。

◆ 2.7　知 识 补 充

在数学函数部分本书仅列出了部分函数,这仅仅是 Math 类的一部分,Java 语言提供了几百个类和数以万计的函数,本书只讲解其中的一小部分。当读者想要更详细地了解这些类和函数时,就要使用 JDK 的参考文档。

选择操作系统开始菜单中 Java Development Kit 下的"参考文档",在浏览器中出现如图 2.8 所示的 Oracle 帮助中心主页面(注意不同版本显示界面不同,但基本操作方式相似,本书显示的是 JDK 13 的参考文档)。

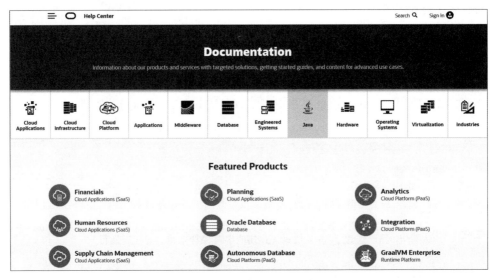

图 2.8　Oracle 帮助中心主页面

单击工具栏上的 Java 选项,显示如图 2.9 所示的 Java 文档页面。

选择 Java SE documentation 选项,显示最新的 JDK 帮助文档页面,如图 2.10 所示。

选择左上的 API Documentation 选项,进入如图 2.11 所示的 JDK API 页面。API 就是供开发人员使用的标准类库。

选择 java.base 选项,进入 java.base 模块页面,如图 2.12 所示。在浏览器中保存此地址以方便下次直接访问此页。此页地址为 https://docs.oracle.com/en/java/javase/13/docs/api/java.base/module-summary.html。

Math 类位于 lang(java.lang 包)中,在课程中,只要没有特别说明(例如,使用 Scanner 类,明确说明其位于 java.util 包中),该类就在 java.lang 中。选择 java.lang 选项,

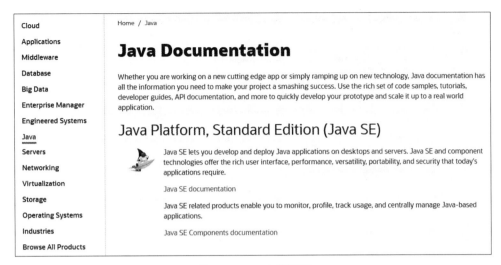

图 2.9　Java 文档页面

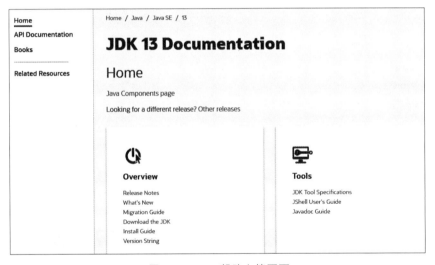

图 2.10　JDK 帮助文档页面

显示如图 2.13 所示的 java.lang 包页面。

页面中显示 java.lang 包中所有类的信息,找到 Math 类后单击,进入 Math 类页面,如图 2.14 所示。

查看 Math 类中 incrementExact(int a) 函数及其含义。

事实上这个新的 JDK 参考文档用着不是很方便,因为我们学习的是 Java 核心语法,可以使用以下地址访问稍早一些的参考文档,就我们学习的内容来说大体上是相同的。

```
https://docs.oracle.com/javase/8/docs/api/
```

版本 8 的帮助文档页面如图 2.15 所示。

页面使用了框架结构,左上窗格是包,左下窗格是选中包中的类,右侧窗格是该类的

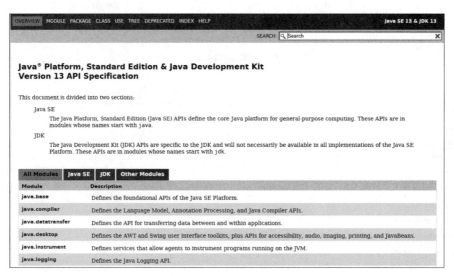

图 2.11　JDK API 页面

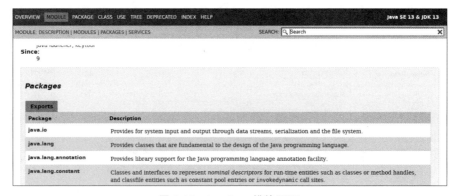

图 2.12　java.base 模块页面

Long	The Long class wraps a value of the primitive type long in an object.
Math	The class Math contains methods for performing basic numeric operations such as the elementary exponential, logarithm, square root, and trigonometric functions.
Module	Represents a run-time module, either named or unnamed.
ModuleLayer	A layer of modules in the Java virtual machine.
ModuleLayer.Controller	Controls a module layer.
Number	The abstract class Number is the superclass of platform classes representing numeric values that are convertible to the primitive types byte, double, float, int, long, and short.
Object	Class Object is the root of the class hierarchy.
Package	Represents metadata about a run-time package associated with a class loader.
Process	Process provides control of native processes started by ProcessBuilder.start and Runtime.exec.
ProcessBuilder	This class is used to create operating system processes.
ProcessBuilder.Redirect	Represents a source of subprocess input or a destination of subprocess output.
Runtime	Every Java application has a single instance of class Runtime that allows the application to interface with the environment in which the application is running.
Runtime.Version	A representation of a version string for an implementation of the Java SE Platform.

图 2.13　java.lang 包页面

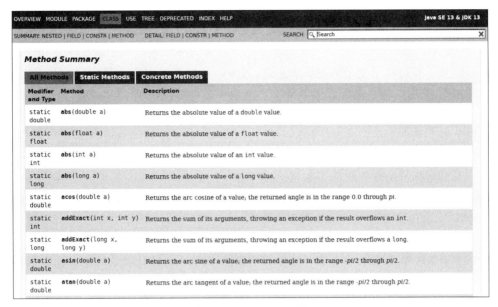

图 2.14　Math 类页面

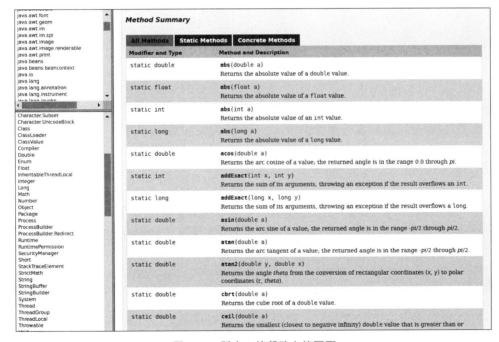

图 2.15　版本 8 的帮助文档页面

详细信息。图 2.15 是选择 java.lang 包中 Math 类后的页面,这个帮助文档比前面访问的最新的帮助文档使用上更为方便。

请试着查找一下数学函数 round、ceil、floor,学习一下它们的使用方法。

◆ 本 章 小 结

1. 尽量不要写过于复杂的逻辑表达式,因为一旦发生错误很难被找到。对于比较复杂的表达式,使用圆括号来保证运算的次序和程序的可读性。

2. 字符类型与整数类型运算后结果为整数类型,通常需要强制类型转换以得到字符类型数据。

3. 通常单目运算符是右结合的,双目运算符是左结合的。

4. 单目运算符的优先级高于双目运算符。

5. 在通常情况下,算术运算符的优先级高于关系运算符,关系运算符的优先级高于逻辑运算符,赋值运算符的优先级最低。

6. 数学函数的调用方式是 Math.函数名(参数)。

7. 在初学程序设计时,要特别注意整数的除法,例如 1/2 的计算结果是 0,而不是 0.5。

8. 在使用 OJ 系统时,一定要按照系统格式要求编写源文件,类名必须是 Main。

9. 在 OJ 系统中,输出必须与事先给定的结果完全相同,所以一定要注意输出格式,可复制题目中的输出样例到文件中,在此基础上修改。

10. 学会使用参考文档。查参考文档就像查字典,虽烦琐但很重要。

◆ 概 念 测 试

1. 在 Java 语言的基本数据类型中,表示布尔类型的关键字为_____,其值只有两个,分别是_____和_____。

2. 在 Java 语言的基本数据类型中,表示字符类型的关键字为_____,所占的存储空间为_____字节。

3. 使用 Online Judge 系统,类名必须是_____。

4. 代码"System.out.println('a'-32);"的输出结果是_____。

5. 已知"char ch;",判断 ch 是否为一个大写字母的表达式为_____。

6. 字符变量 ch 中存放一个小写字母,计算 ch 是字母表中第几个字母的表达式为_____。

7. 已知变量 x,求 x 的算术平方根的表达式为_____,求 x 的 5 次方的表达式为_____。

8. 生成[0,100]的随机整数的表达式为_____。

9. 已知有 double 类型变量 x、y,使用 printf 输出语句在一行上输出这两个数,输出时保留两位小数,两个数之间使用制表格分隔的输出语句是_____。

◆ 编 程 实 践

1. 输入一个小写字母,输出其所对应的大写字母。例如,输入字母 b,则输出字母 B。

2. 输入一个实数,输出其算术平方根和立方根,输出值保留两位小数。

3. 输入一个 3 位的正整数,输出它的各位数字之和。例如,输入 123,则输出 6。

4. 输入一个字符,输出其是否为小写字母,是则输出 true,否则输出 false。

5. 输入一元二次方程 $ax^2 + bx + c = 0$ 的系数 a、b、c,判断 $b^2 - 4ac$ 是否大于或等于 0,是则输出 true,否则输出 false。

6. 输入一个整数,判断其是否能被 9 整除,能则输出 true,否则输出 false。

7. 输入一个整数,输出其倒数的平方根,输出结果保留两位小数。

8. 随机生成 4 个小写字母并输出它们。

9. 输入一个小写字母,循环输出其后的第三个小写字母。例如,输入字母 b,则输出字母 e;输入字母 z,则输出字母 c。

10. 输入一个正整数,交换其个位数和十位数后输出。例如,输入 152,则输出 125。

第
3
章

选择结构程序设计

前两章编写的程序都是按语句书写的次序从上到下依次执行,每条语句都被执行到了,这样的程序结构称为顺序结构。但是在实际编写程序时,有些语句经常需要在符合某些条件时才能执行,例如,输入 3 条边计算三角形的面积,首先应判断输入的 3 条边是否符合构成三角形的条件(任意两条边之和大于第三条边),符合此条件计算三角形面积,否则提示无法构成三角形,这种类型的程序结构被称为选择结构,也称分支结构。

◆ 3.1 双分支结构

上面提到的判断能否构成三角形的程序结构就是典型的双分支结构。图 3.1 是双分支结构的基本形式。

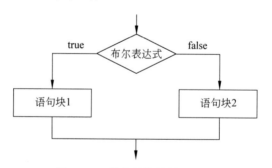

图 3.1 双分支结构的基本形式

实现选择结构的最常用的语句是 if 语句。使用 if 语句的基本形式可构造双分支结构,双分支结构的 if 语句的基本形式如下:

```
if(布尔表达式){
    语句块 1;
}else{
    语句块 2;
}
```

语句的布尔表达式是最终运算结果为布尔值的表达式,通常是关系表达式或逻辑表达式。当布尔表达式的值为真(true)时执行语句块 1 中的语句,当布尔表达式的值为假(false)时执行语句块 2 中的语句。

例 3.1 输入两个整数,输出其中较大的数。

```java
import java.util.*;
public class Compare {
    public static void main(String[] args) {
        int a,b;
        Scanner reader=new Scanner(System.in);
        //输入两个整数
        a=reader.nextInt();
        b=reader.nextInt();
        //利用 if 语句输出较大的数
        if(a>b){
            System.out.println(a);
        }else{
            System.out.println(b);
        }
    }
}
```

运行程序,如果输入的是 5 3,因为布尔表达式 a>b 的值为 true,因此执行 if 后花括号中的语句,输出变量 a 的值 5;如果输入的是 3 5,则布尔表达式 a>b 的值为 false,因此执行 else 后花括号中的语句,输出变量 b 的值 5。

例 3.2 输入 3 条边的长度值,如果这 3 条边能构成三角形,则输出三角形的面积,否则输出不能构成三角形的提示信息。

```java
import java.util.*;
public class Triangle {
    public static void main(String[] args) {
        double a,b,c;
        Scanner reader=new Scanner(System.in);
        //输入 3 条边的长度值,double 类型
        a=reader.nextDouble();
        b=reader.nextDouble();
        c=reader.nextDouble();
        //判断能否构成三角形:任意两条边之和大于第三条边
        if(a+b> c&&b+c> a&&c+a> b){
            //计算三角形面积并输出
            double m,area;
            m=(a+b+c)/2;
            area=Math.sqrt(m*(m-a)*(m-b)*(m-c));
            //在输出时,可利用"+"将多个数据连接起来,其中有一个数据通常是字符串
            System.out.println("三角形的面积为"+area);
```

```
        }else{
            System.out.println("不能构成三角形");
        }
    }
}
```

运行程序,输入 3 条边的值后,如果符合三角形的判定条件(两条边之和大于第三条边)则使用海伦公式计算三角形的面积并输出,否则输出不能构成三角形的提示信息。

在 if 语句中,用花括号括起来的语句块 1 和语句块 2 都是复合语句,可以包含一条语句或多条语句。当语句块中只有一条语句时,可以省略语句外面的这对花括号;而当语句块中有多条语句时,则不能省略花括号。例如,例 3.2 中,if 后的语句块中有 4 条语句,不能省略语句外面的这对花括号,否则编译时会提示没有 if 与 else 匹配的错误;else 后的语句块中只有一条语句,因此可以省略该条语句外面的这对花括号。

例 3.3 划船问题:一个教师带着 x 个学生去划船,每条船最多可装 4 人,问最少需要多少条船?

```
import java.util.*;
public class Boating {
    public static void main(String[] args) {
        int x,n;
        Scanner reader=new Scanner(System.in);
        //输入学生人数
        x=reader.nextInt();
        //计算总人数
        x=x+1;
        //判断人数是否恰好是 4 的倍数:n=x/4
        if(x%4==0)
            n=x/4;
        else
            n=x/4+1;
        System.out.println("最少需要"+n+"条船。");
    }
}
```

在这个例子中,if 和 else 后都只有一条语句,因此都省略了这些语句外面的花括号。没有花括号的约束,else 只能控制其后的一条语句,最后一行的输出语句不受其控制,属于 if 语句之后的句子,我们即便将其缩进到与其上的语句"n=x/4+1;"一样,仍不能改变它不属于 if 语句的事实。

注意:虽然只有一条语句时可省略其外面的一对花括号,但对初学者来说,在熟练掌握 if 语句之前尽量不要省略,以免在应该使用复合语句的情况下忘记加上这对花括号,造成程序流程控制上的错误。

对于双分支结构,如果 else 后的语句块 2 中没有要执行的语句时,可以省略整个 else 部分。例如,也可以使用下面的代码完成上例的划船问题。

```
import java.util.*;
public class Boating2 {
    public static void main(String[] args) {
        int x,n;
        Scanner reader=new Scanner(System.in);
        x=reader.nextInt();
        x=x+1;
        n=x/4;
        if(x%4!=0)
            n=n+1;
        System.out.println("最少需要"+n+"条船。");
    }
}
```

程序的逻辑是至少需要 x/4 条船(人数是 4 的倍数),如果人数不是 4 的倍数,则还要再加上一条船。

◇ 3.2 多分支结构

在某些问题中,可能根据条件的不同有两种以上的不同选择,这就是多分支结构,如图 3.2 所示。例如,比较两个数字的大小,实际上有 3 种情况:第一个数大于第二个数,第一个数小于第二个数,两个数相等。Java 语言对于处理这类问题通常使用多分支的 if 语句。

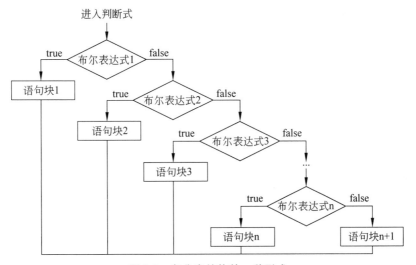

图 3.2　多分支结构的一种形式

多分支 if 语句的基本结构如下:

```
if(布尔表达式 1){
    语句块 1;
}else if(布尔表达式 2){
```

```
        语句块 2;
    }else if(布尔表达式 3){
        语句块 3;
    }else{
        语句块 4;
    }
```

可以根据分支的多少增减 else if 语句的个数,当某个语句块中只有一条语句时可以省略包含语句块的这对花括号。

例 3.4 输入两个数及运算符,根据运算符输出这两个数的四则运算结果。

```java
import java.util. * ;
public class Arithmetic {
    public static void main(String[] args) {
        double x, y, result;
        char symbol;
        Scanner reader=new Scanner(System.in);
        //输入"数字 1 运算符 数字 2",注意输入时用空格分隔,或者每个输入占一行
        x=reader.nextDouble();
        symbol=reader.next().charAt(0);
        y=reader.nextDouble();
        //不考虑不合理输入,有 4 种情况,因此采用多分支结构处理
        if(symbol=='+')
            result=x+y;
        else if(symbol=='-')
            result=x-y;
        else if(symbol=='*')
            result=x * y;
        else
            result=x/y;
        System.out.println(result);
    }
}
```

根据输入运算符的不同,程序共有 4 个分支,如果考虑到除了输入四则运算符之外,用户还有可能输入其他字符,那么可以编写含 5 个分支的 if 语句。

注意:由于 Scanner 使用空格分隔输入的数据,所以应按"数字、空格、运算符、空格、数字"的方式输入,例如我们输入 3+5,则输出结果是 8.0;如果输入的是 3 * 5,则输出结果是 15.0。

例 3.5 计算分段函数的值:输入变量 x,当 x 大于 1 时,y 等于 1;当 x 为 -1~1 时, y 等于 x;当 x 小于 -1 时,y 等于 -1。

```java
import java.util. * ;
public class Subsection {
    public static void main(String[] args) {
```

```
      double x,y;
      Scanner reader=new Scanner(System.in);
      x=reader.nextDouble();
      if(x> 1)
          y=1;
      else if(x> =-1 && x<=1)
          y=x;
      else
          y=-1;
      System.out.println(y);
   }
}
```

程序共有 3 个分支,每个分支都只有一条语句,这也是一个简单的多分支结构程序。

◈ 3.3　switch 语 句

多分支结构是根据逻辑判断结果值从多个分支中选择一个分支执行,虽然可以使用带有多个 else if 分支的 if 语句来解决,但当嵌套层数较多时,程序的可读性大大降低。如图 3.2 所示,从图的绘制上来说,感觉布尔表达式 1 比布尔表达式 2 重要,布尔表达式 2 比布尔表达式 3 重要,依次类推。实际上每个表达式代表一种情况,其重要性是相同的。使用 switch 语句也可以处理多分支问题。switch 语句根据表达式的值来执行多个操作中的一个,从图形上看结构更为清晰,switch 语句的通用形式如图 3.3 所示。

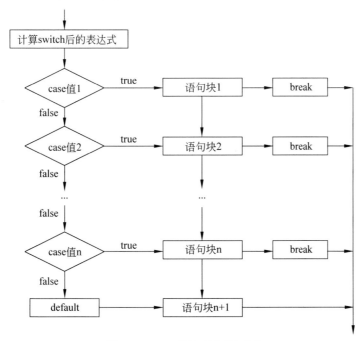

图 3.3　switch 语句的通用形式

switch 语句的基本结构如下：

```
switch(表达式){
    case  值1:语句块1;[ break; ]                      //分支1
    case  值2:语句块2;[ break; ]                      //分支2
    …

    case  值n:语句块n;[ break; ]                      //分支n
    [ default :   语句块n+1; ]                        //分支n+1
}
```

注意：switch 后面的表达式的值类型可以是 byte、char、short 和 int 类型，也可是字符串类型，不允许是实数类型(如 double)。

例 3.6   利用 switch 语句完成例 3.4 的四则运算，输入两个数及运算符，根据运算符输出这两个数的四则运算结果。

```java
import java.util.*;
public class ArithmeticSwitch {
    public static void main(String[] args) {
        double x,y,result=0;
        char symbol;
        Scanner reader=new Scanner(System.in);
        x=reader.nextDouble();
        symbol=reader.next().charAt(0);
        y=reader.nextDouble();
        switch(symbol){
            case '+':
                result=x+y;break;
            case '-':
                result=x-y;break;
            case '*':
                result=x*y;break;
            case '/':
                result=x/y;break;
        }
        System.out.println(result);
    }
}
```

运行程序，输入 3-5 后，switch 程序执行过程如下：因为 symbol 值为'-'，因此执行 case '-'后的语句块，计算两个数的差，遇到 break 语句，结束 switch 语句的执行，执行其后的输出语句，输出结果为-2.0。

switch 语句的 case 块可以直接写上多条语句，不需要花括号来界定语句块。break 语句是可选的，语句一旦进入某一个 case 分支，程序将一直向下执行，直到遇到 break 语句或执行完最后一条语句后结束。例如,如果删除上述程序中的 4 个 break 语句,输入 3-5 后,程序在执行完语句"result=x-y;"后,会接着执行"result=x*y;"和"result= x/y;",因此输出结果为 0.6。在通常情况下,除非特殊需要,在每个语句块的最后都应添加 break 语句。

例 3.7 输入 2024 年任意一个月份,输出该月的天数。

解题思路:2024 年是闰年,2 月是 29 天,其他月份天数明确,根据输入月份不同输出该数据。

```java
import java.util.*;
public class DaysInMonth {
    public static void main(String[] args) {
        int month;
        Scanner reader=new Scanner(System.in);
        month=reader.nextInt();
        switch(month){
            //以下月的天数一致,故只在 12 月后使用 break 语句
            case 1:
            case 3:
            case 5:
            case 7:
            case 8:
            case 10:
            case 12:
                    System.out.println("There are 31 days in that month.");
                    break;
            case 2:
                    System.out.println("There are 29 days in that month.");
                    break;
            case 4:
            case 6:
            case 9:
            case 11:
                    System.out.println("There are 30 days in that month.");
                    break;
            //对输入的错误月份给出错误提示信息
            default:
                    System.out.println("Invalid month.");
                    break;
        }
    }
}
```

在程序中由于多个 case 块要执行的语句是一样的,这时省略前面 case 块的 break 语句,仅在最后一个块上写上必要语句,为程序的编写带来了方便,也提高了程序的可读性。

◆ 3.4　选择结构的嵌套

在 if 语句的花括号内和 switch 语句 case 后的语句块中可以放置任何合法的 Java 语句,当然也包括 if 语句和 switch 语句,这就构成了选择结构的嵌套。

例 3.8　按由大到小的次序输入 3 条边的长度值,判断它们是否能构成三角形,如果能构成三角形,则判断构成的是锐角三角形、直角三角形还是钝角三角形。

```java
import java.util.*;
public class TriangleShape {
    public static void main(String[] args) {
        double a,b,c;
        Scanner reader=new Scanner(System.in);
        a=reader.nextDouble();
        b=reader.nextDouble();
        c=reader.nextDouble();
        if(b+c> a){
            if(a*a<b*b+c*c)
                System.out.println("能构成锐角三角形");
            else if(a*a==b*b+c*c)
                System.out.println("能构成直角三角形");
            else
                System.out.println("能构成钝角三角形");
        }else{
            System.out.println("不能构成三角形");
        }
    }
}
```

程序先判断能否构成三角形,在能构成三角形的情况下再判断三角形的形状,从而形成了一个 if 语句的嵌套结构。

例 3.9　输入某年某月,输出该月的天数。

解题思路:除了 2 月,其他月份天数是固定的,在输出 2 月的天数时,需要对该年是平年还是闰年做出判断,闰年的判定方式是如果某年份能被 4 整除并且不能被 100 整除,或者能被 400 整除,那么这年是闰年。

```java
import java.util.*;
public class DaysInMonth2 {
    public static void main(String[] args) {
        int year,month;
        Scanner reader=new Scanner(System.in);
        year=reader.nextInt();
        month=reader.nextInt();
```

```
switch(month){
    case 1:
    case 3:
    case 5:
    case 7:
    case 8:
    case 10:
    case 12:
            System.out.println("There are 31 days in that month.");
            break;
    case 2:
            if(year%4==0&&year%100!=0||year%400==0)
                System.out.println("There are 29 days in that month.");
            else
                System.out.println("There are 28 days in that month.");
            break;
    case 4:
    case 6:
    case 9:
    case 11:
            System.out.println("There are 30 days in that month.");
            break;
    default:
            System.out.println("Invalid month.");
            break;
    }
    }
}
```

这是一个 switch 语句中含 if 语句的选择结构的嵌套。

◆ 3.5　养成良好的程序设计习惯

在编写程序时编程人员应注意养成良好的程序设计习惯,这样才能设计出符合自己最高水平的程序,也能更快地提升自己的程序设计水平。就现阶段而言,良好的程序设计习惯应包括以下 5 方面。

(1) 当面对一个问题时,要进行充分的思考,在感觉确有把握的情况下再进行编程实践。

(2) 编写的程序应保持良好的书写习惯,如命名的标识符应尽量有意义,用好空白、缩进、注释等。

(3) 编写的程序尽量反映编程人员解决这一问题的思路,也就是说,程序应忠实于编程人员解决问题的想法。

（4）程序的书写尽量简单明了，少用复杂的句子。

（5）程序的扩展性好，最好能直接用于其他程序中，或经过极少修改就能解决同类型的其他问题。

例 3.10 3 种方法找最大的数：输入 3 个整数，输出其中最大的数。

解题思路一： 例 3.1 中编写了输出两个数中较大的数的程序。很容易对该程序进行修改，从而完成本问题。例 3.1 中已经找到了两个数中较大的数，用这个数与第三个数进行比较，这又是一个从两个数中找最大数的程序。按此思路编写的第一个程序代码如下：

```java
import java.util.*;
public class CompareThree1 {
    public static void main(String[] args) {
        int a,b,c;
        Scanner reader=new Scanner(System.in);
        a=reader.nextInt();
        b=reader.nextInt();
        c=reader.nextInt();
        if(a> b){
            if(a> c)
                System.out.println(a);
            else
                System.out.println(c);
        }else{
            if(b> c)
                System.out.println(b);
            else
                System.out.println(c);
        }
    }
}
```

解题思路二： 也可以用第一个数与第二个数和第三个数进行比较，从而判断第一个数是否为最大数，是则输出，否则剩下的就是第二个数与第三个数两个数的比较问题了。按此思路编写的第二个程序代码如下：

```java
import java.util.*;
public class CompareThree2 {
    public static void main(String[] args) {
        int a,b,c;
        Scanner reader=new Scanner(System.in);
        a=reader.nextInt();
        b=reader.nextInt();
        c=reader.nextInt();
        if(a> =b&&a> =c)
            System.out.println(a);
```

```
        else if(b> c)
            System.out.println(b);
        else
            System.out.println(c);
    }
}
```

如果仔细研究一下就会发现第二个的程序更好,因为如果是从 4 个数中找最大数、从 5 个数中找最大数,在第二个程序的基础上更容易修改完成,也就是第二个程序的扩展性更好。

解题思路三:可是实际上如果从若干数中找最大的数,我们处理方式与上面两种方法都不同。查找的过程大体上是这样的,看第一个数,记住它,依次看后面的每个数,与我们记住的数进行比较,如果比我们记住的数大,则记住这个更大的数,否则什么都不做。这样当看完所有的数后,我们记住的就是最大的数。根据这一思路写出的第三个程序代码如下:

```java
import java.util.*;
public class CompareThree3 {
    public static void main(String[] args) {
        int a,b,c,max;
        Scanner reader=new Scanner(System.in);
        a=reader.nextInt();
        b=reader.nextInt();
        c=reader.nextInt();
        //记住第一个数
        max=a;
        //与第二个数比较
        if(max<b)
            max=b;
        //与第三个数比较
        if(max<c)
            max=c;
        System.out.println(max);
    }
}
```

显然,这个程序不仅扩展性比第二个程序更好,而且更符合解决这一问题的思路,因此是这 3 个程序里最好的。

◆ 3.6　程序设计实例

例 3.11　输入两个整数,判断第一个数是不是第二个数的约数。

解题思路:如果 a 是 b 的约数,则 b 能被 a 整除,即 b%a 的值为 0。程序代码如下:

```java
import java.util.*;
public class Divisor {
    public static void main(String[] args) {
        int a,b;
        Scanner reader=new Scanner(System.in);
        a=reader.nextInt();
        b=reader.nextInt();
        if(b%a==0)
            System.out.println("a 是 b 的约数。");
        else
            System.out.println("a 不是 b 的约数。");
    }
}
```

例 3.12 输入一个 1000 以内的正整数,将其反转后输出。如输入 123,则输出 321,输入 12,则输出 21,否则输出"数据输入范围错误。"的提示信息。

解题思路:因为输入的数有一位、两位、三位、不在题目要求范围 4 种情况,使用多分支的 if 结构完成。

```java
import java.util.*;
public class Reverse {
    public static void main(String[] args) {
        int n, rev;
        Scanner reader=new Scanner(System.in);
        System.out.println("请输入 1~999 的整数:");
        n=reader.nextInt();
        if(n<1 || n> 999)
            System.out.println("数据输入范围错误。");
        else if(n> =100){
            rev=n%10 * 100+n/10%10 * 10+n/100;
            System.out.println(n+" 的反转数为"+ rev);
        }else if(n> =10){
            rev=n%10 * 10+n/10;
            System.out.println(n+" 的反转数为"+ rev);
        }else{
            rev=n;
            System.out.println(n+" 的反转数为"+ rev);
        }
    }
}
```

例 3.13 编写程序,按例 2.11 对扑克牌的编码方式,输入不包含大小王的一张扑克牌的编码,输出其花色和扑克牌上数值。例如,输入 22,输出"红心 10";输入 39,输出"方块 A"。

解题思路：第 2 章编写的程序输出的是花色对应值,可使用 switch 语句按不同的花色值输出对应文字,在输出牌面值时注意牌面值为 1 时应输出的是字母 A,牌面值为 11、12、13 时输出对应的字母 J、Q、K。

```java
import java.util.Scanner;
public class Poker1 {
    public static void main(String args[]) {
        int a;
        Scanner reader=new Scanner(System.in);
        System.out.println("请输入 0~51 的一个整数:");
        a=reader.nextInt();
        switch(a/13){
            case 0:
                System.out.print("黑桃");break;
            case 1:
                System.out.print("红心");break;
            case 2:
                System.out.print("梅花");break;
            case 3:
                System.out.print("方块");break;
        }
        switch(a%13){
            case 10:
                System.out.println("J");break;
            case 11:
                System.out.println("Q");break;
            case 12:
                System.out.println("K");break;
            case 0:
                System.out.println("A");break;
            default:
                System.out.println(a%13+1);break;
        }
    }
}
```

例 3.14　编写程序,随机获取两张不包括大小王的扑克牌 puke1、puke2,按附录 F "斗地主程序要求和玩法规则"比较两张牌的大小。

解题思路：随机获取一张牌即产生 0~51 的随机数,可使用 random 函数,该函数的返回值是双精度实数,对其直接取整,取整后有可能获得的两个随机数是相同的,程序需对其进行处理。

```java
public class Poker2 {
    public static void main(String args[]) {
```

```
        int puke1,puke2;
        puke1=(int)(Math.random() * 52);
        puke2=(int)(Math.random() * 52);
        System.out.println("两张扑克牌的数值分别是"+puke1+","+puke2);
        System.out.println("puke1 花色值是"+puke1/13+",数字值是"+(puke1%13+1));
        System.out.println("puke2 花色值是"+puke2/13+",数字值是"+(puke2%13+1));
        if(puke1==puke2)
            System.out.println("发牌错误!");
        else {
            int a,b;
            //将牌面值 0~12 按其比较时的大小转换为 11、12、0~10,方便比较
            a=(puke1+11)%13;
            b=(puke2+11)%13;
            if(a > b)
                System.out.println("puke1 大");
            else if(a < b)
                System.out.println("puke2 大");
            else
                System.out.println("两张牌一样大。");
        }
    }
}
```

因为牌面值 0~12 对应 A、2~10、J、Q、K，而牌的大小次序为 3~10、J、Q、K、A、2，因此使用（牌面值＋11）％13 获得牌面大小的比较值，即牌面 3~10、J、Q、K、A、2 分别对应数值 0~12，这样数值的大小就是牌的大小，从而方便比较。

◆ 3.7 知识补充

在 Java 语言中简单的选择结构可以使用条件运算符来完成。条件运算符（?:）是一个三元运算符，它涉及三个表达式。表达式采取下面形式：

布尔表达式?表达式 1:表达式 2;

若布尔表达式的计算结果为 true，就计算表达式 1 的值并返回；若布尔表达式的结果为 false，就计算表达式 2 的值并返回。

例 3.15　条件表达式示例：使用条件表达式完成例 3.1，比较两个整数的大小。代码如下：

```
class CompareTJ{
    public static void main(String[] args) {
        int a,b,max;
        Scanner reader=new Scanner(System.in);
        //输入两个整数
```

```
        a=reader.nextInt();
        b=reader.nextInt();
        //利用条件运算符找到较大的数
        max= a> b ? a: b;
        System.out.println(max);
    }
}
```

使用了条件运算符的表达式被称为条件表达式,也称问号表达式。

◆ 本 章 小 结

1. 对于初学者来说,if 语句中复合语句的花括号尽量不要省略。

2. if 语句可对数据是否在某个区间进行判断,switch 语句只针对一个个的单值进行判断。

3. 若没有充分理由,switch 语句中的 break 语句尽量不要省略。

4. if 语句是更常用的多分支结构语句,而 switch 语句在阅读上更为清晰。

5. switch 的 default 块在用法上相当于 if 语句的 else 块。

6. 选择结构的嵌套是将一个选择结构完整地放置在其他选择结构的复合语句块中,注意不允许两个选择结构语句有交叉情况。

7. 平时应注意养成良好的编程习惯,良好的编程习惯有助于解决更复杂的问题,而且问题越复杂,其效果越明显。

◆ 概 念 测 试

1. 在 Java 语言中,if 语句的判定表达式的计算结果必须是_____类型的。

2. switch 语句中除关键字 switch 外,使用的关键字还有 _____ 、_____ 和_____。

3. 已知"int n;",判断 n 是不是一个奇数的表达式为_____,判断 n 是不是一个偶数的表达式为_____。

4. 已知"int n;",判断 n 是不是一个三位数的表达式为_____。

5. 判断 x 小于 3 或者 x 大于或等于 10 的表达式为_____。

6. 已知"char ch;",判断 ch 是否为一个小写字母的表达式为_____,判断 ch 是否为一个数字字符的表达式为_____。

◆ 编 程 实 践

1. 判断某年是不是闰年：如果某年能被 4 整除并且不能被 100 整除,或者能被 400整除,那么这年是闰年。

2. 输入 3 条边的值(带小数),如果能构成三角形,则输出三角形的面积(保留两位小数),否则输出不能构成三角形的提示信息。

3. 输入两个整数,如果这两个整数同号(均为正或均为负),输出它们的积,否则输出它们的和。

4. 生成两个最高分为 100 分的成绩(整数),然后按由大到小的次序输出这两个数。

5. 输入一个数字,如果该数是负数,输出其立方根,否则输出其平方根,输出结果保留三位小数。

6. 输入一个实数,输出与之最邻近的两个整数。例如,输入 4.4,则输出 4 和 5;输入 -4.4,则输出 -5 和 -4。

7. 输入一个五位整数,判断其是否为回文数。回文数:正读、反读数字都一样的数,如 12321、43434 是回文数,12345、12323 不是回文数。

8. 输入一元二次方程 $ax^2+bx+c=0$ 的系数 a、b、c,输出其根的个数(0、1 或 2)。

9. 输入一元二次方程 $ax^2+bx+c=0$ 的系数 a、b、c,输出其根的情况,如果有实根,则计算并输出其根,输出结果保留两位小数。

10. 输入一个实数,如果该数大于 0 则输出数字 1,等于 0 则输出数字 0,小于 0 则输出数字 -1。

11. 输入一个成绩,输出其对应的分数等级:优秀(90~100)、良好(80~89)、中(70~79)、及格(60~69)、不及格(0~59),分别用 if 和 switch 两种语句来完成。

循环结构程序设计

在许多情况下虽然要处理的数据很多,但是对每个数据的处理方式是相同的。例如,从 10 个数里找到最大的数与从 100 个数里找到最大的数,就处理方式来说是一样的,只是数据的规模不同,这时可以使用循环结构。循环结构是指不断重复地执行一段程序代码,直到满足终止条件为止。Java 语言提供的循环语句有 while 语句、do…while 语句和 for 语句。这些循环语句各有特点,可根据不同的需要选择使用。

◆ 4.1 while 循 环

while 循环又称当型循环,其结构流程如图 4.1 所示。

while 语句的一般形式如下:

```
while(布尔表达式)
{
    循环体语句块
}
```

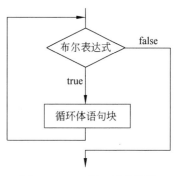

图 4.1 while 循环结构流程

while 语句中各个成分的执行次序:首先判断布尔表达式的值,若值为 false,则跳过循环体语句块,执行循环体语句块后面的语句;若值为 true,则执行循环体语句块,然后再重新判断布尔表达式的值,如此反复,直至布尔表达式的值为 false,结束 while 循环,执行循环体语句块后面的语句。

例 4.1 求 $1+2+\cdots+100$ 的值。

```
public class Sum100 {
    public static void main(String[] args) {
        int i,sum=0;
        //设定初始值,影响循环执行次数
        i=1;
        /* 循环判定条件,每次执行循环体后都要进行判断,
           符合条件继续循环,否则结束循环 */
```

```
        while(i<=100){
            sum=sum+i;
            //改变循环变量的值,影响循环执行次数
            i=i+1;
        }
        System.out.println(sum);
    }
}
```

运行程序,输出 sum 中的数值 5050。

在使用循环语句时,有 3 条与循环执行次数直接相关的语句,布尔表达式的位置是固定的,设定布尔表达式中某个变量的初始值语句最好写在紧挨着 while 语句的上一行中,而在循环体语句块中改变该变量值的语句最好写在循环体语句块的最后一行,这并不是语法要求的,但这样写的程序通常会更为清晰、可读性更好。

例 4.2　输入 10 个数,输出这 10 个数中最大的数。

解题思路:例 3.10 中编写了找到 3 个数中最大数的程序,在没有学习循环语句之前,第三种解决方案最好,但如果要找到 10 个数中最大的数就要设定 10 个变量,实际上这是不必要的。其实只需要使用一个变量存储当前输入的数即可,用当前输入的数与我们记住的最大数进行比较,如果当前输入的数大,则记住它(当前最大的数);所有数都输入后,我们记住的数就是最大的数。实际上在解决此类问题时我们也没有为每个数起一个名字,按以上思路完成的程序代码如下:

```
import java.util.*;
public class MaxNumber {
    public static void main(String[] args) {
        int i,a,max;
        Scanner reader=new Scanner(System.in);
        a=reader.nextInt();
        //记住第一个数
        max=a;
        //用循环语句输入其他 9 个数,与 max 进行比较
        i=1;
        while(i<10){
            a=reader.nextInt();
            if(max<a)
                max=a;
            i=i+1;
        }
        System.out.println(max);
    }
}
```

显然,与例 3.10 中的程序相比,这是解决此类问题更好的程序,如果要找到 100 个数

里的最大数,只需要将语句 while(i<10)中的 10 改为 100 即可。

◆ 4.2　do…while 循环

例 4.3　输入一个整数,判断它的位数。

解题思路:对于计算机程序而言,存储的数据占据固定的位数,所以整数左侧的无效位的 0 是一直存在的,例如,数字 1024 的存储方式类似于 0000001024。在判断其位数时是从左侧第一个有效位数开始计算的(如果从右侧计算,遇到数字 0 时,由于无法判定前面是否有有效位而无法计算)。由于在计算机中数据是以二进制数的形式存储的,编写的程序难以从左侧开始判断十进制数有效位的开始位置,实际上如果我们知道有效位的开始位置就意味着已经知道它是几位数了。程序很容易判断两个数是否相等,因此编写的程序从右侧开始计算,数一位数后看剩下的未数过的数是否为 0,如果是则说明剩下的数中没有有效位了,任务完成,否则以同样的方式数下一位数。程序代码如下:

```java
import java.util.*;
public class IntCount {
    public static void main(String[] args) {
        int count=0,a;
        Scanner reader=new Scanner(System.in);
        a=reader.nextInt();
        //如果还有有效位数,则一直计算下去
        while(a!=0){
            //统计查到的有效数字位数
            count=count+1;
            //将刚计算过的位数删除
            a=a/10;
        }
        System.out.println(count);
    }
}
```

分别输入 1024 和 12345,发现程序的运行结果是正确的。其实该程序有一个很小的问题,就是忽略了一个整数——数字 0。如果输入 0,输出的结果为 0,显然这是错误的。看一下程序就会发现由于循环判定条件是 a!=0,当输入 0 时不符合此判定条件,因此循环体语句块没有执行,计数语句 count=count+1 也就没有被执行。下面对输入为 0 的情况进行特殊处理来解决此问题。程序代码如下:

```java
import java.util.*;
public class IntCount2 {
    public static void main(String[] args) {
        int count=0,a;
        Scanner reader=new Scanner(System.in);
        a=reader.nextInt();
```

```
        if(a==0)
            count=1;
        while(a!=0){
            count=count+1;
            a=a/10;
        }
        System.out.println(count);
    }
}
```

实际上我们可以使用 do…while 循环语句更好地解决这一问题。while 语句被称为当型循环，先判断后循环，而 do…while 语句被称为直到型循环，先循环后判断。do…while 循环结构流程如图 4.2 所示。

do…while 语句的一般形式如下：

```
do{
    循环体语句块
}while(布尔表达式);
```

do…while 语句中各个成分的执行次序：先执行一次循环体语句块，然后再判断布尔表达式的值，若值为 false 则跳出 do…while 循环，执行后面的语句；若值为 true 则再次执行循环体语句块。如此反复，直到布尔表达式的值为 false，跳出 do…while 循环为止。

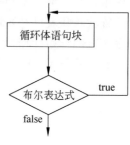

图 4.2　do…while 循环结构流程

注意 do…while 循环的 while 后面要求直接加分号，而 while 循环的 while 后面不应直接加分号（否则会造成死循环现象）。

如图 4.2 所示，do…while 循环结构与 while 循环结构的区别仅在于 do…while 循环中的循环体语句块至少执行一次，而 while 循环中的循环体语句块可能一次也不执行。而我们的程序正好是无论输入的是任何整数，至少都有一个有效位（循环体至少执行一次）。用 do…while 语句编写的上述程序如下：

```
import java.util.*;
public class IntCount3 {
    public static void main(String[] args) {
        int count=0,a;
        Scanner reader=new Scanner(System.in);
        a=reader.nextInt();
        do{
            count=count+1;
            a=a/10;
        }while(a!=0);
        System.out.println(count);
    }
}
```

　　显然,就当前问题而言,使用 do…while 编写的程序更好。从上面编写的程序也可以觉察到,有时我们觉得完全正确的程序,有可能忽略了某些特殊数值的处理,从而存有小小的缺陷。

　　无论是 while 循环还是 do…while 循环,当循环体语句块一定能被执行到则效果是完全相同的。如果有可能一次也不执行循环体语句块,使用前者更为方便;如果要求至少要执行一次循环体语句块,使用后者则更为方便。前者被称为当型循环,意为"当满足某条件时执行循环";后者被称为直到型循环,意为"执行循环直到不满足某条件"。

◆ 4.3　for 循 环

　　在实际编程中,程序员通常更喜欢使用 for 循环,与 while 循环一样,for 循环也是一种当型循环,先判断后执行循环体语句块。for 循环结构流程如图 4.3 所示。

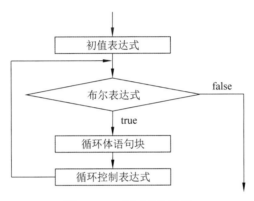

图 4.3　for 循环结构流程

for 语句的一般形式如下:

for(初值表达式;布尔表达式;循环控制表达式)
{
　　循环体语句块
}

其中,初值表达式对循环控制变量赋初值;布尔表达式用来判断循环是否继续进行;循环控制表达式修改循环控制变量,控制循环的执行次数,并最终结束循环(使布尔表达式的值为 false)。

　　例 4.4　用 for 循环求 $1+2+\cdots+100$ 的值。

```
public class For100 {
    public static void main(String[] args) {
        int i,sum=0;
        /* 如果使用 while 循环
        i=1;
        while(i<=100){
```

```
            sum=sum+i;
            i=i+1;
        }
        *** /
        for(i=1;i<=100;i=i+1)
            sum=sum+i;
        System.out.println(sum);
    }
}
```

与注释中的 while 循环相对比,与循环控制有关的 3 个表达式都写在一行中,程序的可读性大大增强。

例 4.5　输入一个整数,判断它是不是质数。

解题思路:可以用质数的定义完成判断:除了 1 和它本身,不能被其他的整数整除的数。

```
import java.util.*;
public class Prime {
    public static void main(String[] args) {
        int i,a;
        //先假定数据是质数
        boolean sign=true;
        Scanner reader=new Scanner(System.in);
        a=reader.nextInt();
        for(i=2;i<a;i++){
            //如果数据被 i 整除,表明其为合数
            if(a%i==0)
                sign=false;
        }
        if(sign)
            System.out.println(a+"是质数。");
        else
            System.out.println(a+"不是质数。");
    }
}
```

如果让我们自己判断数据 a 是不是质数,当已知 a 可以被某数据整除(如数据 7),那么就可以确定该数不是质数了,不会再去判断该数能否被其后续的其他数整除(如 8、9、10…)。但在例 4.5 中,显然无论表达式 a%i==0 是否成立,循环都会一直执行。

在循环中,可以使用 break 语句提前结束循环,也就是说程序会马上跳出循环体语句块,执行循环体语句块之后的第一条语句。上述程序可以修改如下:

```
import java.util.*;
public class PrimeBreak {
    public static void main(String[] args) {
```

```
        int i,a;
        boolean sign=true;
        Scanner reader=new Scanner(System.in);
        a=reader.nextInt();
        for(i=2;i<a;i++){
            if(a%i==0){
                sign=false;
                break;
            }
        }
        if(sign)
            System.out.println(a+"是质数。");
        else
            System.out.println(a+"不是质数。");
    }
}
```

注意：因为 if 语句已经包含两条执行语句，因此必须使用复合语句，不能省略那对花括号。

实际上，因为使用了 break 语句，所以可以省略变量 sign 的定义和使用。判断是否为质数的循环有两种结束状态：如果执行了 break 语句，说明数据 a 已经被某个数整除，不是质数；否则数据 a 没有被任何一个数整除，是质数。显然如果执行了 break 语句，在 if 语句处将有表达式 i<a 成立，因此，修改程序如下：

```
import java.util.*;
public class PrimeBreak2 {
    public static void main(String[] args) {
        int i,a;
        Scanner reader=new Scanner(System.in);
        a=reader.nextInt();
        for(i=2;i<a;i++)
            if(a%i==0)
                break;
        if(i<a)
            System.out.println(a+"不是质数。");
        else
            System.out.println(a+"是质数。");
    }
}
```

其实如果从效率来考虑，可以将 for 循环语句中的判定条件 i<a 改为 i<=Math. sqrt(a)，因为如果一个数是合数，至少有一个因子符合上述条件；另外，也可以排除 i 值在递增时的偶数部分，从而提高程序的执行效率。但在程序设计初级阶段本书更为关注能否完成任务，有关提高程序执行效率的问题在此不再赘述。

◆ 4.4 循环语句嵌套

在循环体语句块中不仅能放入 if 和 switch 等分支语句,还可以放入循环语句,这就是循环语句嵌套。循环语句嵌套时应该注意的是,无论哪种形式的嵌套都必须保证每个循环结构的完整性,不能出现交叉。

例 4.6 输入整数 n,输出 n 行 n 列的由 * 构成的图形,如输入 6,输出所示的字符图形如下:

```
* * * * * *
* * * * * *
* * * * * *
* * * * * *
* * * * * *
* * * * * *
```

解题思路:因为事先不知道每行输出 * 的个数,因此程序需要输入整数 n,然后使用双重循环完成上述要求,外层循环控制输出的行数,内层循环控制每行输出的字符 * 的个数(实际上输出的是 * 和空格两个字符)。

```java
import java.util.*;
public class CharShape {
    public static void main(String[] args) {
        int i,j,n;
        Scanner reader=new Scanner(System.in);
        n=reader.nextInt();
        for(i=1;i<=n;i=i+1){
            for(j=1;j<=n;j++)
                System.out.print(" * ");
            System.out.println();
        }
    }
}
```

程序使用 print 函数输出 *,从而保证多个 * 在一行,在每行结束使用 println 函数进行换行,以便输出下一行的 *。

如将输出图形改为如下图形:

```
*
* *
* * *
* * * *
* * * * *
* * * * * *
```

每行输出的字符个数不同,因此内层循环中字符输出执行次数与其所在行(i 代表行)相关,因此只需将内层循环中判定语句 j<=n 改为 j<=i 即可。

但如果输出图形如下:

```
          *
        * *
      * * *
    * * * *
  * * * * *
* * * * * *
```

程序将比前面的代码复杂,在输出符号 ∗ 之前应该输出一定数量的空格,显然空格的输出也需要一个循环进行控制。程序代码如下:

```java
import java.util.*;
public class CharShape3 {
    public static void main(String[] args) {
        int i,j,n;
        Scanner reader=new Scanner(System.in);
        n=reader.nextInt();
        for(i=1;i<=n;i=i+1){
            //空格输出的个数与其所在行 i 和 n 都有关
            for(j=1;j<=n-i;j++)
                System.out.print("  ");
            for(j=1;j<=i;j++)
                System.out.print("* ");
            System.out.println();
        }
    }
}
```

其实如果问题要求输出后一个三角形图形,先完成输出前一个三角形,然后在此基础上进行修改,从而实现后一个三角形的输出,这样分两步完成任务,比直接一次性完成任务要简单一些,也更容易一些。分解复杂任务为若干简单任务,是提升程序设计水平的能力之一。

◆ 4.5　循环控制语句

在例 4.5 中判断质数时使用的 break 语句是一种循环控制语句,break 语句通常有不带标号和带标号两种形式:

```
break;
break  标号;
```

不带标号的 break 语句用在循环结构的循环体中,其作用是强制退出循环结构。若程序中有内外两层循环,而 break 语句写在内层循环中,则执行 break 语句只能退出内层循环,而不能退出外层循环。若想要从内层循环直接退出外层循环,可使用带标号的 break 语句。其中标号是定义在外层循环入口语句前方的标识符,标号与语句用分号分隔,可以"break   标号;"的形式退出标号所指明的外层循环。

与 break 语句类似,还有一个 continue 语句,其含义是不再执行本次循环循环体语句块内其他尚未执行的语句,进行下一次循环。同样,continue 语句也有两种形式:

```
continue;
continue 标号;
```

不带标号的 continue 语句控制当前循环,而程序中有嵌套的多层循环时,为从内层循环跳到外层循环,可使用带标号的 continue 语句。

例 4.7 输出 1000 以内的所有质数。

解题思路:显然需要使用双重循环完成这个程序,外层循环是针对 1000 以内的每个数,内层循环是判定当前数是否为质数,如果是则输出。根据前面编写的判定某数是否为质数的程序,实现如下:

```java
import java.util.*;
public class Prime1000 {
    public static void main(String[] args) {
        int i,j;
        for(i=2;i<1000;i++){
            for(j=2;j<i;j++)
                if(i%j==0)
                    break;
            if(j==i)
                System.out.print(i+",");
        }
    }
}
```

实际上,当判断出一个数不是质数后,直接判断下一个数即可,利用带标号的 continue 语句可完成此种设想。程序代码如下:

```java
import java.util.*;
public class Prime1000Continue {
    public static void main(String[] args) {
        int i,j;
        OUT:for(i=2;i<1000;i++){
            for(j=2;j<i;j++)
                if(i%j==0)
                    continue OUT;
            System.out.print(i+",");
        }
```

```
    }
}
```

很显然,下面的程序更符合解决这一问题的思路:既然 i 已经能被 j 整除了,i 自然不是质数,不需要再进行一次判断了,直接进行下一个数的判断。

◇ 4.6　程序设计实例

例 4.8　输入一个整数,输出它的所有约数。

解题思路:从 1 开始判断,如果 n%i＝0,说明 i 是 n 的一个约数。

```java
import java.util.*;
public class Divisor {
    public static void main(String[] args) {
        int i,a;
        Scanner reader=new Scanner(System.in);
        a=reader.nextInt();
        for(i=1;i<=a;i=i+1){
            if(a%i==0)
                //用逗号分隔,避免数据连在一起
                System.out.print(i+",");
        }
    }
}
```

运行程序,输入 12,则输出“1,2,3,4,6,12,”。

如果使用 OJ 系统,通常情况下输出的最后一个数据后面是不带逗号的,实际上在完成程序的基础上再稍微调整一下输出语句就可以了。例如,本题就可以在循环时不输出该数据本身,将判定条件改为 i<a,然后在循环之外输出数据 a 即可。程序代码如下:

```java
import java.util.*;
public class Divisor {
    public static void main(String[] args) {
        int i,a;
        Scanner reader=new Scanner(System.in);
        a=reader.nextInt();
        for(i=1;i<a;i=i+1){
            if(a%i==0)
                System.out.print(i+",");
        }
        System.out.println(a);
    }
}
```

可以看出两段代码相差无几,有关 OJ 系统上输出格式问题的处理,大体上都可以采用类似的处理方式,即先解决问题本身,然后再处理输出格式问题。

例 4.9　百钱百鸡问题:鸡翁一值钱五,鸡母一值钱三,鸡雏三值钱一。百钱买百鸡,问鸡翁、鸡母、鸡雏各几何?

解题思路:显然本题有多种可能结果,利用多重循环尝试所有可能,从而找到所有符合要求的组合。程序代码如下:

```java
import java.util.*;
public class BaiQianBaiJi {
    public static void main(String[] args) {
        int i,j;
        for(i=1;i<=20;i=i+1){
            for(j=1;j<=33;j++)
                if(5*i+3*j+(100-i-j)/3.0==100)
                    System.out.println(i+", "+j+", "+(100-i-j));
        }
    }
}
```

程序运行结果如下:

```
4, 18, 78
8, 11, 81
12, 4, 84
```

在编写多重循环的程序时,将循环次数少的变量作为外层循环变量,这样编写的程序通常情况下效率较高。

例 4.10　编写程序,验证哥德巴赫猜想:任一大于 2 的偶数都可写成两个素数之和。

解题思路:输入一个偶数 n,判断 2~n/2 的每个数 i,如果该数是素数,则判断 n−i 是否为素数,是则找到一组合适的素数,否则判断下一个 i 值。

```java
import java.util.*;
public class Guess {
    public static void main(String[] args) {
        int n,i,j;
        Scanner in=new Scanner(System.in);
        n=in.nextInt();
    OUT:for(i=2;i<=n/2;i++){
            for(j=2;j<i;j++)
                if(i%j==0)
                    continue OUT;
            int a=n-i;
            for(j=2;j<a;j++)
                if(a%j==0)
                    continue OUT;
            System.out.println(n+"="+i+"+"+(n-i));
```

```
        }
    }
}
```

例 **4.11**　修改例 3.14 程序,随机获取两张不包括大小王的扑克牌 puke1、puke2,按附录 F"斗地主程序要求和玩法规则"比较两张牌的大小。

解题思路:虽然概率较小,仅 1/52,但仍然可能生成两个相同的随机数,这显然是不合理的,可以使用循环解决这一问题。生成第二个随机数,与第一个随机数不同则结束,否则重新生成随机数。修改后的程序代码如下:

```java
public class Poker2 {
    public static void main(String args[]) {
        int puke1,puke2;
        puke1=(int)(Math.random() * 52);
        while(true){
            puke2=(int)(Math.random() * 52);
            if(puke1!=puke2)
                break;
        }

        System.out.println("两张扑克牌的数值分别是"+puke1+","+puke2);
        System.out.println("puke1 花色值是"+puke1/13+",数字值是"+(puke1%13+1));
        System.out.println("puke2 花色值是"+puke2/13+",数字值是"+(puke2%13+1));

        int a,b;
        //将牌面值 0~12 按其比较时的大小转换为 11、12、0~10,方便比较
        a=(puke1+11)%13;
        b=(puke2+11)%13;
        if(a > b)
            System.out.println("puke1 大");
        else if(a < b)
            System.out.println("puke2 大");
        else
            System.out.println("两张牌一样大。");
    }
}
```

◈ 4.7　知 识 补 充

位运算是以二进制为单位进行的运算,其操作数和运算结果都是整数值。位运算符共有 7 个,如表 4.1 所示。

表 4.1　Java 语言的位运算符

运　算　符	运　　算	举　　例
~	位反	~x
&	位与	x&y
|	位或	x|y
^	位异或	x^y
<<	左移	x<<n
>>	右移	x>>n
>>>	不带符号的右移	x>>>n

位运算通常是针对非数值信息进行加工处理使用,如对信息加密等。如不熟悉二进制补码可不必研究下面的示例,本书后面也不会使用位运算。

例 4.12　5 的二进制存储为 00000000000000000000000000000101,－5 的二进制存储为 11111111111111111111111111111011,根据以上信息和输出结果理解位运算符。

```java
public class BitOperator {
    public static void main(String[] args) {
        int a=5,b=-5;
        System.out.println(~a);
        System.out.println(a&b);
        System.out.println(a|b);
        System.out.println(a^b);
        System.out.println(b<<2);
        System.out.println(b> > 2);
        System.out.println(b> > > 2);
    }
}
```

程序运行结果如下:

```
-6
1
-1
-2
-20
-2
1073741822
```

下面给出位运算的一个应用,键盘上有几个功能键经常与其他键同时使用以完成一些常用操作,这几个键就是 Alt、Shift 和 Ctrl。显然每个键只有按下和没按下两种情形,只需要一个二进制位存储就够了。可是因为字节是信息存储的最小单位,最少也要同时处理 8 位二进制位,这样可以用一字节最右侧的 3 位分别存储上述 3 个按键的情况。这样就可以通过位运算来获得这几个功能键的按键状态了。

假定某个变量 a 的个位、十位、百位分别存储着 Alt 键、Shift 键和 Ctrl 键的按键状态,1 代表按下,0 代表未按下,试回答:如何判定 Alt 键是否被按下? 如何判定仅 Alt 键被按下? 如何判定 Ctrl 键和 Alt 键被同时按下?

本 章 小 结

1. 在循环里也可以声明变量,但所声明的变量是局部变量,只在循环体里有效,一旦退出循环,它就不存在了。

2. break 语句结束循环,continue 语句结束本次循环体的执行,执行下一次循环。

3. 带有标号的循环体,标号必须写在循环体的起始位置上。

4. 与分支结构一样,循环体如果只有一条语句也可以省略包含循环体语句块的那对花括号,但初学者尽量不要省略。

5. do…while 语句与 while 语句的不同之处是,do…while 语句的循环体语句块至少会执行一次,而 while 语句的循环体语句块有可能一次也不执行。

6. for 语句的 3 个部分中每部分都可以省略,甚至可以 3 部分全都省略,但圆括号中的两个分号不能省略。

7. for 语句如果省略了第二部分(布尔表达式),则表示该值永远为真,必须在循环体语句块中使用 break 语句结束循环。

8. 循环结构的循环体语句块中也可嵌套其他的循环结构或选择结构,但应注意它们之间在逻辑上不能交叉。

概 念 测 试

1. 能从循环体语句块中跳出的语句是_____语句。

2. while 循环、for 循环又称_____循环,它们都是先判断后循环,循环体有可能一次也不执行。

3. do…while 循环又称_____循环,它是先执行后判断,循环体至少被执行一次。

4. 循环处理 100~1000 的每个数,使用的 for 循环语句形式为 for(int i=_____;_____;i++){循环体语句块}。

5. 循环处理 1000~1 的每个数,使用的 for 循环语句形式为 for(int i=_____;_____;_____){循环体语句块}。

6. 若是在内层循环中想直接跳出多重循环体之外,应使用带_____的 break 语句。

编 程 实 践

1. 输入 10 个实数,求这 10 个实数的和及平均值,输出保留一位小数。

2. 输入一个整数,判断其是不是回文数。回文数:正读、反读数字都一样的整数。

3. 根据 $\frac{\pi^2}{6}=\frac{1}{1^2}+\frac{1}{2^2}+\frac{1}{3^2}+\cdots+\frac{1}{n^2}$ 求 π 的值。分别输入 n＝20、n＝30、n＝50,查看计算结果。

4. 输入两个整数,输出它们的最大公约数和最小公倍数。

5. 输入 10 个数,输出其最大数和次大数。

6. 输出所有的水仙花数,水仙花数是指一个三位数,其值等于其各位数字的立方和。例如 153 是一个水仙花数,因为 $153=1^3+5^3+3^3$。

7. 输出 1000 以内最大的 10 个质数及其和。输出形式"质数 1＋质数 2＋…＋质数 10＝质数和"。

8. 输出九九乘法表,下面显示的是前五行,注意各项之间用制表符分隔以保证对齐。

```
1 * 1 = 1
1 * 2 = 2    2 * 2 = 4
1 * 3 = 3    2 * 3 = 6    3 * 3 = 9
1 * 4 = 4    2 * 4 = 8    3 * 4 = 12   4 * 4 = 16
1 * 5 = 5    2 * 5 = 10   3 * 5 = 15   4 * 5 = 20   5 * 5 = 25
```

9. 输入整数 n,输出下面图形,最长行中 * 的个数为 n, * 之间有一个空格,下面是输入 4 时的图形。

```
      *
     * *
    * * *
   * * * *
    * * *
     * *
      *
```

10. 猜数字:随机生成一个[1,1000]的整数,给用户 12 次机会猜测该数字,当用户输入一个数字后,给出"大了,还剩几次"或"小了,还剩几次"的提示,直到用户猜中该数字(给出"恭喜,猜中了!"的提示),或 12 次仍没有猜中(给出"次数到,下次努力!"的提示)结束该程序。

第5章

数　　组

在第 4 章编写了一个 10 个数中找最大数的程序,因为每个数据只需要使用一次,因此只使用一个变量来存储输入数据,从而利用循环完成了任务。现在稍微调整一下需求,要求输出所有超过平均数的数据,这时每个数据将不止使用一次(一次用于计算平均数,一次与平均数进行比较),此时将使用数组这一数据存储形式存储输入的数据,然后再利用循环结构解决这一新的问题。

◆ 5.1　一　维　数　组

数组是存放在连续内存单元中的一组数据类型相同的元素的有限集合。数组中存放的所有数据的数据类型相同,数组中的每个数据被称为一个数组元素。通过数组名和数组下标来使用数组中的数据,数组下标代表数据在数组中的位置,数组下标从 0 开始。

1. 一维数组的声明

一维数组有两种声明方式,格式如下:

类型标识符　数组名[ ];

或

类型标识符[ ]　数组名;

数组元素的数据类型可以是 Java 语言中的任何数据类型,如前面学过的基本数据类型(int、float、double、char、boolean 等),或者将来学习的类(class)或接口(interface)类型等。数组名是符合 Java 标识符定义规则的用户自定义标识符。

例如"int　a[ ];"或"int[ ]　a;"都表示声明一个一维数组 a,该数组存放int 类型的数据;而"double[ ] array1,array2;"表示声明两个一维数组 array1和 array2,这两个数组存放 double 类型的数据。

数组定义后,系统将给数组名分配一个内存单元,其值为数组在内存中的实际存放地址。由于在数组变量定义时,数组元素本身在内存中的实际存放地址还没有分配,所以,此时该数组名的值为空(null)。

2. 一维数组的初始化

因为在数组声明中并未明确指出数组元素的个数,系统无法知道需要给这个数组分配多大的内存空间。在使用数组元素之前,必须要对其进行初始化操作,使系统知道数组元素的个数,并为其分配连续的存储空间。初始化数组后,数组就可以使用了,在 Java 语言中用 new 关键字来完成数组的初始化操作,也可以在声明数组时直接指定数组元素的初值。

1) 用 new 关键字初始化数组

用 new 关键字初始化数组,只为数组分配存储空间而不对数组元素赋初值。用 new 关键字来初始化数组有两种方式。

(1) 先声明数组,再初始化数组。这实际上由两条语句构成,格式如下:

```
类型标识符　数组名[ ];
数组名=new 类型标识符[数组长度];
```

其中,第一条语句是数组的声明语句,第二条语句是初始化语句。应该注意的是,两条语句中的数组名、类型标识符必须一致。数组长度是整型常量或整型变量,用以指明数组元素的个数。例如:

```
int a[ ];
a=new int[10];
```

第一句是声明一个整型数组变量 a,第二句是初始化该数组为存放 10 个数组元素的整型数组。这种初始化方式最为常用。

(2) 在声明数组的同时使用 new 关键字初始化数组。这种初始化实际上是将上面的两条语句合并为一条语句。

例如:

```
int[ ] a=new int[10];
```

Java 语言规定,在数组分配内存单元后,系统将自动给每个数组元素赋值,其中数值类型数组元素的初值为 0,逻辑类型数组元素的初值为 false。

2) 直接指定数组元素初值的方式

用直接指定数组元素初值的方式对数组初始化,是指在声明一个数组的同时将数组元素的初值依次写入赋值运算符后的一对花括号内,给这个数组的所有数组元素赋上初始值。这样,Java 编译器可通过初值的个数确定数组元素的个数,为其分配存储空间并将这些值写入相应的存储单元中。例如:

```
int[ ] a={19,23,29,31,37};
```

这条语句声明类型为 int 的数组 a,数组元素共有 5 个,初始值分别为 a[0]=19,a[1]=23,a[2]=29,a[3]=31,a[4]=37。Java 中的数组下标从 0 开始。

3. 一维数组的使用

当数组初始化后就可通过数组名与数组下标来访问数组中的每个元素。一维数组元素的引用格式如下:

数组名[数组下标]

其中,数组名是经过声明和初始化的标识符,数组下标是指元素在数组中的位置,数组下标的取值范围是 0～(数组长度－1)。下标值可以是整数型常量或整数型变量表达式。例如,在有了"int[ ] a＝new int[10];"语句后,下面的两条赋值语句是合法的:

```
a[3]=25;
a[3+6]=50;
```

但赋值语句"a[10]＝8;"是错误的,这是因为数组 a 在初始化时确定其长度为 10,第 10 个元素的下标是数字 9,不存在下标为 10 的数组元素 a[10]。

例 5.1 输入 10 个学生的某科成绩,要求输出高于平均分的成绩。

解题思路:显然程序需要两次使用学生的成绩,第一次计算平均成绩,第二次查看所有学生成绩,然后输出高于平均分的成绩。程序代码如下:

```
import java.util.*;
public class Array_01 {
    public static void main(String[] args) {
        int[] a;
        //平均成绩含有一位小数,用实数类型
        double ave=0;
        a=new int[10];
        Scanner reader=new Scanner(System.in);
        //利用循环输入 10 个学生的成绩,注意下标为 0~9
        for(int i=0;i<10;i++)
            a[i]=reader.nextInt();
        //先求成绩总和,再计算平均成绩,可减少除法次数
        for(int i=0;i<10;i++)
            ave=ave+a[i];
        ave=ave/10;
        System.out.println("平均值是"+ave);
        //检查数组中每个元素,输出符合要求的元素
        for(int i=0;i<10;i++)
            if(a[i]> ave)
                System.out.println(a[i]);
    }
}
```

因为本程序数组中的数据是 10 个,所以在 3 个与数组操作有关的循环中(输入数据、计算和、输出数据)的循环判断表达式都是 i<10。在 Java 语言中,数组经初始化后就确

定了它的长度，对于每个已分配了存储空间的数组，Java 语言用一个数据成员 length 来存储这个数组的长度值，调用方式为"数组名.length"。可以将表达式 i<10 改写为 i<a.length，这样不仅提高了程序的可读性，在修改程序时（例如，学生人数变为 30）也更加方便了。

◆ 5.2 一维数组应用

数组用于存放同种数据类型的一批数据，在对这些数据进行处理时，对于每个数据的处理方式往往相同，正好使用循环结构对数组元素进行操作。

例 5.2 数组中存放若干数据，输入一个数据，判断此数据是否在数组中，如果在输出其所在位置，否则输出不在的提示信息。

解题思路：利用循环将数组中存放的每个元素都与要查找的数据进行比较，如果相同则输出当前数组元素的下标，如果数组中所有的元素都与要查找的数据不同，则输出没找到的提示信息。

```java
import java.util.*;
public class ArraySearch {
    public static void main(String[] args) {
        int[] a={1,3,5,7,9,2,4,6,8,10};
        int i,x;
        boolean find=false;        //是否找到的标记,false 表示没找到
        Scanner reader=new Scanner(System.in);
        System.out.println("请输入要查找的数:");
        x=reader.nextInt();
        for(i=0;i<a.length;i++)
            if(a[i]==x){
                System.out.println("找到了,下标为"+i+"的数是"+x);
                //数组中有可能有多个 x,如果找到一个即可,可以用 break 语句
                find=true;
            }
            if(!find)
                System.out.println("没找到!");
    }
}
```

例 5.3 数组中存放若干数据，输入一个数据，判断此数据是否在数组中，如果在删除这个数据，否则输出不在的提示信息。

解题思路：采用类似于排队的思路，若删除的是第 3 个数据，则原来第 4 个数据变为第 3 个数据，第 5 个数据变为第 4 个数据，以此类推。程序代码如下：

```java
import java.util.*;
public class ArrayDelete {
    public static void main(String[] args) {
```

```
            int[] a={1,3,5,7,9,2,4,6,8,10};
            int i,x;
            boolean find=false;
            Scanner reader=new Scanner(System.in);
            System.out.println("请输入要删除的数:");
            x=reader.nextInt();
            for(i=0;i<a.length;i++)
                if(a[i]==x){
                    find=true;
                    break;
                }
            if(find){
                for(;i<a.length-1;i++)
                    a[i]=a[i+1];
                System.out.println("删除后数据:");
                for(i=0;i<a.length-1;i++)
                    System.out.print(a[i]+" ");
            }else{
                System.out.println("数组中不存在该数据。");
            }
        }
    }
```

在程序中,如果找到了数据 x,则后面的数据依次向前移动,程序实际上隐含假定了 x
在数组中只出现一次。如果 x 在数组中存在多次,程序还需要进行相应的修改。实际上
在大多数情况下,都没有要求必须移动数据,因此只需选择一个不在应用范围内的数据作
为当前位置没有数据的标志,例如,如果处理的是成绩,可以用数字 -1 作为成绩不存在
的标记,这样编写的程序代码如下:

```
import java.util.*;
public class ArrayDelete2 {
    public static void main(String[] args) {
        int[] a={1,3,5,7,9,2,4,6,8,10};
        int i,x;
        boolean find=false;
        Scanner reader=new Scanner(System.in);
        System.out.println("请输入要删除的数:");
        x=reader.nextInt();
        for(i=0;i<a.length;i++)
            if(a[i]==x){
                find=true;
                a[i]=-1;
            }
        if(find){
```

```
            System.out.println("删除后数据:");
            for(i=0;i<a.length;i++)
                if(a[i]!=-1)
                    System.out.print(a[i]+" ");
        }else{
            System.out.println("数组中不存在该数据。");
        }
    }
}
```

这样编写的程序,无论是删除一个数据还是多个数据,程序都能正确运行。其实计算机应用中的绝大多数删除都是采用类似的处理方式,以减少数据移动的代价。例如,在操作系统中有些被删除的文件可以从回收站中恢复,就是因为在删除磁盘文件时采用了与上述代码类似的方式,只是标记出文件被删除,并没有真正从磁盘上删除文件,所以在文件被覆盖前才能恢复被删除的文件。

◆ 5.3 二 维 数 组

一维数组处理的数据相当于一个序列,类似于表中的一行或一列数据,二维数组处理的相当于一个数据表。

1. 二维数组的声明

二维数组的声明与一维数组类似,只是需要给出两对方括号,其格式如下:

类型说明符　数组名[ ][ ];

或

类型说明符[ ][ ]　数组名;

例如:

int　arr[ ][ ];

或

int [ ][ ]　arr;

2. 二维数组的初始化

二维数组的初始化也分为直接指定初值和用 new 关键字两种方式。

1) 用 new 关键字初始化数组

用 new 关键字初始化数组有两种方式。

(1) 先声明数组再初始化数组。在数组已经声明以后,可用下述两种格式中的任意一种来初始化二维数组。

```
数组名=new 类型说明符[数组长度][数组长度];
```

或

```
数组名=new 类型说明符[数组长度][ ];
```

其中,对数组名、类型说明符和数组长度的要求与一维数组一致。

例如:

```
int arr[ ][ ];                        //声明二维数组
arr=new int[3][4];                    //初始化二维数组
```

上述两条语句声明并创建了一个 3 行 4 列的二维数组 arr。也就是说,arr 数组有 3 行,每行有 4 个元素,实际上每行也是长度为 4 的一维数组。数组共有 12 个元素,共占用 12×4＝48 字节的连续存储空间。

使用第二种格式初始化二维数组,实际上可以声明每行数据元素数量不同的二维数组,例如可以声明一个三角形的二维数组。

例如:

"arr＝new int[3][ ];"创建一个有 3 行的二维数组,也可以说是创建一个有 3 个元素的数组,并且每个元素也是一个数组。

"arr[0]＝new int[3];"创建 arr[0]元素的数组,它有 3 个元素,这是二维数组的第一行。

"arr[1]＝new int[4];"创建 arr[1]元素的数组,它有 4 个元素,这是二维数组的第二行。

"arr[2]＝new int[5];"创建 arr[2]元素的数组,它有 5 个元素,这是二维数组的第三行。

也就是说,在初始化二维数组时也可以只指定数组的行数而不给出数组的列数,每行的长度由二维数组引用时决定。但不能只指定列数而不指定行数。

(2) 在声明数组时初始化数组。格式如下:

```
类型说明符[ ][ ] 数组名=new 类型说明符[数组长度][ ];
```

或

```
类型说明符 数组名[ ][ ]=new 类型说明符[数组长度][数组长度];
```

例如:

```
int[ ][ ] arr=new int[4][ ];
int arr[ ][ ]=new int[4][3];
```

可以不指定列数只指定行数,但是,不指定行数而指定列数是错误的。例如,下面的初始化是错误的。

```
int[ ][ ] arr=new int[ ][4];
```

2) 直接指定数组元素初值的方式

在数组声明时对数据元素赋初值就是用指定的初值对数组初始化。例如：

```
int[ ][ ] arr={{3, -9,6},{8,0,1},{11,9,8} };
```

声明并初始化数组 arr，它有 3 个元素，每个元素又都是有 3 个元素的一维数组。用指定初值的方式对数组初始化时，各子数组元素的个数可以不同。

3. 二维数组的长度及数组赋值

与一维数组一样，也可以用 length 属性获得二维数组的长度，即元素的个数。需要注意的是，当使用"数组名.length"的形式获得的是数组的行数；而使用"数组名[i].length"的形式获得的是该行数组元素的个数。

◆ 5.4 二维数组应用

例 5.4 输入 n×n 的二维数组数据，输出其主对角线和副对角线数据之和。

解题思路：访问二维数组元素采用双重循环，外层循环控制访问每行，内层循环控制访问该行中的元素。主对角线元素行和列的下标相同，副对角线元素行和列的下标之和为 n−1。程序代码如下：

```java
import java.util.*;
public class ArrayDiagonal {
    public static void main(String[] args) {
        int[][] a;
        int i,j,n,sum1=0,sum2=0;
        Scanner reader=new Scanner(System.in);
        n=reader.nextInt();
        a=new int[n][n];
        //输入二维数组数据
        for(i=0;i<n;i++)
            for(j=0;j<n;j++)
                a[i][j]=reader.nextInt();
        //求主对角线和副对角线之和
        for(i=0;i<n;i++){
            sum1+=a[i][i];
            sum2+=a[i][n-1-i];
        }
        //按行输出二维数组中的数据
        for(i=0;i<n;i++){
            for(j=0;j<n;j++)
                System.out.print(a[i][j]+"\t");
            System.out.println();
        }
```

```
//输出主对角线和副对角线之和
    System.out.println(sum1+","+sum2);
    }
}
```

例 5.5　假定在 3×4 的矩阵中的最大值和最小值都仅有一个,编写程序,交换矩阵中最大值与最小值所在的行。

解题思路:用二维数组存储矩阵,先找到最大值和最小值,记住其所在的行,查找方式与一维数组时相同;交换这两行中对应元素的数据,对于这两行中的每个对位元素,都要交换,显然需要使用针对该行元素个数的一个循环。程序代码如下:

```
import java.util.*;
public class ArraySwap {
    public static void main(String[] args) {
        int[][] a;
        int i,j,max,min,maxI,minI,t;
        a=new int[3][4];
        Scanner reader=new Scanner(System.in);
        for(i=0;i<3;i++)
            for(j=0;j<4;j++)
                a[i][j]=reader.nextInt();
        //第一个数据既可能是最大值,也可能是最小值
        max=min=a[0][0];
        //如果第一个数据是最大值或最小值,记下当前最值所在的行
        maxI=minI=0;
        //对于每行
        for(i=0;i<3;i++)
            //对于行中的每个数据
            for(j=0;j<4;j++){
                //找最大值
                if(max<a[i][j]){
                    max=a[i][j];maxI=i;
                }
                //找最小值
                if(min> a[i][j]){
                    min=a[i][j];minI=i;
                }
            }
        //交换最大值和最小值所在行的元素
        for(j=0;j<4;j++){
            t=a[maxI][j];a[maxI][j]=a[minI][j];a[minI][j]=t;
        }
        //按行输出数组数据
        for(i=0;i<3;i++){
```

```
        for(j=0;j<4;j++)
            System.out.print(a[i][j]+"\t");
        System.out.println();
    }
  }
}
```

在程序中,在查找最大值和最小值的双重循环之前有语句"max＝min＝a[0][0];",如果不写这一条语句,且 a[0][0]恰好是最大值或最小值之一,那么程序逻辑上有错误。

◆ 5.5 查找和排序

查找和排序是在程序设计中经常使用的两种技术,下面通过学习一种快速的查找算法——二分查找,以及两种简单直观的排序算法——选择排序和冒泡排序,来了解简单的查找和排序程序的设计。

1. 二分查找算法

本书之前编写的在数据序列中查找数据的程序,采用的是从头到尾的顺序查找方式,顺序查找的效率比较低,适合数据量比较小的情况。如果有 n 个数据,使用顺序查找最多需要判断 n 次,才能给出数据在或不在数据序列中。如果数据量比较大,如像图书馆中的书籍信息,这时管理人员通常会采取一定方式保证数据是有序的,如按从小到大的顺序进行排序,这样就可以使用一些效率更高的方法进行数据的查找了。二分查找算法就是最常用的一种快速查找算法。

如图 5.1(a)所示,要查找的数据是由小到大有序的,现要查找数据 x 是否在这批数据中;已知待查找数据的起始位置 s(start)、结束位置 e(end),可计算得到二分位置 m(mid,中间位置,m＝(s＋e)/2),如图 5.1(b)所示;将 x 与 m 位置上的数据进行比较,不妨假定 x 比 m 位置上的数大,则如果数据 x 在该序列中,一定在 m 位置之后的部分中(因为数据是有序的,m 位置之前的数都比 m 位置上的数小),如图 5.1(c)所示;现在 e 不变,新的 s ＝m+1,根据新的 s 可计算新的 m 位置,如图 5.1(d)所示;这次假定 x 比 m 位置上的数小,则如果数据 x 在该序列中,一定在 m 位置之前的部分中,如图 5.1(e)所示;此时 s 不变,新的 e＝m-1,根据新的 e 可计算新的 m 位置,如图中 f 所示;这样一直查找下去,直到找到数据或确定 x 不在数据序列中。

二分查找的结束条件:

(1) 找到了,此时 m 位置上的数就是 x;

(2) 没找到,新的待查找序列中已经没有数据了,判定条件为 s>e,因为事先约定 s 是开始位置、e 是结束位置,开始位置不应在结束位置之后。

例 5.6 利用二分查找算法在升序数组中(为输入数据方便,假定为 10 个元素)查找数据。

根据上述思想编写的二分查找程序代码如下:

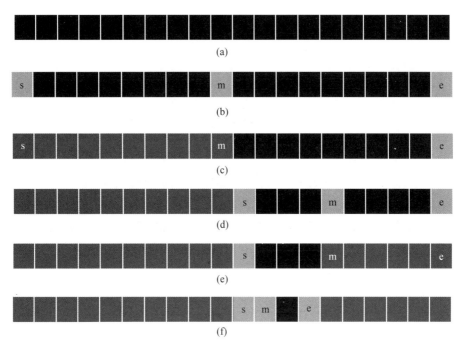

(a)

(b)

(c)

(d)

(e)

(f)

图 5.1　二分查找示例

```java
import java.util.*;
public class BinarySearch {
    public static void main(String[] args) {
        int[] a;
        int i,x,start,mid,end;
        a=new int[10];
        Scanner reader=new Scanner(System.in);
        for(i=0;i<a.length;i++)
            a[i]=reader.nextInt();
        System.out.println("请输入要查找的数:");
        x=reader.nextInt();
        start=0;
        end=a.length-1;
        do{
            //计算二分位置
            mid=(start+end)/2;
            if(a[mid]>x)
                //数据在前面
                end=mid-1;
            else if(a[mid]<x)
                //数据在后面
                start=mid+1;
            else
```

```
                    //找到了,当前就是要找的数
                    break;
            }while(start<=end);
            if(start<=end)
                System.out.println("找到了,下标为"+mid+"的数是"+x);
            else
                System.out.println("没找到!");
        }
    }
```

与顺序查找相比,二分查找每次可以排除掉剩下的一半数据,因此速度要快得多。例如,对于一个 10 亿数量的数据集,判断某一数据不在此数据集中,顺序查找需要 10 亿次,而二分查找只需要 30 次。使用二分查找算法有一个前提,那就是数据必须是有序的,如果数据是无序的,可以使用排序算法让其有序,排序算法有很多,下面介绍两种简单的排序算法——选择排序和冒泡排序。

2. 排序算法

1) 选择排序

如图 5.2 所示,有 10 个无序数据,选择排序方式如下: 第 1 轮选择,找到这 10 个数中最小的数(1)的位置,将此位置上的数与第一个位置上的数交换,交换后最小的数就在第一个位置上了;第 2 轮选择,从第二个数开始,找到剩余 9 个数中最小的数(2)的位置,将此位置上的数与第二个位置上的数交换,交换后第二小的数就在第二个位置上了;第 3 轮选择,从第三个数开始,找到剩余 8 个数中最小的数(3)的位置,将此位置上的数与第三个位置上的数交换,交换后第三小的数就在第三个位置上了;以此类推,依次找到并交换第四小的数、第五小的数……如图 5.2 中后面各轮次选择所示,10 个数进行 9 次选择交换即可完成排序。

轮次	数据									
0	2	4	6	8	10	1	3	5	7	9
1	**1**	4	6	8	10	**2**	3	5	7	9
2	1	**2**	6	8	10	**4**	3	5	7	9
3	1	2	**3**	8	10	4	**6**	5	7	9
4	1	2	3	**4**	10	**8**	6	5	7	9
5	1	2	3	4	**5**	8	6	**10**	7	9
6	1	2	3	4	5	**6**	**8**	10	7	9
7	1	2	3	4	5	6	**7**	10	**8**	9
8	1	2	3	4	5	6	7	**8**	**10**	9
9	1	2	3	4	5	6	7	8	**9**	**10**

图 5.2 选择排序示例

例 5.7 用选择排序按从小到大的方式对数组中的数据排序后输出,以 10 个元素的整数数组为例。

```
import java.util.*;
```

```java
public class SortSelection {
    public static void main(String[] args) {
        int[] a;
        int i,j,temp,min;
        a=new int[10];
        Scanner reader=new Scanner(System.in);
        //输入数据
        for(i=0;i<a.length;i++)
            a[i]=reader.nextInt();
        //选择排序,共需要(元素个数-1)次选择
        for(i=0;i<a.length-1;i++){
            //查找从 i 开始的最小值所在下标
            min=i;
            for(j=i+1;j<a.length;j++)
                if(a[min]> a[j])
                    min=j;
            //将最小值交换到位置 i 上
            temp=a[i];a[i]=a[min];a[min]=temp;
        }
        //输出排序后数据
        for(i=0;i<a.length;i++)
            System.out.print(a[i]+"\t");
    }
}
```

2）冒泡排序

冒泡排序是一种与选择排序思想相似的排序算法,其排序思想:从头到尾比较相邻的两个数据,如果不符合排序要求,则交换这两个数。

如图 5.3 所示,同样是处理 10 个无序数据,冒泡排序方式如下:第 1 轮操作,前 4 次比较,符合排序要求,因为 10 是最大的数,后面的每次比较后,都会发生交换,这样一轮下来,数字 10 被移动到最后;第 2 轮操作,前 3 次比较,符合排序要求,因为 8 是较大的数,后面其与 1、3、5、7 的每次比较,都会发生交换,这样一轮下来,排序情形如轮次 2,至少能保证第二大的数排在了正确的位置;以此类推,至多通过 9 轮操作即可完成排序,实际上就当前数据而言,在第 6 轮时就没有交换发生了,说明数据已经有序,可以停止排序过程了。

轮次	数据									
0	2	4	6	8	10	1	3	5	7	9
1	2	4	6	8	1	3	5	7	9	10
2	2	4	6	1	3	5	7	8	9	10
3	2	4	1	3	5	6	7	8	9	10
4	2	1	3	4	5	6	7	8	9	10
5	1	2	3	4	5	6	7	8	9	10
6	1	2	3	4	5	6	7	8	9	10

图 5.3　冒泡排序示例

例 5.8 用冒泡排序算法按从小到大的方式对数组中的数据排序后输出,以 10 个元素的整数数组为例。

```java
import java.util.*;
public class SortBubble {
    public static void main(String[] args) {
        int[] a;
        int i,j,temp,min;
        a=new int[10];
        Scanner reader=new Scanner(System.in);
        for(i=0;i<a.length;i++)
            a[i]=reader.nextInt();
        //n个元素最多进行 n-1 轮操作
        for(i=0;i<a.length-1;i++){
            //假定本轮没有发生交换
            boolean isSwap=false;
            //最后若干元素已经有序了
            for(j=1;j<a.length-i;j++)
                if(a[j-1]> a[j]){
                    temp=a[j-1];
                    a[j-1]=a[j];
                    a[j]=temp;
                    isSwap=true;
                }
            //如果本轮没有发生交换,排序结束
            if(!isSwap)
                break;
        }
        for(i=0;i<a.length;i++)
            System.out.print(a[i]+"\t");
    }
}
```

使用选择排序算法,如果有若干相同的数据,程序不能保证原来排在序列前面的数据排序后仍然排在前面,这样的排序是不稳定的,而冒泡排序算法是稳定的。

选择排序和冒泡排序是最简单直观的排序算法,其性能是比较低的,如果对更高性能的排序算法感兴趣可参考数据结构或算法类教材。

3. Arrays 类

实际上,java.util.Arrays 类中包含用来操作数组的各种方法,其中就有查找和排序函数。

1) sort 函数

sort 函数用于数组排序,在 Arrays 类中有该方法的一系列重载方法,能对 7 种基本数据类型,包括 byte、short、int、long、float、double、char 等进行升序排序。该函数有两种调用方式：

```
Arrays.sort(数组名);
Arrays.sort(数组名, int fromIndex, int toIndex);
```

前者对数组中所有元素进行排序，后者对数组中下标 fromIndex～toIndex 的数据进行排序。

2）binarySearch 函数

用二分法查找数组中的某个元素。该方法和 sort 方法一样，适用各种基本数据类型以及对象。该函数最常用的调用方式：

```
Arrays.binarySearch(数组名, 要查找的数据);
```

函数的返回值是该数据的下标，如果返回值是负数代表没找到，注意使用前一定要保证数据是有序的。

例 5.9　Arrays 类中 sort 函数和 binarySearch 函数使用示例。

```java
import java.util.*;
public class ArraysSort {
    public static void main(String[] args) {
        int[] a={1,3,5,7,9,2,4,6,8,10};
        int x;
        System.out.println(Arrays.toString(a));
        Arrays.sort(a);
        System.out.println(Arrays.toString(a));
        x=7;
        System.out.println(Arrays.binarySearch(a, x));
        x=-5;
        System.out.println(Arrays.binarySearch(a, x));
    }
}
```

程序运行结果如下：

```
[1, 3, 5, 7, 9, 2, 4, 6, 8, 10]
[1, 2, 3, 4, 5, 6, 7, 8, 9, 10]
6
-1
```

◆ 5.6　程序设计实例

例 5.10　数组中乱序存放着 26 个小写字母，这是一个使用替换加密的密码本。加密过程如下：字母 a 用密码本的第 1 个字母替换，字母 b 用密码本的第 2 个字符替换，以此类推，字母 z 用密码本的第 26 个字符替换。编写程序，输入一个字母序列，将其用密码本加密输出。提示：有 Scanner 对象 in，用"in.next().toCharArray()"可获得输入字母序列对应的字符数组。

解题思路：获取输入的字符数组后，判断数组中每个字符在字母表中的位置，输出密码本上对应位置的替换字符。

```java
import java.util.*;
public class CharChange {
    public static void main(String[] args) {
        char[] password, input;
        //密码本字符串转换为对应的字符数组
        password="pgsetljuarqmvdzybkowcnfxih".toCharArray();

        Scanner in=new Scanner(System.in);
        //输入的字符序列转换为字符数组
        input=in.next().toCharArray();

        //对于输入的每个字符
        for(int i=0;i<input.length;i++)
            //输出该字符在字母表位置所对应的密码本对应字符
            System.out.print(password[input[i]-'a']);
        System.out.println();
    }
}
```

如果输入为 helloworld，程序运行结果如下：

```
helloworld
utmmzfzkme
```

字母 h 被替换为 u(第 8 个字符)，字母 e 被替换为 t(第 5 个字符)，以此类推。

例 5.11　数组中存储若干学生的学号和 A、B、C 三个科目的成绩，输入学号，输出其对应的各科目的分数、总分。

解题思路：用二维数组存储数据，先初始化学生及其成绩，计算总成绩；输入学号，在二维数组中的第一列上查找对应学号，输出其各科成绩和总成绩。

```java
import java.util.*;
public class Grade1 {
    public static void main(String[] args) {
        int student[][]={{20210101,85,76,91,0},{20210102,86,78,95,0},
                {20210103,88,79,82,0},{20210104,75,73,81,0},{20210105,82,86,
                93,0}};

        //计算每个学生的总成绩
        for(int i=0;i<student.length;i++)
            for(int j=1;j<=3;j++)
                student[i][4]+=student[i][j];
```

```
//输入一个学生的学号
int num;
Scanner in=new Scanner(System.in);
num=in.nextInt();

//输出对应学号的信息
System.out.println("学号\t 科目 A\t 科目 B\t 科目 C\t 总成绩");
for(int i=0;i<student.length;i++)
    if(student[i][0]==num)
        for(int j=0;j<student[i].length;j++)
            System.out.print(student[i][j]+"\t");
System.out.println();
    }
}
```

若输入学号 20210103,程序运行结果如下:

```
20210103
学号        科目 A   科目 B   科目 C   总成绩
20210103  88      79      82      249
```

本例并没有对没找到的情况进行处理,请思考一下:如果这种情况下要输出"不存在该学号!"提示信息,应怎样修改上面的程序?

例 5.12　数组中存储若干学生的学号和 A、B、C 三个科目的成绩,按总成绩降序输出学号、各科目的分数、总分。

解题思路:计算总分,然后根据总分所在列数据降序排序,排序时注意该行数据要同时移动。

```
public class Grade2 {
    public static void main(String[] args) {
        int student[][]={{20210101,85,76,91,0},{20210102,86,78,95,0},
                {20210103,88,79,82,0},{20210104,75,73,81,0},{20210105,82,86,
                93,0}};

        //计算每个学生的总成绩
        for(int i=0;i<student.length;i++)
            for(int j=1;j<=3;j++)
                student[i][4]+=student[i][j];

        //冒泡排序
        int temp=0,i,j,k;
        for(i=0;i<student.length-1;i++)
            for(j=1;j<student.length-i;j++)
                if(student[j-1][4]<student[j][4]){
```

```
            for(k=0;k<5;k++){
                temp=student[j-1][k];
                student[j-1][k]=student[j][k];
                student[j][k]=temp;
            }
        }

        //输出对应学号的信息
        System.out.println("学号\t科目 A\t科目 B\t科目 C\t总成绩");
        for(i=0;i<student.length;i++){
            for(j=0;j<student[i].length;j++)
                System.out.print(student[i][j]+"\t");
            System.out.println();
        }
    }
}
```

程序运行结果如下：

学号	科目 A	科目 B	科目 C	总成绩
20210105	82	86	93	261
20210102	86	78	95	259
20210101	85	76	91	252
20210103	88	79	82	249
20210104	75	73	81	229

本例使用了冒泡排序，其排序结果是稳定的，使得如果有两个学生的总成绩相同，能保证学号小的显示在前面。

例 5.13   用一维数组存储扑克牌数字值(0～53)，编写洗牌程序，即随机打乱扑克牌的次序。

解题思路：之前本书采用的是使用随机数产生一个 0～53 的一个整数的方法随机取出一张牌，如果采用这种方式随机产生所有的扑克牌，随着取出的牌越来越多，再产生一个没有出现过的整数的概率越来越小。因为重复产生的数字必须被删除，这就造成了程序运行时间的不确定，这种不确定性是设计程序时应尽量避免的。

因此，采用这样的一种设计思路：为每张扑克牌产生一个对应的随机数，这就像在每张扑克牌上写一个随机数，然后按扑克牌上的随机数对扑克牌进行排序。在排序之前，扑克牌是有序的，而其上(其所对应)的数字是随机的；在排序完成后，扑克牌上的随机数是有序的，扑克牌本身就是随机的了。程序代码如下：

```
public class PokerShuttle {
    public static void main(String[] args) {
        int[] puke;
        double[] rand;
        puke=new int[54];
```

```
rand=new double[54];
//初始化扑克牌和对应的随机数
for(int i=0;i<puke.length;i++){
    puke[i]=i;
    rand[i]=Math.random();
}
//对随机数进行选择排序,同时调整对应扑克牌的次序
for(int i=0;i<rand.length-1;i++){
    int minIndex=i;
    for(int j=i+1;j<rand.length;j++)
        if(rand[minIndex]> rand[j])
            minIndex=j;
    double t=rand[i];
    rand[i]=rand[minIndex];
    rand[minIndex]=t;
    int t2=puke[i];
    puke[i]=puke[minIndex];
    puke[minIndex]=t2;
}
/**输出排序后的随机数,帮助理解程序
for(int i=0;i<rand.length;i++)
    System.out.print(rand[i]+",");
System.out.println();
 * /
//输出被随机化后的扑克牌值
for(int i=0;i<puke.length;i++)
    System.out.print(puke[i]+",");
System.out.println();
    }
}
```

程序的每次运行结果都不同,某次的运行结果如下:

25,12,27,45,51,0,24,21,52,5,6,41,22,13,4,14,18,31,43,28,37,17,36,33,9,42,23,
20,26,15,34,44,16,49,8,32,19,2,11,29,35,30,50,3,10,48,53,7,47,1,46,38,40,39,

可以将输出被随机化后的扑克牌值语句上面的输出排序后的随机数的注释删除,其只是有助于理解程序的设计思路。

◇ 5.7　知 识 补 充

在程序设计中随机数生成函数是一个非常有用的工具,2.4 节介绍的 Math 类中的 random 函数只能生成 0.0～1.0 的随机数,要想生成其他类型和区间的随机数必须要进

一步处理。使用 java.util 包中的 Random 类可以生成任何类型的随机数。

有两种方式创建一个 Random 对象：

```
Random()
```

或

```
Random(long seed)
```

使用相同种子创建的 Random 对象将产生相同的随机数序列。

Random 类的常用方法及功能如表 5.1 所示。

表 5.1　Random 类的常用方法及功能

方　　法	功　能　描　述
nextInt( )	返回一个随机整数
nextInt(int n)	返回一个 n 以内的随机整数
nextDouble( )	返回一个 double 类型的随机实数
nextBoolean( )	返回一个随机布尔值
setSeed(long seed)	设置随机数生成种子

例 5.14　使用 Random 对象生成随机数示例。

```java
import java.util.*;
public class Random_01 {
    public static void main(String[] args) {
        Random r=new Random();
        for(int i=0;i<10;i++)
            System.out.print(r.nextDouble()+"\t");
        System.out.println();
        for(int i=0;i<10;i++)
            System.out.print(r.nextInt()+"\t");
        System.out.println();
        for(int i=0;i<10;i++)
            System.out.print(r.nextInt(10)+"\t");
        System.out.println();
        //生成 60~100 的 10 个随机整数
        for(int i=0;i<10;i++)
            System.out.print(60+r.nextInt(41)+"\t");
        System.out.println();
    }
}
```

程序运行结果如下：

```
0.2447292833780612    0.19264137571805362    0.6066992764581933
0.8029857031036645    0.9581235142034409    0.1261619374391858
0.11190312880296138    0.4893242132880904    0.9032528329256339
0.3086683179340244
- 604246337    350696290    - 58722632    1091113245    1790064731    442749562
-532744636    - 77121904    -1942382956    - 329067509
5    2    6    4    7    1    1    8    9    7
65    98    80    68    65    86    95    67    85    95
```

例 5.15　随机数生成应用示例。编写图片显示(以输出字符串示意)程序,有 40% 可能性显示图片一,显示图片二和图片三的可能性各占 30%。

```java
import java.util. * ;
public class Random_02 {
    public static void main(String[] args) {
        Random r=new Random();
        int n=r.nextInt(100);
        if(n<40)
            System.out.println("显示图片一");
        else if(n<70)
            System.out.println("显示图片二");
        else
            System.out.println("显示图片三");
    }
}
```

运行程序,将按 40% 的概率输出"显示图片一",30% 的概率输出"显示图片二",30% 的概率输出"显示图片三"。

有时利用计算机模拟完成随机实验,由于随机数的生成每次都是不同的,因此每次运行的程序运行结果都各不相同,为保证观测结果的一致性,会采用固定的种子值创建相同的随机数序列,以保证实验观测的可重复性。

例 5.16　使用相同种子产生相同的随机数序列示例。

```java
import java.util. * ;
public class Random_03 {
    public static void main(String[] args) {
        Random r1=new Random(10);
        Random r2=new Random(10);
        for(int i=0;i<10;i++)
            System.out.print(r1.nextInt(100)+"\t");
        System.out.println();
        for(int i=0;i<10;i++)
            System.out.print(r2.nextInt(100)+"\t");
        System.out.println();
    }
```

```
    }
```

程序运行结果如下：

13　80　93　90　46　56　97　88　81　14
13　80　93　90　46　56　97　88　81　14

因为种子相同,所以两次产生的随机数序列是相同的。

◆ 本 章 小 结

1. 数组中存储的是占据连续存储空间的并且具有相同数据类型的数据,数组名中存放的是这批数据中第一个数据位置的引用。

2. 数组的下标从 0 开始,数组中第 i 个元素的下标是 i−1。

3. length 是数组的属性值,记录数组的长度,编程时尽量使用它以保证程序的可读性,以及扩展的灵活性。

4. Java 中的数组使用前需使用 new 关键字创建,这是一条可执行语句,保证了根据实际需要创建合适大小数组的灵活性。

5. Java 的二维数组中每行元素的个数是可以不同的。

6. 应该掌握两种查找算法(顺序查找、二分查找)和两种排序算法(选择排序、冒泡排序)的程序编写技术。

7. Random 类使得生成某些特定范围的随机数更为方便,虽然使用数学函数类中的随机数函数也可以完成同样功能。

◆ 概 念 测 试

1. 声明一个一维整型数组 a 的两种方式分别为_____和_____。

2. 声明一个二维 double 型数组 arr 的 3 种方式分别为_____、_____和 double[] arr[]。

3. 一维数组 a 中有 20 个元素,获取其第 10 个元素的值并存放在变量 x 中的语句为_____。

4. 对于 3 行 4 列的二维数组 b,设定其第 3 行、第 4 列的元素的值为 12 的语句是_____。

5. 循环访问数组 a 中每个元素的语句是 for(int i＝0;_____;i++)。

6. 一维数组 a 中的元素为“1、3、5、7、9”,一维数组 b 中的元素为“2、4、6、8、10、12”,执行语句“a＝b;”后,a[3]中的值为_____。

7. 选择排序中,若外层循环为 for(int i＝0;i＜n−1;i++),则内层循环应写为 for(int j＝_____;_____;_____)。

◆ 编 程 实 践

1. 数组中存放 10 个同学的学号和某科目成绩,输入学号,查找其成绩,数组中不存在该学号则输出 wrong。

2. 数组中存放 10 个同学的学号和某科目成绩,按成绩降序输出学号及成绩。

3. 在含有 10 个正整数的有序数组中(注意,数组中可存放的元素个数应大于 10)插入一个数字,要求插入后保持数组仍有序。

4. 计算 n×n 整型数组中主对角线和副对角线上数字之和并分别输出。

5. 输出 n×n 整型数组中最大值(假定唯一)所在行的和与最大值所在列的和。

6. 一维数组中存放着 54 个不同的数字,编写程序随机取出其中的两个数字。

7. 输入整数 n,然后输入 n×n 的整数数组矩阵,判断其是否为单元矩阵,即主对角线上元素都是 1、其余位置都是 0 的矩阵。

8. 输入整数 n,然后输入 n×n 的整数数组矩阵,判断其是否为右上三角矩阵,即主对角线右上部分至少有一个元素不为 0,而左下部分所有元素都为 0 的矩阵。

9. 输入整数 n,然后输入 n 个数据的整数数组数据,用空格分隔。最后输入整数 a,如果输入的是正数,将数组中所有数据向右移动 a 位(循环移动);如果输入的是负数,则向左移动。输出移动后的数组数据,中间用空格分隔。

10. 用选择或冒泡排序算法对某一维数组中的元素进行降序排序,并输出排序后的结果。

第 6 章

字　符　串

每种程序设计语言都离不开字符串的处理,字符串是由 0 个或多个字符组成的序列。Java 中的字符串用一对双引号括起来,一个字符串中的字符个数称为字符串的长度。在 Java 语言中,通常使用 String 类处理字符串,如果对字符串进行频繁更改,则使用 StringBuffer 类或 StringBuilder 类,这两个类的使用方式是一样的,因此本章只着重介绍 StringBuffer 类。

◆ 6.1　字符串 String 类

Java 语言规定字符串必须用双引号括起来,一个字符串可以包含字母、数字和各种特殊字符,字符的书写方式与字符变量中要求一致。在本书前面的程序中已多次使用过字符串常量,例如语句"System. out. println (" Hello World!");",其中的"Hello World!"就是字符串常量,是 String 类的对象。

有两种创建 String 类对象的方式:一种是以字符串常量的方式直接赋值;另一种则是使用 new 关键字。使用后一种方式创建字符串时参数可以是多种类型,如参数既可以是字符串常量,也可以是字符数组。

例 6.1　两种方式创建的字符串比较。

```java
public class StringStorage {
    public static void main(String[] args) {
        String s1,s2,s3,s4;
        s1="abc";
        s2="abc";
        s3=new String("abc");
        s4=new String("abc");
        System.out.println(s1==s2);
        System.out.println(s1.equals(s2));
        System.out.println(s3==s4);
        System.out.println(s3.equals(s4));
    }
}
```

程序运行结果如下:

```
true
true
false
true
```

字符串有两种比较方式：一种是用运算符"＝＝"，实际上比较的是引用地址；另一种是使用 equals 函数，比的是字符串的内容。上例两种方式创建的字符串的存储方式如图 6.1 所示。

变量名	变量内容
s1	2201
s2	2201
s3	2301
s4	2401

内存地址(示意)	地址内容
2201	a
2202	b
2203	c
...	
2301	a
2302	b
2303	c
...	
2401	a
2402	b
2403	c
...	

图 6.1　String 对象的存储方式

不使用 new 关键字创建的字符串利用了 String 的不可改变的特性，使用了同一个地址的字符串，因此两种比较方式都为 true；而使用 new 关键字创建的字符串虽然内容相同，但存放在不同地址上，因此一个为 false(比较地址)一个为 true(比较内容)。如有可能，在 Java 中尽量不使用 new 关键字创建字符串，字符串比较时则尽量使用 equals 函数进行字符串内容的比较。

6.2　String 类常用方法

1. 字符串内容获取

如表 6.1 所示，有获得字符串长度的方法 length，注意数组的 length 是属性，字符串是方法，使用时要加圆括号。获得字符串中某一下标字符的方法 charAt，在使用 Scanner 类输入字符时就使用了，只不过当时仅获取第一个字符(下标 0)。可将字符串转换为字符数组的方法 toCharArray，有时转换为数组后便于操作，处理完后可以将字符数组作为参数构造一个新的字符串。可以获得字符串的一个子字符串的方法 substring。功能强大的单词分解方法 split。

表 6.1　字符串内容获取方法

方　　法	功　能　描　述
int length()	返回此字符串的长度
char charAt(int index)	返回指定索引处的字符值

续表

方　　法	功 能 描 述
char[] toCharArray()	将此字符串转换为一个新的字符数组
String substring(int beginIndex, int endIndex)	返回一个新的字符串,它是此字符串的一个子字符串
String[] split(String regex)	根据给定正则表达式的匹配拆分字符串

2. 字符串的比较

字符串的比较是按字母自左向右逐一比较的,一旦有字母不同就停止比较,当前字母的 Unicode 编码大的字符串大;如果两个字符串字符相同,同时结束,则这两个字符串相等。字符串常用的比较方法如表 6.2 所示。

表 6.2　字符串常用的比较方法

方　　法	功 能 描 述
boolean equals(Object anObject)	比较两个字符串内容是否相等
boolean equalsIgnoreCase(String anotherString)	不考虑大小写,比较两个字符串内容是否相等
int compareTo(String anotherString)	比较两个字符串的大小
int compareToIgnoreCase(String str)	不考虑大小写,比较两个字符串的大小

3. 字符串内容的查找与判定

如表 6.3 所示,字符串内容的查找方法很多,既有从前向后的查找,也有从后向前的查找,还有指定开始、结束位置的查找,查找返回的都是首字符的位置。判定是否包含某子字符串的方法与查找类似。

表 6.3　字符串内容的查找与判定方法

方　　法	功 能 描 述
int indexOf(int ch)	返回在此字符串中第一次出现指定字符的索引
int indexOf(int ch, int fromIndex)	从指定的索引开始搜索,返回在此字符串中第一次出现指定字符的索引
int indexOf(String str)	返回第一次出现的指定子字符串在此字符串中的索引
int indexOf(String str, int fromIndex)	从指定的索引处开始,返回第一次出现的指定子字符串在此字符串中的索引
int lastIndexOf(String str)	返回在此字符串中最右边出现的指定子字符串的索引
int lastIndexOf(String str, int fromIndex)	从指定的索引处开始向后搜索,返回在此字符串中最后一次出现的指定子字符串的索引
boolean startsWith(String prefix)	判定此字符串是否以指定的前缀开始

续表

方　法	功 能 描 述
boolean endsWith(String suffix)	判定此字符串是否以指定的后缀结束
boolean contains(CharSequence s)	判定此字符串是否包含指定的字符序列
boolean matches(String regex)	判定此字符串是否匹配给定的正则表达式

4. 字符串内容修改

字符串内容修改方法如表 6.4 所示。需要注意的是，String 对象不可改变，因此，表 6.4 中的每个方法都是创建了一个新字符串，而不是真正修改原字符串的内容。

表 6.4　字符串内容修改方法

方　法	功 能 描 述
String concat(String str)	将指定字符串连到此字符串的结尾，功能与使用"＋"相同
String toLowerCase()	将此 String 中的所有字符都转换为小写
String toUpperCase()	将此 String 中的所有字符都转换为大写
String trim()	返回字符串的副本，忽略前导空白和尾部空白
String replace(char oldChar, char newChar)	返回一个新的字符串，它是通过用 newChar 替换字符串中的所有 oldChar 而生成的
String replace(CharSequence target, CharSequence replacement)	返回一个新的字符串，使用指定的字面值替换序列替换此字符串匹配字面值目标序列的每个子字符串而生成的

另外，可以直接通过使用 String.valueOf(参数)方法将任何类型的参数转换为 String 类型。例如，String.valueOf(12.34)将 double 类型的 12.34 转换为字符串"12.34"。

例 6.2　String 类常用方法的使用示例一。

```java
public class StringMethod {
    public static void main(String[] args) {
        String s1,s2;
        s1="hello world";
        s2=".jpg";
        System.out.println(s1.length());
        System.out.println(s1+s2);
        System.out.println(s1.concat(s2));
        System.out.println(s1.length());
        System.out.println(s1.startsWith("he"));
        System.out.println(s1.endsWith("jpg"));
        System.out.println((s1+s2).endsWith("jpg"));
        System.out.println(s1.substring(1, 7));
    }
}
```

程序运行结果如下：

```
11
hello world.jpg
hello world.jpg
11
true
false
true
ello w
```

请参考各函数说明和程序运行结果，自行理解和掌握上述字符串方法的使用。

例 6.3 String 类常用方法的使用示例二。

```
public class StringMethod2 {
    public static void main(String[] args) {
        String s1;
        String[] str;
        char[] ch;
        double x=1.25;
        s1="Hello World";
        System.out.println(s1.indexOf("lo"));
        System.out.println(s1.lastIndexOf("l"));
        str=s1.split(" ");
        System.out.println(str[0]);
        System.out.println(str[1]);
        ch=s1.toCharArray();
        System.out.println(ch[0]);
        System.out.println(ch[1]);
        System.out.println(x);
        System.out.println(String.format("%07.3f", x));
    }
}
```

程序运行结果如下：

```
3
9
Hello
World
H
e
1.25
001.250
```

请参考各函数说明和程序运行结果，自行理解和掌握上述字符串方法的使用。

◆ 6.3　String 类应用

例 6.4　输入用户名和密码,判断该用户名、密码是否正确(与事先存储的用户名和密码都相同)。

解题思路:可以使用 equals 进行用户名和密码的比较。都相同输出正确信息,否则输出错误提示。

```java
import java.util.*;
public class StringCompare {
    public static void main(String[] args) {
        String userName,password;
        Scanner reader=new Scanner(System.in);
        userName=reader.next();
        password=reader.next();
        if(userName.equals("ljs")&&password.equals("123456"))
            System.out.println("通过验证!");
        else
            System.out.println("用户名或密码错误!");
    }
}
```

有些系统对用户名判断时不区分大小写(例如,Windows 系统),这时可以使用 equalsIgnoreCase 函数进行字符串之间的比较,或者用 toLowerCase 函数将字符都转换为小写(也可以用 toUpperCase 函数将字符都转换为大写)后进行判断。

例 6.5　输入一个字符串,将其中的每个词的首字母都改为大写,其他字母都改为小写。

解题思路:先把所有字母都变为小写,因为原字符串不可直接改变,建一个新的空白字符串,从头开始查看原字符串中的每个字符,如果是首字母,则将其大写字母放到新字符串中,否则直接放到新字符串中。首字母的判定方法:第一次遇到的字母是首字母,遇到字母外的其他字符后,再遇到的字母是首字母。

```java
import java.util.*;
public class WordChange {
    public static void main(String[] args) {
        String line,newline;
        //true 就代表首字母
        boolean sign=true;
        newline="";
        Scanner reader=new Scanner(System.in);
        //如果用 next 函数只能读取一个单词
        line=reader.nextLine();
        //将字符串中字符都改为小写
```

```
            line=line.toLowerCase();
            for(int i=0;i<line.length();i++){
                if(line.charAt(i)>='a'&&line.charAt(i)<='z')
                    if(sign){
                        newline+=(char)(line.charAt(i)-32);
                        //再遇到字母是单词普通字母
                        sign=false;
                    }else{
                        newline+=line.charAt(i);
                    }
                else{
                    newline+=line.charAt(i);
                    //再遇到字母是单词首字母
                    sign=true;
                }
            }
            line=newline;
            System.out.println(line);
        }
    }
```

例 6.6 输入一个英文句子,统计该语句中单词的个数。

解题思路:使用 nextLine 方法获得句子,使用 split 方法提取字符串中的单词。

```
import java.util.*;
public class WordCount {
    public static void main(String[] args) {
        String s1;
        String[] str;
        Scanner in=new Scanner(System.in);
        s1=in.nextLine();
        /*
         s1="Sam was sure that the wallet must have been found by one of the
villagers, "+ "but it was not returned to him.";
         */
        //用空格分隔单词
        str=s1.split(" ");

        System.out.println(str.length);
    }
}
```

如果使用注释中的语句,则输出结果为 22。

◈ 6.4 StringBuffer 类

1. StringBuffer 类

一旦创建了 String 类的对象,其内容是不可改变的,如果使用 String 对象的某些方法进行字符串内容更改的操作(如调用了 toLowerCase 方法),则会创建新的 String 对象,需要另外分配存储空间,而不是在原字符串中直接更改。如果频繁对字符串内容进行更改,其效率将会很低。针对这一问题 Java 提供了可变字符串类——StringBuffer 类,其对象中的内容可以直接被修改,当然与之对应的,在其上的查找之类操作的执行效率就会低一些。

StringBuffer 类对象的创建主要有两种方式,都需要使用 new 关键字进行创建。一种创建方式是不带参数"new StringBuffer();"的创建方式,系统会创建一个初始能容纳 16 个字符的存储空间,而随着其存储内容的变化,StringBuffer 对象的存储长度会自动进行调整;另一种创建方式是以 String 对象作为参数的创建方式,如"new StringBuffer(" hello");"语句,会创建包含字符 hello 的 StringBuffer 字符串。

String 类中提供了更为丰富的字符串处理方法,其中有一些方法在 StringBuffer 类中也有类似的方法(如 length、charAt、substring)。需要注意的是,一旦涉及字符串内容的改变时(如 replace),String 对象创建了一个改变后的新字符串,而 StringBuffer 对象是在原字符串上直接进行修改。

例 6.7 修改字符串内容对比：String 不变、StringBuffer 可变。

```
public class StringBufferExample {
    public static void main(String[] args) {
        String s1;
        StringBuffer s2;
        s1="hello";
        s2=new StringBuffer("hello");
        s1.replace("e", "A");
        s2.replace(1,2, "A");
        System.out.println(s1);
        System.out.println(s2);
    }
}
```

程序运行结果如下：

```
hello
hAllo
```

例 6.7 中对 String 对象和 StringBuffer 对象都使用了 replace 方法,但在输出的字符串中可以看出,前者并没有在其对象上直接替换,实际上前者创建了一个替换后的新字符串,后者才真的在原来的字符串上进行了替换。

2. StringBuffer 类常用方法

1) 字符串访问常用方法

如表 6.5 所示的 StringBuffer 类字符串访问常用方法,在用法的使用上与 String 类相似。

表 6.5 字符串访问常用方法

方　　法	功 能 描 述
int capacity()	返回当前容量
char charAt(int index)	返回此字符序列中指定索引处的 char 值
int indexOf(String str)	返回第一次出现的指定子字符串在该字符串中的索引
int indexOf(String str, int fromIndex)	从指定的索引处开始,返回第一次出现的指定子字符串在该字符串中的索引
int lastIndexOf(String str)	返回在此字符串中最右边出现的指定子字符串的索引
int lastIndexOf(String str, int fromIndex)	从指定的索引处开始向后搜索,返回在此子字符串中最后一次出现的指定字符串的索引
int length()	返回长度(字符数)
CharSequence subSequence(int start, int end)	返回一个新的字符序列,该字符序列是此序列的子序列
String substring(int start)	返回一个新的 String,它包含此字符序列当前所包含的字符子序列
String substring(int start, int end)	返回一个新的 String,它包含此序列当前所包含的字符子序列
String toString()	返回此字符序列中数据的字符串表示形式

2) 字符串内容修改

字符串内容修改方法是 StringBuffer 类中最基本的操作方法,这些方法直接在字符串本身上修改,速度很快。表 6.6 为常用的字符串内容修改方法。

表 6.6 常用的字符串内容修改方法

方　　法	功 能 描 述
StringBuffer append(String s)	将指定的字符串追加到此字符序列
StringBuffer reverse()	将此字符序列用其反转形式取代
delete(int start, int end)	移除此字符序列的子字符串中的字符
insert(int offset, int i)	将 int 参数的字符串表示形式插入此字符序列中
replace(int start, int end, String str)	使用给定 String 中的字符替换此字符序列的子字符串中的字符

例 6.8 StringBuffer 对象的增加、删除、修改操作示例。

```
public class StringBufferFunction {
```

```java
public static void main(String[] args) {
    StringBuffer s1;
    s1=new StringBuffer();
    s1.append("Hello");
    System.out.println(s1);
    s1.append("World!");
    System.out.println(s1);
    s1.insert(5, " ");
    System.out.println(s1);
    s1.replace(11,12, "? ");
    System.out.println(s1);
    s1.delete(0, 6);
    System.out.println(s1);
}
}
```

程序运行结果如下：

```
Hello
HelloWorld!
Hello World!
Hello World?
World?
```

与 String 类相比，如果频繁对字符串内容进行更改，则使用 StringBuffer 类运行速度更快一些。如果修改并不频繁（这是绝大多数情况），使用 String 类会更好。

另外，与 StringBuffer 类有类似功能的还有 StringBuilder 类，它们的用法类似，只不过前者是线程安全的，后者运行速度更快一些。

◆ 6.5　包　装　类

前面学习的基本数据类型包括 byte、short、int、long、float、double、char、boolean。Java 是一种面向对象的程序设计语言，许多对数据进行处理的类都要求被处理的只能是各种对象，为了能将基本类型数据视作对象来处理，Java 对每个基本数据类型都提供了包装类（wrapper class）。这些基本数据类型对应的包装类分别是 Byte、Short、Integer、Long、Float、Double、Character 和 Boolean 类。

所有的包装类都有一些类似的方法：

（1）带有基本数据类型作为参数的构造方法。例如：

```java
Double d=new Double(2.5);
Integer i=new Integer(2);
```

（2）带有字符串作为参数的构造方法。例如：

```java
Float f=new Float("3.4");
```

（3）对同一种封装类型的两个对象进行比较的 equals 方法。例如：

```
f1.equals(f2);
```

（4）可返回其基本数据类型值的 typeValue 方法，type 代表对应其基本数据类型。例如：

```
d.doubleValue();
```

（5）可将只包含基本数据类型值的字符串中的字符数据转换为基本数据类型值的 parseType 方法。例如：

```
Integer.parseInt(s);
```

例 6.9　输入一个带有数字的字符串，将其中的数字提取出来并转换为一个整数，将此整数输出。

解题思路：判断每个字符是不是数字字符，是则取出并连接在一起，否则略过。最后将连接后的数字字符串转换为整数。程序代码如下：

```
import java.util.*;
public class StringToInt {
    public static void main(String[] args){
        String s,s1="";
        Scanner in=new Scanner(System.in);
        s=in.nextLine();
        for(int i=0;i<s.length();i++)
            if(s.charAt(i)>='0'&&s.charAt(i)<='9')
                s1+=s.charAt(i);
        System.out.println(Integer.parseInt(s1));
    }
}
```

程序中先将字符串中的数字取出放在 s1 中，然后利用整数的封装类中的 parseInt 方法将其转换为一个整数。

◇ 6.6　日期时间类

程序设计中可能需要日期、时间等数据，java.util 包中的 Date 类和 Calendar 类提供了相关的操作。

1. Date 类

（1）使用 Date 类的默认构造方法创建的对象包含本地的当前时间。例如：

```
Date now=new Date();
```

现在变量 now 中存储的日期和时间就是本地计算机的日期和时间。

（2）使用带参数的构造方法 Date(long time)创建的对象,其表示的时间与程序运行的时区有关,如运行程序是在北京时区,Date(0)就是 1970 年 1 月 1 日 8 时 0 分 0 秒。以此为基数,每增加单位 1,就增加了 1/1000 秒。

（3）在输出时间时可以使用 java.text 包中的 SimpleDateFormat 类实现日期的格式化。SimpleDateFormat 类有一个常用的构造方法:

```
public SimpleDateFormat(String pattern)
```

该构造方法可以用参数 pattern 指定的格式创建一个对象,该对象调用:

```
format(Date date)
```

在格式表达式中,yy 表示输出两位年份,yyyy 表示输出四位年份;MM 表示输出月份;dd 表示输出日;HH 表示输出时;mm 表示输出分;ss 表示输出秒;E 表示用字符串输出星期。

（4）比较两个 Date 对象的常用方法见表 6.7。

表 6.7　比较两个 Date 对象的常用方法

方　　法	功　能　描　述
boolean after(Date when)	判定此日期是否在指定日期之后
boolean before(Date when)	判定此日期是否在指定日期之前
boolean equals(Object obj)	比较两个日期是否相等
int compareTo(Date anotherDate)	比较两个日期的顺序

例 6.10　获取当前的日期和时间并格式化输出。

```
import java.util.*;
import java.text.*;
public class Date_01 {
    public static void main(String[] args) {
        Date nowTime=new Date();
        System.out.println(nowTime);
        String pattern = "yyyy-MM-dd";
        SimpleDateFormat sdf= new SimpleDateFormat(pattern);
        String timePattern=sdf.format(nowTime);
        System.out.println(timePattern);
        pattern = "yyyy 年 MM 月 dd 日,E HH 时 mm 分 ss 秒";
        sdf=new SimpleDateFormat(pattern);
        timePattern=sdf.format(nowTime);
        System.out.println(timePattern);
    }
}
```

假定当前时间为 2020 年 2 月 3 日 13 时 16 分 47 秒,则程序运行结果如下:

```
Mon Feb 03 13:16:47 CST 2020
2020-02-03
2020年02月03日,周一13时16分47秒
```

2. Calendar 类

因为 Date 类中有关设定年月日的方法都不建议使用了,所以若不仅仅是获得和显示当前日期时间,则应使用 Calendar 类。Calendar 类定义了许多表示日期和时间的成员变量,如 YEAR、MONTH、DAY、HOUR、MINUTE、SECOND 等。

1) 设定日期和时间

Calendar 类是一个抽象类,不使用 new 关键字创建对象,而是直接使用 getInstance 方法创建一个日历对象。例如:

```
Calendar calendar=Calendar.getInstance();
```

然后可以使用如表 6.8 所示的方法设定和获取日期和时间值。

表 6.8 设定和获取日期和时间值的方法

方 法	功 能 描 述
void set(int year, int month, int date)	设置日历字段 YEAR、MONTH 和 DATE 的值
void set(int year, int month, int date, int hourOfDay, int minute)	设置日历字段 YEAR、MONTH、DATE、HOUR_OF_DAY 和 MINUTE 的值
void set(int year, int month, int date, int hourOfDay, int minute, int second)	设置日历字段 YEAR、MONTH、DATE、HOUR_OF_DAY、MINUTE 和 SECOND 的值
void set(int field, int value)	将给定的日历字段设置为给定值
void setTime(Date date)	使用给定的 Date 设置此 Calendar 的时间
void setTimeInMillis(long millis)	用给定的 long 值设置此 Calendar 的当前时间值
int get(int field)	返回给定诸如 YEAR、MONTH、DATE、HOUR_OF_DAY 等日历字段的值
Date getTime()	返回一个表示此 Calendar 时间值(从历元至现在的毫秒偏移量)的 Date 对象
long getTimeInMillis()	返回此 Calendar 的时间值,以毫秒为单位

2) 其他常用方法

有关 Calendar 对象的常用方法如表 6.9 所示。

表 6.9 Calendar 对象的常用方法

方 法	功 能 描 述
void add(int field, int amount)	据日历的规则,为给定的日历字段添加或减去指定的时间量
boolean after(Object when)	判断此 Calendar 表示的时间是否在指定 Object 表示的时间之后,返回判断结果

方　　法	功 能 描 述
boolean before(Object when)	判断此 Calendar 表示的时间是否在指定 Object 表示的时间之前,返回判断结果
int compareTo(Calendar anotherCalendar)	比较两个 Calendar 对象表示的时间值(从历元至现在的毫秒偏移量)
String toString()	返回此日历的字符串表示形式

例 6.11　使用 Calendar 对日期时间操作示例。

```java
import java.util.*;
public class Date_02 {
    public static void main(String[] args) {
        int year,month,date,hour,minute,second;
        Calendar calendar=Calendar.getInstance();
        year=calendar.get(Calendar.YEAR);
        month=calendar.get(Calendar.MONTH)+1;
        date=calendar.get(Calendar.DATE);
        hour=calendar.get(Calendar.HOUR_OF_DAY);
        minute=calendar.get(Calendar.MINUTE);
        second=calendar.get(Calendar.SECOND);
        System.out.print(year+"年"+month+"月"+date+"日");
        System.out.println(" "+hour+"时"+minute+"分"+second+"秒");

        calendar.set(2024,7,8);
        year=calendar.get(Calendar.YEAR);
        month=calendar.get(Calendar.MONTH)+1;
        date=calendar.get(Calendar.DATE);
        System.out.println(year+"年"+month+"月"+date+"日");
        System.out.println("星期"+ (calendar.get(Calendar.DAY_OF_WEEK)+6)%7);
    }
}
```

程序运行结果如下:

```
2019 年 12 月 25 日 9 时 51 分 50 秒
2024 年 8 月 8 日
星期 4
```

◈ 6.7　程序设计实例

例 6.12　提取英文句子中的单词并排序。

解题思路:可以使用 split 方法进行字符串中单词的提取,使用 compareTo 方法进行字符串的比较,使用冒泡排序算法进行排序。

```java
public class WordSort {
    public static void main(String[] args) {
        String s1;
        String[] str;
        int i;
        s1="Type a string in the field to limit the properties "
                + "that are displayed to properties that contain the string.";
        //[]中是空格和".",还可以放置其他字符(如"?")
        str=s1.split("[ .]");
        System.out.println("----------排序前----------");
        for(i=0;i<str.length;i++)
            System.out.println(str[i]);
        //排序,使用冒泡排序算法
        for(i=0;i<str.length-1;i++){
            for(int j=0;j<str.length-1-i;j++)
                if(str[j].compareTo(str[j+1])> 0){
                    String s=str[j];str[j]=str[j+1];str[j+1]=s;
                }
        }
        System.out.println("----------排序后----------");
        for(i=0;i<str.length;i++)
            System.out.println(str[i]);
    }
}
```

程序运行后输出排序前和排序后的单词。

例 6.13　按日历格式输出程序运行时当月的日历。

解题思路:获取当前的年和月,得到当前月份的天数,2月需要判断是否为闰年。判断本月 1 日是星期几,在之前输出占位的空白字符串,然后依次输出日期即可。

```java
import java.util.*;
public class Date_03 {
    public static void main(String[] args) {
        int year,month,weekDay,days,i;
        //存放平年中各月的天数
        int daysInMonth[]={31,28,31,30,31,30,31,31,30,31,30,31};
        Calendar calendar=Calendar.getInstance();
        year=calendar.get(Calendar.YEAR);
        month=calendar.get(Calendar.MONTH)+1;
        calendar.set(year, month-1,1);
        weekDay=(calendar.get(Calendar.DAY_OF_WEEK)+6)%7;
        days=daysInMonth[month-1];
        //如果是 2 月,并且是闰年,则天数加 1
```

```
if(month==2) {
    if(((year%4==0)&&(year%100!=0))||(year%400==0))
        days+=1;
}
//先输出星期几,以制表符分隔
char [] str="日一二三四五六".toCharArray();
for(i=0;i<str.length;i++) {
    System.out.print("\t"+str[i]);
}
//换行
System.out.println();
//1 日所在星期几之前为空白
for(i=0;i<weekDay;i++)
    System.out.print("\t"+"");
//每输出 7 个数据换行,包括空白
for(i=0;i<days;i++) {
    if((i+weekDay)%7==0)
        System.out.println();
    System.out.print("\t"+(i+1));
}
System.out.println();
    }
}
```

程序运行结果如下:

```
日    一    二    三    四    五    六
1    2    3    4    5    6    7
8    9    10   11   12   13   14
15   16   17   18   19   20   21
22   23   24   25   26   27   28
29   30   31
```

例 6.14　Poker1.java,编写程序,洗牌后 3 个玩家各抓取 17 张牌,还有 3 张底牌,输出 3 个玩家及底牌的扑克牌编码值,然后按照斗地主规则中各牌的大小从大到小整理并显示玩家一的扑克牌,同样大小的牌按照黑桃、红心、梅花、方块的次序显示。

解题思路:因为主要编写针对斗地主的扑克牌程序,该规则中扑克牌的大小固定。为方便起见,使用数字 0～12 对应黑桃 3～10、J、Q、K、A、2,13～25 对应红心,26～38 对应梅花,39～51 对应方块,52、53 对应小王、大王。这样牌值比较起来更直观方便。后面编写的扑克牌都是按这样编码的。

首先按第 5 章的洗牌算法洗牌,虽然人工抓牌时玩家一得到的是第 1、4、7、10……张牌,玩家二得到的是 2、5、8、11……张牌,实际上因为是随机洗牌,将第 1～17 张牌分给玩家一、第 18～34 张牌分给玩家二、第 35～51 张牌分给玩家三,只要每次都是这样分配的,其效果与前一种分配方式是一样的。排序在比较时分两种情况,如果要比较的两张牌都不是王牌,按"扑克牌编码值%13"取余数比较大小,如大小相同,再比较其花色值;如果要比较的牌中有一张是王牌,则直接比较其编码值即可。程序代码如下:

```java
public class Poker1 {
    public static void main(String[] args) {
        int[] puke,player1;
        double[] rand;
        puke=new int[54];
        rand=new double[54];
        //初始化扑克牌和对应的随机数
        for(int i=0;i<puke.length;i++){
            puke[i]=i;
            rand[i]=Math.random();
        }
        //对随机数进行选择排序,同时调整对应扑克牌的次序
        for(int i=0;i<rand.length-1;i++){
            int minIndex=i;
            for(int j=i+1;j<rand.length;j++)
                if(rand[minIndex]> rand[j])
                    minIndex=j;
            double t=rand[i];
            rand[i]=rand[minIndex];
            rand[minIndex]=t;
            int t2=puke[i];
            puke[i]=puke[minIndex];
            puke[minIndex]=t2;
        }
        //输出被随机化后的扑克牌值
        for(int i=0;i<puke.length;i++){
            System.out.print(puke[i]+",");
            if((i+1)%17==0)
                System.out.println();
        }
        //对玩家一扑克牌排序,玩家二、三略
        player1=new int[17];
        for(int i=0;i<17;i++)
            player1[i]=puke[i];

        for(int i=0;i<player1.length-1;i++){
            int maxIndex=i;
            for(int j=i+1;j<player1.length;j++)
                if(player1[maxIndex]< 52 && player1[j]<52){
                    if(player1[maxIndex]%13 < player1[j]%13)
                        maxIndex=j;
```

```
            else if(player1[maxIndex] %13 == player1[j]%13)
                if(player1[maxIndex] >  player1[j])
                    maxIndex=j;
            }else if(player1[maxIndex] < player1[j])
                maxIndex=j;
        int t=player1[i];
        player1[i]=player1[maxIndex];
        player1[maxIndex]=t;
    }
    System.out.println();
    System.out.println("玩家一排序后的扑克牌:");
    for(int i=0;i<player1.length;i++)
        System.out.print(player1[i]+"("+player1[i]%13+"),");
    System.out.println();
    }
}
```

下面是某次的运行结果:

4,9,16,8,3,32,45,28,53,44,31,25,36,29,21,51,39,
37,6,23,11,19,5,30,41,15,20,10,26,0,7,1,50,38,
14,27,2,48,17,43,13,35,49,46,12,47,24,52,33,34,18,
42,22,40,

玩家一排序后的扑克牌:

53(1),25(12),51(12),36(10),9(9),8(8),21(8),32(6),45(6),31(5),44(5),4(4),3(3),
16(3),29(3),28(2),39(0),

注意:12 代表 2,11 代表 A,其他值要加 3 才是扑克牌面值。玩家一有大王、一对 2（红心、方块）、梅花 K、黑桃 Q、一对 J（黑桃、红心）、一对 9（梅花、方块），其他牌请自行核对。

Java 语言虽然提供了一些编好的排序函数,但显然无法完成这种特殊的排序,能编写简单的排序程序还是十分必要的。

◆ 本 章 小 结

1. 在字符串比较中,运算符"=="比较的是引用地址,equals 函数比较的是字符中的内容,因此尽量用后者比较。

2. String 对象的内容不可改变,有一些方法看似改变了其内容,实际上是创建了一个新的 String 类型的对象。

3. 将任何一个数据类型数据转换为字符串类型都可以使用连接一个空白字符串的方式。

4. 将字符串中的数据转换为简单数据类型,可以用该类型包装类中对应的 parseXXX 方法。

5. StringBuffer 类和 StringBuilder 类功能相似,只不过前者是线程安全的,后者运行速度更快一些。

6. Calendar 类中方法使用比较单一,不需特别记忆,只需在有示例参考的情况下能获取任意的日期和时间即可。

◆ 概 念 测 试

1. 比较两个字符串是否相等的函数是＿＿＿＿＿＿,比较两个字符串大小的函数是＿＿＿＿＿＿,不区分大小写字母比较两个字符串大小的函数是＿＿＿＿＿＿。

2. 将字符串中的所有单词提取出来的函数是＿＿＿＿＿＿。

3. 删除字符串的前面和后面空格的函数是＿＿＿＿＿＿。

4. 如果频繁改变字符串的内容,应使用的字符串类是＿＿＿＿＿＿。

5. 已知字符串 str,获得该字符串长度的表达式是＿＿＿＿＿＿,获得该字符串第 3 个字符的表达式是＿＿＿＿＿＿。

6. 已知字符串 str1 和 str2,将 str2 连接到 str1 后的语句是＿＿＿＿＿＿,将 str2 中的字母都转换为大写字母后赋值给 str1 的语句是＿＿＿＿＿＿。

◆ 编 程 实 践

1. 输入一个字符串,然后再输入一个字符,输出该字符在字符串中出现的次数。

2. 输入一个字符串,将字符串中的所有大写字母转换为小写字母,所有小写字母转换为大写字母,删除其他字符后输出。

3. 输入一个字符串,如果能将其转换为一个十进制实数,则输出 Yes,否则输出 No。

4. 输入一个字符串,将该字符串中字符降序排序后输出。

5. 输入一个字符串,如果其可以转换成一个整数,则输出该整数;如果其可以转换成一个实数,则输出该实数;如果既不能转换为整数,也不能转换为实数,则输出"无法转换为整数或实数"。

6. 输入一个字符串,将其所有字符翻转,然后输出翻转后的字符串。分别使用 String 类和 StringBuffer 类完成,体会它们使用上的不同。

7. 输入一个不带标点符号、字母都是小写的英文句子,将其所有单词的首字母转为大写字母,其他字母保持不变,输出转换后的句子。

8. 编写一个字符串替换程序,输入一个字符串,然后再输入一个子字符串,将字符串中的某个子字符串替换为其翻转的字符串后输出。例如输入 How do you do 和 do,则输出结果为 How od you od,注意子字符串中可能包含空格。

9. 输入一系列英文单词,统计每个单词出现的次数(单词不区分大小写)并按单词升序输出,输出单词均为小写字母。

10. 编写程序,按"年-月-日"的形式输入一个日期,输出该日期所在月份的日历,用"[]"包含该日期以突出显示该日期。

第 7 章

函　　数

通常情况下,一个复杂的程序往往可以分解为许多功能上相对独立的小模块,这些小模块可以由一个个的函数来实现。实际上在之前编写的程序中,已经大量使用了系统提供的函数,例如 System.out 中的输出函数(print 和 println),Scanner 类中的各种类型的输入函数(nextInt、nextDouble、nextLine等),Math 类中的各种数学函数(sqrt、pow、random 等),String 类中的字符串处理函数(equals、charAt、split 等)。本章学习编写自己定义的函数,从而分解程序、降低程序设计的复杂度。

◆ 7.1　函数的定义和使用

Java 中函数的定义如下:

```
[public] [static] 返回值 函数名(参数列表){
    函数体
}
```

在前面对 Java 的学习中,一直在使用一个非常重要的函数——main 函数,它的定义是 public static void main(String[] args),其中的关键字 public 和 static 的含义将在第 8 章详细解释,void 是函数的返回值,main 是函数名,String[] args 是函数的参数,而编写的程序就构成了 main 函数的函数体。

自定义的函数与 main 函数并列,位于 main 函数的一对花括号之外,都要定义为 public 和 static 的,否则将无法被 main 函数直接调用。下面编写一个函数,其功能是判断一个整数是否为质数。

例 7.1　定义函数 isPrime,其功能是判定一个整数是否为质数,是则返回 true,否则返回 false。在主程序(main 函数)中调用该函数,实现输出 1~1000 的所有质数。

函数实现及测试代码如下:

```
public class FunctionPrime {
    public static void main(String[] args) {
        for(int i=2;i<1000;i++)
            //调用函数,将变量 i 的值传递给函数,根据其返回值输出
```

```
                    if(isPrime(i))
                        System.out.print(i+",");
            }
            /*定义函数,传给它一个整数,如果该整数是质数,
             * 返回 true,否则返回 false
             */
            public static boolean isPrime(int n){
                for(int i=2;i<n;i++)
                    if(n%i==0)
                        //函数返回值为 false,函数执行结束
                        return false;
                //函数返回值为 true,函数执行结束
                return true;
            }
        }
```

在上面程序的 main 函数中,for 循环的 if 语句将调用函数 isPrime,该函数的定义在 main 函数的后面,其功能是判断一个整数是否为质数。运行程序,将输出 0~1000 的所有质数。

自定义的函数 isPrime 写在 main 函数的一对花括号之外,与之并列,写在 main 函数的前面或后面都可以,本程序写在了后面。当前定义的函数必须使用 public static 修饰,具体原因第 8 章讲解,函数的返回值是 boolean 类型,函数名是 isPrime,函数的参数 int n 表明参数是一个 int 类型的整数,这个整数在当前函数(isPrime)中被存放在变量 n 中。在函数体内,用 return 语句给出函数的返回值,一旦执行 return 语句,将结束函数的执行。在编写的函数中,如果需要判断的整数 n 能被某个整数 i 整除(n%i==0),说明其不是质数(return false);如果 n 没有被 2~n−1 的任何一个整数整除,则 n 是质数(return true)。

在其他函数(本例的 main 函数)中,可以直接用函数名来调用函数,按函数的要求传递相应的参数(本例中传递整数 i),凡是定义函数返回值的数据类型可以使用的地方都可以调用该函数(本例中 if 语句的条件表达式值是布尔型,函数返回值类型也是布尔型),函数返回值就是符合该类型的一个数值(例如,当 i 值为 2 或 3 时,函数返回值为 true;当 i 值为 4 或 6 时,函数的返回值为 false)。

函数的返回值可以是任何有效的数据类型,如果该函数没有返回值(不需要返回值),那么它的返回类型必须设置为 void,main 函数就是一个无返回值的函数。对于无返回值的函数,函数体执行完毕后函数结束;如有需要,也可以在程序中使用不带返回值的 return 语句来随时结束函数。

如果函数有多个参数,每个参数的数据类型都必须独立声明。

例 7.2 输入两个正整数,编写求这两个数的最大公约数函数 gys 和最小公倍数的函数 gbs。

```
import java.util.*;
public class FunctionGCD {
```

```
public static void main(String[] args) {
    int m,n;
    Scanner reader=new Scanner(System.in);
    m=reader.nextInt();
    n=reader.nextInt();
    System.out.println("最大公约数是"+gys(m,n));
    System.out.println("最小公倍数是"+gbs(m,n));
}
//求最大公约数函数
public static int gys(int m,int n){
    int t;
    do{
        t=m%n;
        m=n;
        n=t;
    }while(t!=0);
    return m;
}
//求最小公倍数函数
public static int gbs(int m,int n){
    //函数中调用了其他函数(求最大公约数函数)
    return m*n/gys(m,n);
}
}
```

函数 gys 的返回值是两个数的最大公约数,是一个整数。因此,返回值定义为 int 类型。由于是求两个数的最大公约数,因此需要两个参数,虽然它们都是 int 类型,也要分别进行定义。例 7.2 采用了辗转相除法求函数的最大公约数,该方法计算最大公约数的速度极快,是求最大公约数最好的方法。辗转相除法描述如下:两个整数 m 和 n,如果 m 被 n 整除(相当于 m%n==0),则 n 就是其最大公约数,否则它们的最大公约数一定也是 n 和 m%n(m 除以 n 的余数)的最大公约数。

计算出最大公约数后可以很简单地求出最小公倍数,在最小公倍数函数 gbs 中可以直接调用求最大公约数的函数 gys,从而使程序非常简洁。

◆ 7.2　参数的传递方式

定义函数时所使用的参数被称为形式参数,形式参数可以使用任何有效的数据类型,而调用函数时传递数值所使用的参数被称为实际参数。在 Java 中,形式参数如果是基本数据类型,那么调用函数时的参数传递为值传递,也就是说,在函数中对形式参数的任何改变都不会影响调用函数中实际参数的值。

例 7.3　编写交换两个整数的 swap 函数,理解参数的值传递。

```
import java.util.*;
```

```java
public class FunByValue {
    public static void main(String[] args) {
        int m,n;
        Scanner reader=new Scanner(System.in);
        m=reader.nextInt();
        n=reader.nextInt();
        System.out.println("在 main 函数中,调用函数之前");
        System.out.println("m="+m+","+"n="+n);
        System.out.println("调用 swap 函数");
        swap(m,n);
        System.out.println("在 main 函数中,调用函数之后");
        System.out.println("m="+m+","+"n="+n);
    }
    public static void swap(int m,int n) {
        int t;
        t=m;
        m=n;
        n=t;
        System.out.println("在 swap 函数中");
        System.out.println("m="+m+","+"n="+n);
    }
}
```

输入 3 5 后,程序运行结果如下:

在 main 函数中,调用函数之前
m=3,n=5
调用 swap 函数
在 swap 函数中
m=5,n=3
在 main 函数中,调用函数之后
m=3,n=5

通过程序运行结果可以发现,在 swap 函数中 m 和 n 确实完成了交换,但在 swap 函数中对形式参数 m 和 n 中数据的交换并未影响 main 函数中 m 和 n 的值。变量的值传递如图 7.1 所示。

main函数

变量名	变量内容
m	3
n	5
reader	2201(地址)

内存地址(示意)	地址内容
2201	
2202	Scanner对象
...	

swap函数(交换前)

变量名	变量内容
m	3
n	5
t	随机值

图 7.1　变量的值传递

在函数调用时,将 main 函数中的 m 和 n 以参数的方式赋值给 swap 函数中的 m 和 n,此时 swap 函数中的 m 等于 3、n 等于 5。交换 m 和 n 的值后,swap 函数中的 m 等于 5、n 等于 3,但这与 main 函数中的 m 和 n 值无关。因为参数传递的是数值本身,所以被称为值传递。

在 Java 中,形式参数如果是基本数据类型之外的其他类型,那么调用函数时的参数传递被称为地址传递。也就是说,在函数中对形式参数的任何改变都会影响调用函数中实际参数的值。

例 7.4　编写交换一维数组中最大值和最小值的函数(假定数组中的最大值和最小值是唯一的),体会参数的地址传递。

```java
import java.util.*;
public class FunByAddress {
    public static void main(String[] args) {
        int[] a;
        a=new int[10];
        Scanner reader=new Scanner(System.in);
        for(int i=0;i<a.length;i++)
            a[i]=reader.nextInt();
        swap(a);
        for(int i=0;i<a.length;i++)
            System.out.print(a[i]+"\t");
    }
    public static void swap(int[] a){
        int maxIndex,minIndex,t;
        maxIndex=minIndex=0;
        for(int i=1;i<a.length;i++){
            if(a[maxIndex]<a[i])
                maxIndex=i;
            if(a[minIndex]> a[i])
                minIndex=i;
        }
        t=a[maxIndex];
        a[maxIndex]=a[minIndex];
        a[minIndex]=t;
    }
}
```

当输入 10 个整数后,发现输出的是最大值和最小值交换后的数组。也就是在 swap 函数中,对数组类型的形式参数所做的操作,直接影响了实际参数所对应的数组。变量的地址传递如图 7.2 所示。

当 main 函数调用 swap 函数时,将 main 函数中变量 a 中存放的数据(地址)赋值给 swap 函数的变量 a,由于 swap 中的操作修改的是 a 中存放地址位置处的数据,而 main 函数和 swap 函数访问的是同一地址,因此 swap 函数对该地址数据的改变影响到了 main

main函数	
变量名	变量内容
a	2301(地址)
reader	2201(地址)

内存地址(示意)	地址内容
2201	
2202	Scanner对象
...	

swap函数(交换前)	
变量名	变量内容
a	2301(地址)
maxIndex	随机值
minIndex	随机值
t	随机值

内存地址(示意)	地址内容
2301	整数1
2305	整数2
2309	整数3
...	
2333	整数9
2337	整数10

图 7.2　变量的地址传递

函数。参数传递过程中传递的是地址,而不是数值本身,这就被称为地址传递。

　　需要注意的是,如果使用 String 类型作为参数,虽然传递的仍是地址,但因为 String 类型是不可更改的,对该地址上数据的修改都是创建了新的 String 对象(在新地址中),原地址上的字符串不变,因此其效果与值传递相同。

7.3　变量的作用范围

　　可以在函数里的任意位置定义变量,变量从定义之处开始起作用,其生命周期一直到其定义位置所在的花括号结束为止。例如,例 4.5 编写的质数判断程序:

```java
import java.util.*;
public class PrimeBreak {
    public static void main(String[] args) {
        int i,a;
        Scanner reader=new Scanner(System.in);
        a=reader.nextInt();
        for(i=2;i<a;i++)
            if(a%i==0)
                break;
        if(i<a)
            System.out.println(a+"不是质数。");
        else
            System.out.println(a+"是质数。");
    }
}
```

　　其中整型变量 i 在 main 函数的开始处定义,其作用范围是整个 main 函数,程序正常运行。许多人喜欢将 for 循环的循环变量定义在循环体中,在此将变量 i 的定义放在 for 语句中(同时删除最上面有关 i 的定义语句),涉及的部分代码如下:

```java
for(int i=2;i<a;i++)
    if(a%i==0)
```

```
        break;
    if(i<a)
        System.out.println(a+"不是质数。");
```

这时语句在 if 语句上就会出现 i 变量未定义的错误,因为在 for 语句中定义的变量 i 的作用范围是在 for 语句的一对花括号中,此处因只有一条语句,花括号被省略了。

如果将变量定义在类中所有函数之外的任意位置,那么它就成为一个全局变量,其作用范围是整个类,所有的函数都能访问该变量。

例 7.5　全局变量示例。稍微修改一下例 7.3 中的程序,将变量 m 和 n 定义在函数之外,注意需要删除有关函数中 m 和 n 的定义语句。程序代码如下:

```
import java.util.*;
public class FunScope {
    static int m,n;
    public static void main(String[] args) {
        Scanner reader=new Scanner(System.in);
        m=reader.nextInt();
        n=reader.nextInt();
        swap();
        System.out.println("在 main 函数中,调用函数之后");
        System.out.println("m="+m+","+"n="+n);
    }
    public static void swap(){
        int t;
        t=m;
        m=n;
        n=t;
    }
}
```

这里定义全局变量的语句与在函数中的语句略有不同(多了 static 关键字,其含义在第 8 章介绍),无论是在 main 函数还是 swap 函数中,都可以直接访问全局变量。因为所有操作都是在全局变量上的直接操作,因此完成了两个输入数据的交换。

如果在更大范围上定义的变量(如全局变量)与小范围内(如 swap 函数内)定义的变量名字相同,则使用的实际上是小范围内的变量。例如,例 7.5 中 swap 函数不带参数,如果为其添加参数,修改其程序代码如下:

```
import java.util.*;
public class FunScope2 {
    static int m,n;
    public static void main(String[] args) {
        Scanner reader=new Scanner(System.in);
        m=reader.nextInt();
        n=reader.nextInt();
```

```
        swap(m,n);
        System.out.println("在 main 函数中,调用函数之后");
        System.out.println("m="+m+","+"n="+n);
    }
    public static void swap(int m,int n){
        int t;
        t=m;
        m=n;
        n=t;
    }
}
```

此时在 swap 函数中,使用的是局部变量 m 和 n,而局部变量 m 和 n 中数值的交换不会影响到全局变量的值,因为在 main 函数中输出的是全局变量,因此输入的两个数字并没有交换。

◆ 7.4 模块化程序设计

编写函数有利于程序代码的模块化,提高程序的质量。

如果一段代码功能上相对独立,特别是这段代码在程序中多次出现,则应该将其定义为函数。利用函数既减少了冗余代码,又能提高代码的可读性和重用性。

例如,求两个数的最大公约数和最小公倍数程序(见例7.2)。通过将求最大公约数的代码封装在一个函数里,从而获得了以下优点。

(1) 通过将计算最大公约数的代码与其他代码分离,使程序逻辑更清晰,可读性更强。

(2) 如果计算最大公约数的代码出错,只需要检查该函数即可,限制了程序的调试范围。

(3) 其他程序可以重复使用该函数。

例 7.6 已知今天是星期几,编写程序,输入将来的一个日期,判断其是星期几,要求不使用系统提供的日期时间类函数。

解题思路:假定今天是星期三,如果已知输入的日期与今天相差多少天,实际上就知道了那天是星期几,如那天距今天相差 568 天,每过 7 天就仍然是星期三,因为计算568%7 得 1,所以那天是星期四。问题转换为求输入日期距当前日期差多少天。

在计算时,对于整年,闰年 366 天,平年 365 天。对于月份,根据平年或闰年 2 月的天数有所不同。因此,要编写两个函数:一个用来判断某年是不是闰年,另一个返回某年某月有多少天。另外,与其计算当年剩下的天数,还不如直接从年初开始计算,经查 2020 年1 月 1 日为星期三。程序代码如下:

```
import java.util.*;
public class DayOfWeek {
    public static void main(String[] args) {
        int year,month,date,days=0;
```

```
        Scanner reader=new Scanner(System.in);
        year=reader.nextInt();
        month=reader.nextInt();
        date=reader.nextInt();
        //计算年,逐年累加
        for(int i=2020;i<year;i++)
            if(isLeapYear(i))
                days+=366;
            else
                days+=365;
        //计算月,逐月累加
        for(int i=1;i<month;i++)
            days+=daysInMonth(year,i);
        //加上日
        //先加上开始的星期,为便于计算,起始日假设为 2020 年 1 月 0 日(这是一个虚的日
        //期),星期二
        days+=date+2;
        //(days+2)%7 使计算结果介于 0~6
        System.out.println(print(days%7));
    }
    //判断是否为闰年的函数
    public static boolean isLeapYear(int year){
        if((year%4==0&&year%100!=0)||year%400==0)
            return true;
        return false;
    }
    //返回每月有多少天的函数
    public static int daysInMonth(int year,int month){
        int days[]={31,28,31,30,31,30,31,31,30,31,30,31};
        if(month!=2)
            return days[month-1];
        else if(isLeapYear(year))
            return 29;
        else
            return 28;
    }
    //格式化输出的函数
    public static String print(int n){
        switch(n){
            case 0:return "星期日";
            case 1:return "星期一";
            case 2:return "星期二";
            case 3:return "星期三";
            case 4:return "星期四";
```

```
            case 5:return "星期五";
            case 6:return "星期六";
        }
        //避免编译器提示无 return 语句
        return "error";
    }
}
```

由于分别编写了 3 个不同功能的函数,使得主程序(main 函数)非常清晰,可读性强。如果需要编写的程序更加复杂,则使用函数的效果也会更加明显。

◆ 7.5 函数的递归调用

一个函数既可以调用其他函数,也可以直接或者间接地调用自己,这样的调用被称为函数的递归调用。函数直接调用自己称为直接递归,函数间接地调用自己(如 A 函数调用 B 函数,B 函数又调用了 A 函数)称为间接递归。

例 7.7 编写函数,计算整数的阶乘。

可以编写下面的代码完成此功能:

```java
public static long factor1(int n){
    int fact=1;
    for(int i=1;i<=n;i++)
        fact=fact * i;
    return fact;
}
```

这是一种递推的计算方式,也可以按照数学上阶乘的定义来编写。程序代码如下:

```java
public static long factor2(int n){
    if(n==0)
        return 1;
    else
        return n * factor2(n-1);
}
```

这就是使用函数的递归调用来完成的。由于函数自己调用了自己(在 else 语句中),函数必须在满足某一条件时(if 语句)结束,否则将陷入死循环。

程序的完整代码如下:

```java
import java.util. * ;
public class Factorial {
    public static void main(String[] args) {
        int n;
        Scanner reader=new Scanner(System.in);
        n=reader.nextInt();
```

```
        System.out.println(factor1(n));
        System.out.println(factor2(n));
    }
    public static long factor1(int n){
        int fact=1;
        for(int i=1;i<=n;i++)
            fact=fact * i;
        return fact;
    }
    public static long factor2(int n){
        if(n==0)
            return 1;
        else
            return n * factor2(n-1);
    }
}
```

注意上面程序的返回值类型为 long,因为阶乘值上升速度极快,输入很小的值就很容易超出 int 类型的存储范围。另外,因为函数调用时需要保存当前状态,调用函数后还要恢复当前状态,这一过程开销较大,通常有简单的递推算法时就不建议使用递归算法。

例 7.8　汉诺塔问题:有 3 个塔座 A、B、C,A 塔座上有 64 个盘子,盘子大小不等,大盘在下,小盘在上,现要将 A 塔座上盘子移动到 C 塔座上,要求每次只能移动一个盘子,并且在移动过程中,3 个塔座上的盘子始终保持大盘在下,小盘在上。在移动过程中可以利用 B 塔座,要求输出移动的步骤。

解题思路:假定 A 上有 n 个盘子,即如何将 A 上的 n 个盘子利用 B 移动到 C 上,要想将最大的盘子移动到 C 上,首先必须先将其余 n−1 个盘子利用 C 移动到 B 上,然后才能将最大的盘子从 A 移动到 C 上。此时,剩下的问题是如何将 B 上的 n−1 个盘子利用 A 移动到 C 上,这正好是比前一个问题规模少一个的子问题。程序的结束条件是,如果只有一个盘子,则直接将其从 A 移动到 C 上。程序代码如下:

```
import java.util.*;
public class FunHanoi {
    public static void main(String[] args) {
        int n;
        Scanner reader=new Scanner(System.in);
        n=reader.nextInt();
        hanoi("A","B","C",n);
    }
    //将 source 上的 n 个盘子通过 by 移动到 target 上
    public static void hanoi(String source,String by,String target,int n){
        //如果只剩下一个盘子,直接移动
        if(n==1)
            move(source,target);
```

```
        else{
            //将上面的 n-1 个盘子移动到 by 上
            hanoi(source,target,by,n-1);
            //将最后一个盘子移动到 target 上
            move(source,target);
            //将 by 上的 n-1 个盘子利用 source 移动到 target 上
            hanoi(by,source,target,n-1);
        }
    }
    //直接将 source 上的盘子移动到 target 上,这里以输出代替移动
    public static void move(String source,String target){
        System.out.println(source+"--> "+target);
    }
}
```

原问题 A 上有 64 个盘子,即便是使用计算机输出,所花费的时间也是我们无法忍受的,因此这里输入一个较小的盘子数来测试程序。在程序定义的 hanoi 函数中两次使用了递归调用。程序输入 3,运行结果如下:

```
A--> C
A--> B
C--> B
A--> C
B--> A
B--> C
A--> C
```

感兴趣的读者不妨再输入更大一点的数试试看,但不要输入太大的数,否则运行速度会特别慢,如果输入 64,估计几十年内看不到运行结果。

7.6 程序的调试

当编写程序时,很难一次就编译通过,特别是编写一个有一定难度的程序时,一次通过几乎不可能。如果是简单的语法错误当然很容易解决,但如果是程序逻辑错误,就很难通过阅读程序找到这些错误,因为编程人员解决问题的思路可能就是有缺陷的。这时程序调试(debug)就尤为重要了。

下面以例 7.6 为例,讲解一下程序的调试过程。该程序的要求见例 7.6。假定我们在编写 daysInMonth 函数时,将其中的"return days[month-1];"语句写成了"return days[month];"。

编写完程序后,测试程序时发现程序没有编译错误,运行时也没有错误,但程序的输出结果是错误的。下面开始调试程序以找到错误。

调试程序时应该知道每步运行的正确结果,这样才能在错误刚一发生就及时发现,因此输入一个较近的日期,但这一日期要尽量保证运行了程序中的每个分支、每条语句。输

入 2021 1 1,输出正确,输入 2021 2 1,输出错误。正确的输出应该是星期一,days 的值应该是 366+31+1(2020 年整年+2021 年 1 月+1)共 398 天。

程序的错误可能发生在 main、isLeapYear、daysInMonth、print 这 4 个函数的任何一行上。因为有循环语句,所以从头开始一行一行地调试程序显然费时费力,最好能尽量缩小调试范围。下面看程序的 31 行(源代码窗口的最左侧有行标号),如果程序运行到此处 days 值正确,至少说明这次的运行错误发生在 print 函数中。

如图 7.3 所示,单击 31 行的行标号,行标号位置显示一个小方块,当前行的颜色也改变了,这表明插入了一个断点。如果再次单击此行标号则断点消失。插入断点后,在源代码上右击,之前都是在弹出的快捷菜单中选择"运行"命令运行程序,现在选择该命令下面的"调试"命令进行程序调试。

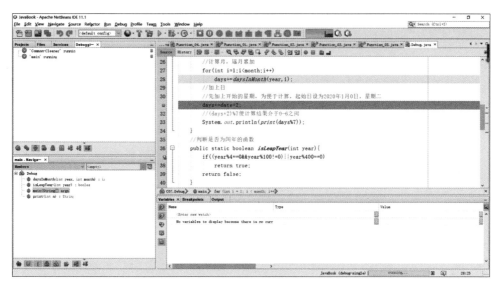

图 7.3 设置了断点的源文件编辑窗口

右下的窗格停留在 Variables 选项卡上,因为程序有输入语句,因此单击右下的 Output 选项卡,输入日期 2021 2 1,程序暂停在 31 行代码上,代码底色为绿色,表示下一步将执行此行代码,界面如图 7.4 所示。

将右下窗口切换回 Variables 选项卡,可以看到运行到当前状态下 main 函数各变量的值,如图 7.5 所示。

days 的值是 394,而不是 398,因此是错误的,可知当前错误不是由 print 函数造成的,所以调试后面的语句没有意义。变量 year、month、date 的值是正确的,输入语句没有问题。单击窗口上方调试工具栏(见图 7.6)最左侧的"Finish Debugger Session"按钮停止本次调试。

在 27 行上加入断点重新开始调试,输入 2021 2 1 后程序暂停在 27 行代码上,如图 7.7 所示。

此时 days 的值是 366,这是 2020 年的天数,说明在此之前的 main 函数和 isLeapYear 函数都没有错误,至少与本次的错误输出无关。错误就在 27、28 行的循环语

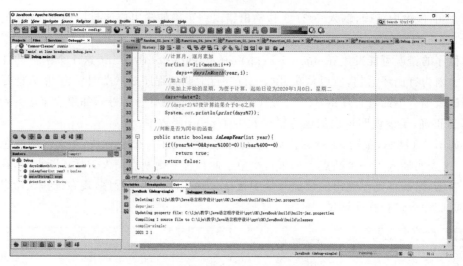

图 7.4　调试程序在断点位置暂停

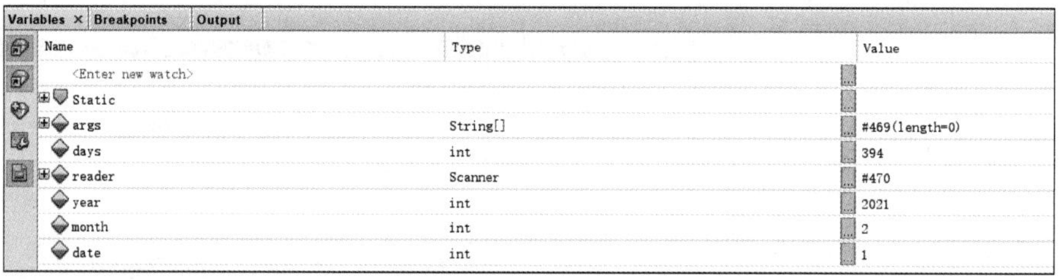

Name	Type	Value
＜Enter new watch＞		
Static		
args	String[]	#469(length=0)
days	int	394
reader	Scanner	#470
year	int	2021
month	int	2
date	int	1

图 7.5　查看当前状态下 main 函数各变量的值

图 7.6　调试工具栏

图 7.7　调试程序暂停

句或 daysInMonth 函数中。单击调试工具栏上第 4 个按钮 Step Over，程序运行一句，光标停在第 28 行上，表明下次将运行此行，如图 7.8 所示。

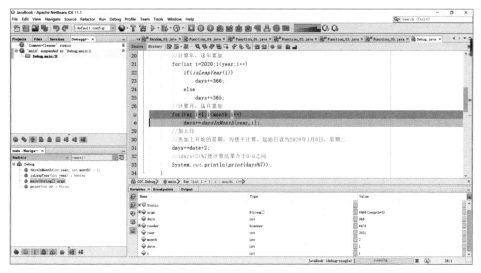

图 7.8　调试程序单步运行(一)

此时 i 的值为 1，month 的值是 2。如果此时仍单击 Step Over 按钮，程序将一次执行完 daysInMonth 函数，因为错误可能在此函数中，因此单击 Step Into 调试按钮(调试工具栏中的第 6 个按钮)，程序进入 daysInMonth 函数中，如图 7.9 所示。

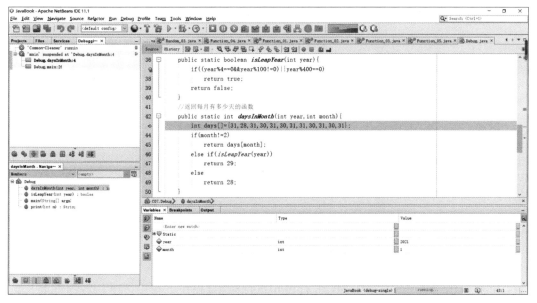

图 7.9　调试程序跟踪进入函数

单击 Step Over 按钮(当没有函数时，单击 Step Over 按钮与单击 Step Into 按钮的执行结果相同，所以单击哪个按钮都可以)，程序停在第 44 行的 if 语句上，再次单击 Step

Over 按钮,程序停在第 45 行,如图 7.10 所示。

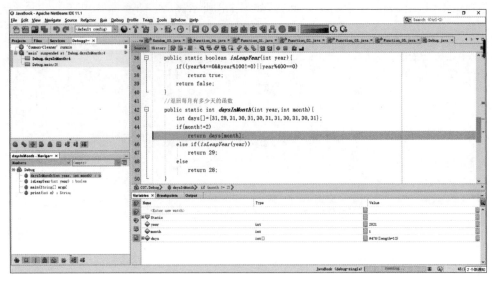

图 7.10　调试程序单步运行(二)

再次单击 Step Over 按钮,函数执行结束(return 语句),程序停在第 28 行上,等待运算符"+="的执行,如图 7.11 所示。

图 7.11　调试程序单步运行(三)

再次单击 Step Over 按钮,第 28 行语句执行完毕,程序停在第 27 行上,等待下一次循环的执行。如图 7.12 所示,此时 days 的值为 394,与其应该的值 397(2020 年+2021 年 1 月)不符,因此错误发生在刚才执行的 daysInMonth 函数中。

参考函数的返回值 28(394−366),应该很容易确定程序返回的是 2 月的天数 28,而不是 1 月的天数 31,从而发现语句"return days[month];"的错误。改正语句后运行程

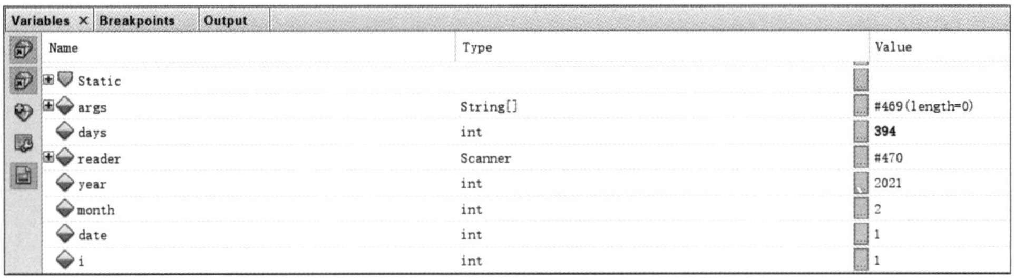

图 7.12　显示当前局部变量值

序,运行结果正确。

多输入几组数据测试,如发现错误需要再次进行调试,否则可以认为程序编写正确。

◇ 7.7　程序设计实例

例 7.9　编写两个函数,一个能将十进制整数(int 型)转换为二进制整数字符串,一个能将二进制整数字符串转换为十进制整数。

解题思路:十进制转二进制方法是除以 2 取余数,倒序排列,直接完成即可;二进制转十进制的方法是每位按权展开求和,从个位开始,后面每位的权都是前面的权的 2 倍。程序代码如下:

```java
import java.util.*;
public class DecimalAndBinary {
    public static void main(String[] args) {
        int a;
        String s;
        Scanner in=new Scanner(System.in);

        System.out.println("请输入一个整数:");
        a=in.nextInt();
        System.out.println("其二进制为"+DtoB(a));

        System.out.println("请输入一个二进制整数:");
        s=in.next();
        System.out.println("其十进制为"+BtoD(s));
    }
    public static String DtoB(int a){
        String s="";
        do{
            s=a%2+s;
            a=a/2;
        }while(a!=0);
        return s;
```

```
        }
        public static int BtoD(String s){
            int a=0,k=1;
            for(int i=s.length()-1;i> =0;i--){
                if(s.charAt(i)=='1')
                    a=a+k;
                k=k * 2;
            }
            return a;
        }
    }
```

例 7.10 编写函数,对整型数组进行升序排序。

解题思路: 使用选择排序完成函数。

```
import java.util. * ;
public class Sort {
    public static void main(String[] args) {
        int[] a;
        a=new int[10];
        Scanner reader=new Scanner(System.in);
        //输入数据
        for(int i=0;i<a.length;i++)
            a[i]=reader.nextInt();
        //调用函数对数组排序
        sort(a);
        //输出排序后的数据
        for(int i=0;i<a.length;i++)
            System.out.print(a[i]+"\t");
    }
    public static void sort(int[] a) {
        int i,j,temp,min;
        //选择排序,共需要(元素个数-1)次选择
        for(i=0;i<a.length-1;i++){
            //查找从 i 开始的最小值所在下标
            min=i;
            for(j=i+1;j<a.length;j++)
                if(a[min]> a[j])
                    min=j;
            //将最小值交换到位置 i 上
            temp=a[i];a[i]=a[min];a[min]=temp;
        }
    }
}
```

例 7.11　Poker1.java,编写程序,可获得某一数值对应的扑克牌(如红心 3、梅花 Q、小王),并能判断多张扑克牌的类型,按照斗地主规则比较两张单牌的大小。

解题思路:函数 show 用于得到某个扑克牌编码的文字表达形式,例如,11 是黑桃 A。首先通过"编码值%13"获得牌值,然后通过 switch 语句得到该牌值对应的字符,最后通过"编码值/13"获得花色值,对王牌的处理与普通花色略有不同。程序代码如下:

```java
public static String show(int puke){
    String s="";
    int value=puke%13;
    switch(value){
        case 12:
            s+="2";break;
        case 11:
            s+="A";break;
        case 10:
            s+="K";break;
        case 9:
            s+="Q";break;
        case 8:
            s+="J";break;
        default:
            s+=(value+3);break;
    }
    switch(puke/13){
        case 0:
            s="黑桃"+s;break;
        case 1:
            s="红心"+s;break;
        case 2:
            s="梅花"+s;break;
        case 3:
            s="方块"+s;break;
        case 4:
            if(puke==52)
                s="小王";
            else
                s="大王";
            break;
    }
    return s;
}
```

函数 compare 用于比较两张扑克牌的大小,因为王牌与其他牌的比较规则不同,使用多分支的 if 结构分为两张牌都不是王牌、两张牌都是王牌、第 1 张是王牌、第 2 张是王

牌 4 种情况进行处理。如果都不是王牌,则又分为第 1 张大、两张一样大、第 1 张小 3 种
情况。其他分析与之类似,在此略过。程序代码如下:

```java
public static int compare(int puke1,int puke2){
    int c1,c2,v1,v2;
    c1=puke1/13;
    c2=puke2/13;
    v1=puke1%13;
    v2=puke2%13;
    if(c1!=4 && c2!=4)
        if(v1> v2)
            return 1;
        else if(v1==v2)
            return 0;
        else
            return -1;
    else if(c1==4 && c2==4)
        if(v1> v2)
            return 1;
        else
            return -1;
    else if(c1==4)
        return 1;
    else
        return -1;
}
```

编写了洗牌程序供 main 函数使用,设计思路见例 5.13,在此不再赘述。程序代码
如下:

```java
public static void shuttle(int[] puke){
    double[] rand;
    rand=new double[54];
    //为扑克牌绑定随机数
    for(int i=0;i<puke.length;i++){
        puke[i]=i;
        rand[i]=Math.random();
    }
    //对随机数进行选择排序,同时调整对应扑克牌的次序
    for(int i=0;i<rand.length-1;i++){
        int minIndex=i;
        for(int j=i+1;j<rand.length;j++)
            if(rand[minIndex]> rand[j])
                minIndex=j;
        double t=rand[i];
```

```
        rand[i]=rand[minIndex];
        rand[minIndex]=t;
        int t2=puke[i];
        puke[i]=puke[minIndex];
        puke[minIndex]=t2;
    }
}
```

编写程序,洗牌后对 54 张牌两两对比,并输出比较结果。

```
public static void main(String[] args) {
    int[] puke;
    puke=new int[54];
    //初始化扑克牌
    for(int i=0;i<puke.length;i++){
        puke[i]=i;
    }
    //调用洗牌函数
    shuttle(puke);

    //对扑克牌进行两两比较
    for(int i=0;i<puke.length;i=i+2){
        int result=compare(puke[i],puke[i+1]);
        if(result==1)
            System.out.println(show(puke[i])+" 比 "+show(puke[i+1])+" 大");
        else if(result==0)
            System.out.println(show(puke[i])+" 与 "+show(puke[i+1])+" 一样大");
        else
            System.out.println(show(puke[i])+" 比 "+show(puke[i+1])+" 小");
    }
}
```

每次运行结果都不相同,下面是某次运行结果的前 16 行:

方块 K 比 梅花 A 小
红心 8 比 黑桃 7 大
黑桃 9 比 方块 6 大
黑桃 8 比 方块 7 大
红心 10 比 方块 5 大
红心 Q 与 方块 Q 一样大
梅花 6 比 方块 10 小
梅花 2 比 红心 6 大
小王 比 梅花 Q 大
梅花 J 比 黑桃 Q 小
梅花 3 比 方块 J 小
黑桃 3 与 方块 3 一样大

梅花 K 比 红心 4 大
方块 8 比 黑桃 10 小
黑桃 A 比 红心 K 大
方块 A 比 黑桃 6 大

◆ 7.8　图形用户界面程序

图形用户界面(Graphical User Interface,GUI)是应用程序提供给用户操作的图形界面,包括窗口、菜单、按钮、工具栏和其他各种屏幕元素,为应用程序提供一个友好的图形化的交互界面。人们使用的应用程序无论是手机还是计算机都提供了图形用户界面的操作系统,所使用的软件也都提供了友好的图形用户界面。使用 NetBeans IDE 可以很容易地创建图形用户界面程序。

例 7.12　使用 NetBeans IDE 创建一个简单的图形用户界面程序,能获取用户的输入信息,并能结束程序的运行。

创建一个新类,在 Categories 中选择 Swing GUI Forms,在右侧 File Types 中选择 JFrame Form,如图 7.13 所示,单击 Next 按钮,输入类名 FirstJFrame,单击 Finish 按钮,出现图 7.14。

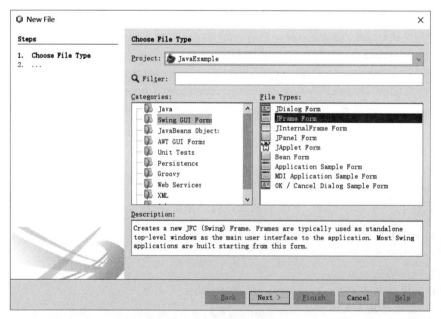

图 7.13　选择文件类型对话框

图 7.14 所示的界面,中间是窗体设计界面,右上是组件面板,首先在 Swing Controls 中单击 Label 组件,将其拖曳(鼠标键按下不抬起,移动到合适位置后再释放鼠标按键)到窗体设计界面中,就可以在其上绘制出 Label 组件;然后单击 Text Field 组件,在刚才的 Label 组件下放置一个 Text Field 组件;最后用同样的方式,在右侧添加两个 Button 组件。

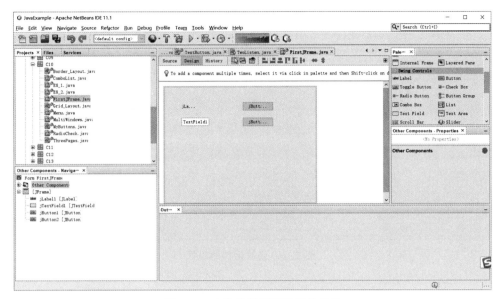

图 7.14　窗体设计界面及组件面板

在窗体设计界面上方的标签中，当前选中的是 Design 选项卡，单击 Source 选项卡，显示代码编辑界面，可以看到系统自动生成了很多程序代码，右击，在弹出的快捷菜单中选择运行文件，显示如图 7.15 所示的程序运行界面。

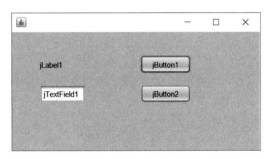

图 7.15　程序运行界面

这就是一个简单的图形用户界面，涉及 4 个组件类，分别是 JFrame（窗体）、JLabel（标签）、JTextField（单行文本框）和 JButton（按钮）。每个组件都有一些属性用来控制组件的显示方式，还有一些方法用来动态地操纵这些组件。

单击 Design 选项卡切换到窗体设计界面，选择 Label 组件，在右侧组件面板下面的属性 Properties 面板中显示选中组件的属性，找到 text 属性，在右侧输入"在此显示"后回车确认，如图 7.16 所示。以同样的方式将 Text Field 组件的 text 属性改为"请输入"，上面 Button 组件的 text 属性改为"显示"，下面 Button 组件的 text 属性改为"关闭"。单击上面 4 个组件之外的窗体部分，然后将窗体的 title 属性改为"你好"。

再次切换到 Source 选项卡下运行程序，各个组件的显示效果如图 7.17 所示。

切换到 Design 选项卡，查看左下角的 Navigator 面板，可发现每个组件都有唯一的变

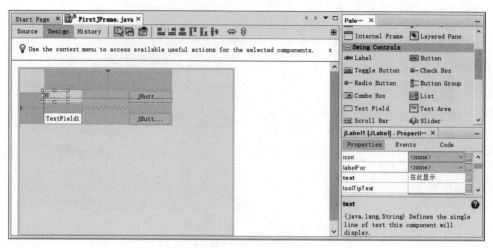

图 7.16　修改组件的属性

图 7.17　修改属性后运行的窗体界面(一)

量名,因为使用默认值,其名称分别为 jLabel1、jTextField1、jButton1、jButton2。变量名可以在属性中的 Code 选项卡中更改为更有意义的名字,为了方便读者模仿操作,本书不对其进行修改,直接使用系统创建的变量名。

下面分别讲解上述 4 类组件的重要属性和方法。

1. JFrame(窗体)类

JFrame 是一个带有边框、标题栏、窗体按钮(最小化、最大化、关闭)的图形容器,能放置其他组件,是图形用户界面开发中最常使用的容器组件。

1) defaultCloseOperation 属性

当用户单击窗体右上角的"关闭"按钮时,此属性设置窗体的响应方式,共 4 种。DO_NOTHING:程序无响应,什么都不做。HIDE:隐藏窗体,并不真正关闭。DISPOSE:关闭窗体。EXIT_ON_CLOSE:结束应用程序,这是默认设置值。

2) title 属性

用于设置窗体标题栏文字。

3) 其他属性

通常每个组件都有几十个属性,从多方面描述组件展示的细节,这些属性将最常用的值设置为默认值,通常无须修改。如想修改某一特定属性值,可查询帮助。

切换到 Source 选项卡查看源代码,打开隐藏的生成代码(generated code,左侧有⊞图标表示有隐藏代码,单击即可显示),在生成代码中,下面两行代码就是设置 defaultCloseOperation 属性(默认,我们没改)和 title 属性后系统生成的相关代码:

```
setDefaultCloseOperation(javax.swing.WindowConstants.EXIT_ON_CLOSE);
setTitle("你好");
```

虽然设置的是属性值,但系统调用了 JFrame 的相应方法完成属性值的设置。注意生成代码由系统自动维护,不要修改代码中的任何内容,否则有可能造成本窗体的设计界面无法使用。

2. JLabel(标签)类

JLabel 类是一个用来显示文本信息的类,该文本信息在运行时不能被用户直接修改。

1) text 属性

设置标签显示的文本字符串。

2) String getText()方法

返回该标签所显示的文本字符串。

3) void setText(String text)

设置该标签所显示的文本字符串。

4) font 属性

设置标签显示文字的字体、字形和字号。

5) horizontalAlignment 属性

设置标签中文本的水平对齐方式。

生成代码中的下面两行就是与标签设置有关的语句:

```
jLabel1 = new javax.swing.JLabel();
jLabel1.setText("在此显示");
```

3. JTextField(单行文本框)类

JTextField 也称文本域,是用来创建允许用户输入单行文本的组件。用户可以通过该组件输入或编辑字符串信息。

1) text 属性、getText 方法、setText 方法、font 属性、horizontalAlignment 属性

这些属性和方法的含义和使用方式与 JLabel 相同。

2) columns 属性

指定该组件预设的显示列数,是一个正整数值,如将 jTextField1 的 columns 属性设置为 20,则该组件的显示宽度就被设置为能直接显示 20 个字符。

3) editable 属性

设置该文本框中的文字是否可以编辑,默认为是,如果设置为否,则在运行时该文本

框中的文本不能被编辑。

生成代码中的下面两行就是与单行文本框设置有关的语句:

```
jTextField1 = new javax.swing.JTextField();
jTextField1.setText("请输入");
```

4. JButton(按钮)类

JButton 是使用最多的一个组件,可以用来创建带有标签的按钮。

1) text 属性、getText 方法、setText 方法、font 属性、horizontalAlignment 属性

这些属性和方法的含义和使用方式与 JLabel 相同。

2) enable 属性

设置组件是否在当前状态下有效,默认是 true,如果设置为 false,则按钮以暗灰色显示,单击按钮没有任何响应。

3) toolTipText 属性

设置按钮的提示文字,当鼠标悬停在按钮上时,鼠标的光标下方出现黄色的提示框,框内显示的是此属性设置的提示文字。

生成代码中的下面四行就是与按钮设置有关的语句:

```
jButton1 = new javax.swing.JButton();
jButton2 = new javax.swing.JButton();
jButton1.setText("显示");
jButton2.setText("关闭");
```

5. 按钮单击事件

在图形用户界面中,当光标位于某个组件上时,单击或按 Enter 键时该组件应该有针对性的反应,这就是事件驱动。在设计窗体中,双击任何组件都会生成针对该组件的最常用的事件代码框架函数,编辑框架函数中的代码即可。

双击设计窗体中的"显示"按钮,光标所在函数就是单击按钮后执行的程序,这个函数是由 IDE 自动生成的。函数如下,函数中的代码是添加的,在程序运行时单击"显示"按钮后该函数代码将会被调用执行。

```
private void jButton1ActionPerformed(java.awt.event.ActionEvent evt) {
    jLabel1.setText(jTextField1.getText());        //添加此行代码
}
```

代码含义为将获得的 jTextField1 组件上的文字设置(显示)在 jLabel1 组件上。用同样的方式为"关闭"按钮添加下面代码:

```
private void jButton2ActionPerformed(java.awt.event.ActionEvent evt) {
    System.exit(0);                                //添加此行代码
}
```

代码含义为结束应用程序的运行,参数也可以是其他整数值,将提供给系统的审计程序,可不予理会。

切换到 Source 选项卡运行程序,在文本框中输入信息(如 Hello World),单击"显示"按钮,程序改变了标签上的文字,界面如图 7.18 所示。

图 7.18 修改属性后运行的窗体界面(二)

输入其他信息测试,然后再单击"关闭"按钮结束程序运行。

◆ 本 章 小 结

1. 程序的模块化可提高程序的可读性和可重用性,函数是使程序模块化的重要结构之一。

2. 在面向对象程序设计语言中,所有写在类中的函数都被称为方法,而 Java 语言要求所有函数都必须写在某个类中,因此 Java 语言中的函数都可被称为方法。

3. 定义函数时要指定修饰符、返回值类型、函数名和参数列表,本章所有函数的修饰符都是 public static。

4. 如果函数没有返回值,则返回值类型应使用关键字 void。

5. 参数列表是指函数中参数的类型、次序和数量,定义函数时参数列表可以为空,也就是说,函数运行不需要参数。

6. 调用一个函数时传递给函数的实际参数应该与函数定义时的形式参数具有相同的数据类型、相同的传递次序和相同的参数数量。

7. 函数中声明的变量是局部变量,其作用域是从声明它的地方开始,到包含这个变量的块结束为止,通常是到该函数结束为止。

8. 实际编写的程序几乎都是图形用户界面程序,NetBeans IDE 自动生成代码功能使得设计图形用户界面程序极为方便。

◆ 概 念 测 试

1. 编写一个判断输入的年是否为闰年的函数,函数定义为 public _____ boolean isLeapYear(_____ year)。

2. 在一个函数中,返回变量 x 的值的语句是_____。

3. 函数 show 有两个 double 类型的参数,没有返回值,函数定义的完整语句为_____。

4. 语句"return（short)10/10.2 * 2;"返回的数据类型是_____。

5. 编写一个判断整数是否为素数的函数 isPrime,其返回值类型应设置为_____类型。

6. 在图形用户界面中,显示文本信息,但不能被选中的组件类是_____(英文名)。

7. 设置 JTextField 组件上的文本信息的方法名是_____。

8. 单击按钮后结束图形用户界面程序,这时应在按钮事件中写入的方法名是 System. _____。

◇ 编 程 实 践

1. 编写 public static boolean isPrime(int n)函数,判断一个整数 n 是否为质数。

2. 编写一个函数 public static String DtoH(int n),将十进制整数 n 转换为十六进制数,十六进制数用字符串存储,其中数字 A～F 用大写字母。

3. 编写一个函数,功能是判断整数是否为互素的,即这两个整数的最大公约数是 1。

4. 编写一个函数,判断两个一维整数数组是否相等：数组中元素的个数相等,并且相同下标的元素存储的数字相同。

5. 编写一个函数,输入字符串,返回的一个新字符串,该字符串中的字符由输入字符串中所有字符由小到大的升序排序组成。

6. 编写一个函数 sort(double []a,int start,int end,boolean ascending=true),实现对下标 start 到 end 的部分数组元素进行排序,ascending 为 true 表示升序排序,ascending 为 false 表示降序排序。

7. 编写一个函数 BiSearch(double x,double []a,int start,int end),用二分查找算法判定数据 x 是否在下标 start 到 end 的数组中,是返回元素位置下标,否则返回−1。

8. 编写程序,按"年-月-日"的形式输入一个 2000—2030 年(不含)的一个日期,计算该日期距 2030 年 10 月 1 日的天数并输出该天数。

9. 编写一个图形用户界面,界面上有 3 个文本框,4 个显示有"＋、－、＊、/"的按钮,在第一、二个文本框中各输入一个数字后,单击某个按钮,第三个文本框中显示相应的计算结果。所有文本框中的数据右对齐,其他组件可按需添加。

10. 编写一个图形用户界面,至少显示一个文本框、一个标签和两个按钮。文本框中输入英文句子后,单击"确定"按钮,标签上显示该句子中单词的个数;单击"关闭"按钮结束程序的运行。其他组件可按需添加。

自 定 义 类

Java 是面向对象程序设计语言,Java 通过类和对象来组织和构建程序。前面编写的所有的程序都存放在某个类中,而且使用了很多系统提供的类,如 System 类、Scanner 类、Math 类、String 类、Random 类等,这些类都包含一些通用的功能。本章学习如何编写类,从而能更好地处理一些特殊的任务。

◆ 8.1 类 的 定 义

因为 Java 语言不允许存在类外代码,有的类只是提供了程序功能和代码的存放位置,之前编写的程序所使用的类就是这样的,从功能角度来说没有什么重大的价值和意义。还有一些类为应用程序提供了更丰富、更强大的数据类型,下面就是学习如何编写这种类。

第 1 章介绍了 Java 中的一些基本数据类型(char、int、double、boolean 等),实际上,这些类型不但占有固定的存储空间(属性),如 int 占 4 字节、double 占 8 字节,而且还规定了针对这些类型的特定运算方式(操作),如可以对 int 和 double 类型做加、减、乘、除运算,只应该对整数做取余运算等。

例如,已知 x=5,y=2,那么 x/y 的值是多少? 实际上其值是不确定的,如果变量 x 和 y 都是 int 类型,答案是 2,而如果 x 或 y 中只要有一个变量是实数类型,答案是 2.5。同样的语句,变量的数据类型不同造成了运算结果的不同。所以数据类型既包含了属性,也包含了对数据的操作方式。

编写实际程序仅靠系统提供的基本数据类型是远远不够的。对于经常用的日期来说,如果分别用 3 个整数类型表示年、月、日,年可以说用负数代表公元前;可是月不但用不到负数,0 和超过 12 的数字都是不合法的;日更加烦琐,并不是 1~31 的数字就是合理的,对于 4 月数字 31 是不合理的,对于 2 月则连数字 30 都是不合理的。实际程序设计中这些特殊的数据类型是极其多的,类的主要功能就是用来定义这些独特的数据类型。

类是一种复杂的数据类型,它是将数据和与数据相关的操作封装在一起的集合体。类是普通数据类型的扩展,它不但包含数据(属性),还包含了对数据进行操作的方法(函数)。

对象是类的实例,当程序运行时,对象占用内存单元。对象与类的关系就像变量与数据类型的关系一样。

例如,如果把学生看成是一个抽象的类,每个具体的学生,就是学生类中的一个实例,即一个对象,每个人的学号、姓名、年龄、身高、体重等特征可作为学生类中的属性,吃饭、走路、学习等行为可作为学生类的方法。

1. 类的声明格式

Java 类的定义格式分为两部分:类声明和类主体。其格式如下:

```
<类声明>
{
    <成员变量的声明>
    <成员方法的声明及实现>
}
```

类声明中包括关键字 class、类名,类名的首字母应大写。一对花括号中是类的主体,包括成员变量的声明以及成员方法的声明及实现两部分。

2. 声明成员变量

Java 类的属性用成员变量来表示。声明成员变量必须给出变量名及其所属的类型,同时还可以指定其他特性。声明格式如下:

```
[<修饰符>]<变量类型> <变量名>
```

第 7 章函数介绍的全局变量实际上就是成员变量的一种。

3. 声明成员方法

类的行为由它的方法实现,其他对象可以调用对象的方法得到该对象的服务。第 7 章学习的函数就是一种特殊类型的方法,去掉 static 修饰符的函数就是最常见的成员方法。

例 8.1　设计一个屏幕上的点(Point)类。其属性:点在屏幕上的二维坐标,点的大小、点的颜色;其方法:显示点、隐藏点、移动点的位置。类定义如下:

```
class Point
{
    int x,y;              //点的横坐标和纵坐标
    int width=1;          //数值 1~5 代表由细到粗
    int color=6;          //数值 0~6 对应彩虹颜色,分别代表红色、橙色、黄色、绿色、青色、蓝
                          //  色、紫色
    //显示方法,以输出信息代表显示
    void show(){
        System.out.print("在屏幕上坐标("+x+","+y+")显示当前点,");
        System.out.println("点的大小为"+width+"颜色为"+showColor());
    }
```

```
    //隐藏方法,以输出信息代表隐藏
    void hide(){
        System.out.println("隐藏坐标("+x+","+y+")点");
    }
    //x1 和 y1 分别是水平和垂直方向移动的值
    void move(int x1,int y1){
        x+=x1;
        y+=y1;
        System.out.println("移动当前点到坐标("+x+","+y+")处");
    }
    //显示颜色方法,协助 show 方法输出信息
    String showColor() {
        switch(color){
            case 0:return "红色";
            case 1:return "橙色";
            case 2:return "黄色";
            case 3:return "绿色";
            case 4:return "青色";
            case 5:return "蓝色";
            case 6:return "紫色";
        }
        return "其他颜色";
    }
}
```

类名为 Point,包含 4 个 int 类型的成员变量,定义方式与编写程序时的定义方式相同。类中定义了 4 个成员方法,定义和调用方式与编写函数一致,第 7 章编写的函数就是带有特殊修饰符(public static)的方法,至于这两个修饰符后面会有详细讲解。

8.2　对象的创建和使用

定义了类之后,就可以在程序中使用该类型的对象了。其使用方式是首先定义该类类型的变量,然后使用 new 关键字创建该类的对象。一旦定义并创建了对象,就可以使用"."运算符访问其成员变量和成员方法。通常使用的格式如下:

对象名.成员变量名
对象名.成员方法名([<参数列表>])

Java 中用类定义的对象变量名中存放引用类型,引用类型是指该类型的标识符中存储的是该类某个具体对象的首地址。在没有用 new 关键字创建实际对象并将其引用赋予对象变量名之前,对象变量名中存放的值为 null,不允许访问其属性和方法。

例 8.2　类的实例化及对象中属性和方法的使用示例。

```
public class PointTest {
```

```
        public static void main(String[] args) {
            //定义两个 Point 类型变量
            Point p1,p2;
            //创建一个 Point 类型对象赋予变量 p1
            p1=new Point();
            //访问数据成员变量
            p1.x=100;
            p1.y=200;
            //访问成员方法
            p1.show();
            p1.move(20, 20);
            p1.hide();
            //创建一个 Point 类型对象赋予变量 p2
            p2=new Point();
            p2.width=2;
            p2.color=0;
            p2.show();
        }
}
class Point
{
    //Point 类的类体,具体内容见例 8.1,此处省略
}
```

程序运行结果如下:

在屏幕上坐标(100,200)显示当前点,点的大小为 1 颜色为紫色

移动当前点到坐标(120,220)处

隐藏坐标(120,220)点

在屏幕上坐标(0,0)显示当前点,点的大小为 2 颜色为红色

TestPoint 类是 public 类型的,它所在的源文件必须是 TestPoint.java,而上面编写的 Point 类可以直接放在 TestPoint.java 文件中,也可以放在同目录下的任何 Java 文件中,本书采用前一种方式放置 Point 类,注意 Point 类应写在 TestPoint 类外面,它们的关系是并列的。

可以看到,定义了 Point 类的对象变量后,必须使用 new 关键字创建对象后才能访问成员变量,否则会出现编译错误。如果没给成员变量赋初值,系统将自动将其设置为 0(对于非数值类型设置成相当于数字 0 的值,如 boolean 类型设置为 false,String 类型设置为空白字符串)。

程序中创建的任何一个对象都应该有某一对象变量存放它的引用地址,如上面创建的两个 Point 类型的对象的引用地址分别存放在对象变量 p1 和 p2 中。如果没有任何变量存放某一个对象的引用地址,则 Java 虚拟机中的垃圾收集器会择机自动销毁该对象,释放其占用的存储空间。

在 Java 中,如果是同一个类的变量,它们之间可以互相赋值,赋值时复制过去的是引用地址,实际上是一种地址传递。如图 8.1 所示,是例 8.2 执行到最后一条语句时对象变量 p1、p2 的存储状态,p1 中存储的是某一 Point 对象的首地址 M1,p2 存储的是另一个 Point 对象的首地址 M2,如果有语句"p1=p2;",则 p1 中存储的地址值变为 M2,p1、p2 都存放 M2 处对象的引用地址,而 M1 处对象的引用地址没有任何对象变量存储,如果程序继续执行下去,在某一不确定时刻,Java 虚拟机中的垃圾收集器会自动销毁位于 M1 处的 Point 类的对象。

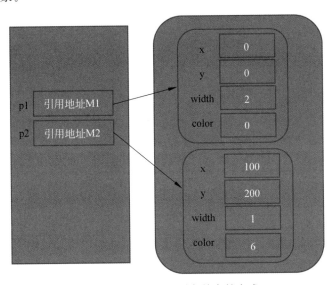

图 8.1　对象变量和对象的存储方式

◈ 8.3　方法的重载

在 Java 的同一个类中可以编写多个名字相同的方法,这些同名方法之间构成方法的重载(overloaded)关系。在完成同一功能时,可能遇到不同的具体情况,所以需要定义针对不同情况的不同方法,这些方法的具体实现代码可能不一样,但它们的名称是相同的。例如,经常使用的、用于信息输出的 println 就是一个重载方法。显然人们需要信息输出的功能,而信息输出是一个很广泛的概念,对应的具体情况和操作有多种,如针对整数的输出、针对实数的输出、针对字符的输出、针对字符串的输出等,甚至还要考虑针对新创建类的对象的输出(例如,8.1 节编写的 Point 类,也可以输出信息)。为了使信息输出功能完整,实际上就使用方法重载定义了若干名字都叫作 println 的方法,每个方法用来完成一种不同于其他方法的具体信息输出操作。如图 8.2 所示,就是 NetBeans 中输入 println 时代码提示中显示的针对不同数据类型的 println 部分重载方法。

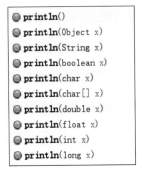

图 8.2　println 部分重载方法

当一个重载方法被调用时,Java 编译器会根据参数的类型、参数的数量、参数的顺序来实际调用某个重载方法。因此,每个重载方法的参数的类型、参数的数量或者参数的顺序至少有一个是不同的,方法返回值的类型与方法的重载无关。

例 8.3 创建一个描述复数的类。其属性:复数的实部和虚部;其方法:复数的显示、复数加法。

根据前面的学习,可能编写出下述代码:

```java
class Fushu
{
    double shi,xu;
    void show(){
        if(shi!=0&&xu!=0)
            System.out.println(shi+"+"+xu+"i");
        else if(xu==0)
            System.out.println(shi);
        else
            System.out.println(xu+"i");
    }
    void add(double x,double y){
        shi=shi+x;
        xu=xu+y;
    }
}
```

在代码中定义了复数类(Fushu),使用 double 类型定义其实部和虚部;show 方法根据实部和虚部是否为 0,调整复数输出的方式,处理得很好;但复数的 add 方法在编写上存在一些问题。

下面对其中的复数的 add 方法进行一下细致的分析:第一,既然定义了复数类型,那么复数的加法应该是两个复数的和,而不应该是复数加上两个实数;第二,两个复数的和的计算结果应该是一个复数,而且应该是一个新的复数,不应该改变当前复数的值,这就像计算两个整数的和一样;第三,因为复数是实数的进一步的扩展,所以一个复数加上一个实数也是一种合理的加法计算。修改后的程序代码如下:

```java
class Fushu
{
    double shi,xu;
    void show(){
        if(shi!=0&&xu!=0)
            System.out.println(shi+"+"+xu+"i");
        else if(xu==0)
            System.out.println(shi);
        else
            System.out.println(xu+"i");
```

```
        }
    Fushu add(Fushu f){
        Fushu fs=new Fushu();
        fs.shi=shi+f.shi;
        fs.xu=xu+f.xu;
        return fs;
    }
    Fushu add(double d){
        Fushu fs=new Fushu();
        fs.shi=shi+d;
        fs.xu=xu;
        return fs;
    }
}
```

上述代码编写了两个复数加法方法：一个是复数加复数；另一个是复数加实数。这两个方法的函数名相同而参数的类型不同，它们就是一对重载方法。在编写面向对象的程序时，因为一定要通过某个对象来调用方法，所以当前对象就应该是运算的参与者，因此只需要传入另一个参与运算的对象即可。

编写测试类 FushuTest 对 Fushu 类进行测试。程序代码如下：

```
public class FushuTest {
    public static void main(String[] args) {
        Fushu f1,f2,f3;
        f1=new Fushu();
        f1.shi=0;
        f1.xu=3;
        f1.show();                  //测试 show 方法,实部为 0
        f2=new Fushu();
        f2.shi=3;
        f2.xu=0;
        f2.show();                  //测试 show 方法,虚部为 0
        f3=f1.add(f2);              //测试复数+复数
        f3.show();                  //测试 show 方法,实部、虚部都不为 0
        f3=f1.add(2);              //测试复数+实数
        f3.show();
    }
}
```

程序运行结果如下：

```
3.0i
3.0
3.0+3.0i
2.0+3.0i
```

需要注意的是,在编写测试程序时,每个功能都应执行到,查看程序的输出可以发现,两个同名的 add 方法都正确执行了。如果在不支持方法重载的语言中,只能定义两个不同名的函数,如 addFushu 和 addDouble,与之对比,显然用方法的重载实现更为方便合理。

另外,需要注意重载方法要求方法名相同,参数列表不同(可区分),而对返回值没有要求。当然这只是从语法角度来说的,编写方法名相同而返回值不同的代码通常是不好的。

◇ 8.4　构　造　方　法

在 8.3 节的复数程序的编写中,在创建复数对象后要设置它的实部和虚部,显然任何一个复数对象都应进行这样的设置,对于这种创建对象时就应该执行的属性设置工作,Java 提供了一种特殊的方法来实现此功能,这就是构造方法。

构造方法也称构造函数,其功能是用来对对象进行初始化操作。它本身是一种特殊的方法,构造方法的名字必须和类名完全相同,并且没有返回值,甚至连表示无返回值的空类型(void)也没有,也就是在返回值的位置上什么都不写,该方法仅在创建对象时,由 new 关键字自动调用执行。

一般而言,每个类都至少有一个构造方法。如果程序员没有为类定义构造方法,Java 编译器会自动为该类生成一个默认的构造方法。默认构造方法的参数列表及方法体都为空,其功能是将所有未设定初始值的成员变量设置为 0(或相当于 0 的值)。在程序中,当使用 new Xxx() 的形式来创建对象实例时,就是调用了默认构造方法,Xxx 表示类名。例如,使用 new Fushu() 语句调用的就是 Java 编译器自动创建的默认构造方法。需要特别注意的是,如果程序员定义了一个或多个构造方法,编译器就不会创建默认的构造方法了。

例 8.4　带有构造方法的测试类 FushuTest 及复数类 Fushu。

```java
public class FushuTest {
    public static void main(String[] args) {
        Fushu f1, f2, f3;
        f1=new Fushu();            //测试不带参数的构造方法,即默认构造方法
        f1=new Fushu(0,3);         //测试带参数的构造方法
        f1.show();                 //测试 show 方法,实部为 0
        f2=new Fushu(3,0);
        f2.show();                 //测试 show 方法,虚部为 0
        f3=f1.add(f2);             //测试复数+复数
        f3.show();                 //测试 show 方法,实部、虚部都不为 0
        f3=f1.add(2);              //测试复数+实数
        f3.show();
    }
}
```

```
class Fushu
{
    double shi,xu;
    Fushu(double shi,double xu){
        this.shi=shi;                  //this 代表当前对象
        this.xu=xu;
    }
    Fushu(){
        shi=0;
        xu=0;
    }
    void show(){
        if(shi!=0&&xu!=0)
            System.out.println(shi+"+"+xu+"i");
        else if(xu==0)
            System.out.println(shi);
        else
            System.out.println(xu+"i");
    }
    Fushu add(Fushu f){
        return new Fushu(shi+f.shi,xu+f.xu);
    }
    Fushu add(double d){
        return new Fushu(shi+d,xu);
    }
}
```

　　程序中编写了一个带参数的构造方法,有时因为在编写的方法中使用的局部变量与类中的成员变量同名,这时如果只写变量名访问的就是本方法中的变量,如果想访问成员变量,可使用 this 关键字,this 代表当前对象,因此语句"this.shi＝shi;"的含义是当前对象的 shi 成员变量的值等于当前方法中变量 shi 的值。

　　在程序中重载了一个不带参数的构造方法,通常情况下除非出于特殊的需要,只要编写了带参数的构造方法,都应编写一个不带参数的构造方法——默认构造方法。由于带参数的构造方法的存在,两个 add 方法也可以写得更简洁一些。

◈ 8.5 类的封装性

1. 封装的意义

　　在类和方法之前经常会看到关键字 public,在编写的图形用户界面的程序中,使用设计器生成的组件变量前都有修饰符 private,这都是与封装性有关的关键字。

　　封装性是面向对象的核心特征之一(另外两个是继承性和多态性),它是一种信息隐藏技术。生活中实际使用的对象（物品）有可能是极其复杂的，如手机、电视等，为了不给普通的使用者带来困扰，就只暴露出用户应该掌握的部分，用户只需要掌握简单的开关、面板之类的操作就可以使用了，那些未暴露出来的部分就称为被封装了。例如，手机、电视是如何接收和发送信号的、如何将信号转换为声音或视频的部件就被封装了。就像生活中实际使用的对象一样，编写的对象也可以通过封装的方式以避免将内部复杂的处理暴露给用户，或者用来控制用户访问的合理性。

例如，8.1 节编写的 Point 类有颜色（color）和大小（width）属性，显然它们的值应该有一定的范围约束，如颜色的值为 0～6，大小的值为 1～5。在没对这两个属性进行封装之前，由于可以直接访问到这两个属性，如图 8.3 所示，就可能写出 p1.width＝10 这样的语句（p1 为 Point 类型变量），从而将 width 设定为一个不合理的值（甚至是一个负数）。如果使用了数据封装技术，让程序必须通过调用方法 setWidth 才能更改 width 的值，就可以在函数中对新值进行范围检查，只有检查通过的值才能设置给 width，这样就保证了该数据设置的合理性。颜色值的设定也需要通过封装的方法才能保证其值一定位于 0～6。

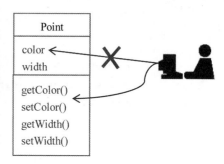

图 8.3　数据的封装

2. 类所存在的位置

类中属性和方法的封装性与类所在的位置有关。在前面编写的程序中，创建类的前面都有一个 package 语句，表明类位于哪个包中。包是 Java 提供的文件组织方式，一个包对应一个文件夹（或类似于文件夹组织形式的压缩文件），一个包中可以包括很多类文件，包中还可以有子包，形成包的等级。

Java 把类文件存放在不同等级的包中。语句"package edu;"表示当前文件中创建的类存放在 edu 包中，语句"package edu.neu;"表示当前文件中创建的类存放在 edu 包的子包 neu 中。

需要注意的是，在一个 Java 文件中，只允许出现一个 package 语句，并且要写在文件的最上方。包相同的类的源文件无论是写在一个 Java 源文件中，还是写在多个 Java 源文件中，编译后每个类都被编译成一个扩展名为 class 的字节码文件，它们都存放在同一个包中。

一个包中的类要访问其他包中的类时，必须在类名前写上该类所在的包名（GUI 中自动生成的代码都是如此），或者使用 import 语句导入该包中的类，使用 Scanner 类，就要导入 util 包（import java.util. * ;），或者每次使用都要完整地写成 java.util.Scanner。

3. 封装的关键字

在类中的属性和方法前使用不同的关键字对应着不同的封装效果，与封装有关的关键字有 public、protected、private 3 个，再加上缺省共 4 种情况，protected 关键字的含义将在 11.3 节讲解，下面给出其他 3 种情况的含义。

1）public

使用 public 关键字修饰的属性和方法表明不对其进行访问限制，在其他的类中创建本类的对象后，可以直接访问这些属性和方法。当希望有更多的程序使用我们编写的属性和方法时，应将其定义为 public，例如，经常使用的 Scanner 类、String 类等这些系统提供的类中的方法都被定义为 public。

2）private

用 private 修饰的属性和方法只能被该类自身中的方法访问，而不能被其他任何类访问，使用它可以对属性和方法进行完全的封装。对方法进行这样的封装就是不希望外部能访问该方法，而对属性进行这样的封装通常都是要保证该属性的安全性和合理性，因此通常应提供相应的获取该属性值的方法和设置该属性值的方法，称为存取器（Getter/Setter）。

3）缺省（default，不使用关键字）

在之前编写的类中，其属性和方法都没有使用访问控制关键字，这种情况下的访问控制与 public 相比略窄，它规定只能被同一个包中的类访问，而不能被其他包中的类使用。当不确定应该使用哪个访问控制关键字时，缺省即可。

4. 使用 NetBeans IDE 进行数据的封装

例 8.5　使用 NetBeans IDE 封装 Point 类的 width 属性。

将鼠标置于 Point 类中右击，在弹出的快捷菜单中选择 Refactor → Encapsulate Fields 命令，显示如图 8.4 所示的 NetBeans IDE 封装属性对话框。

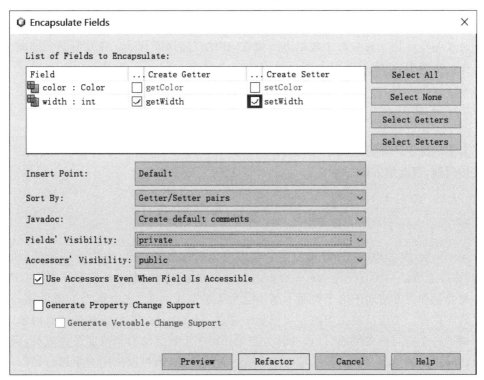

图 8.4　NetBeans IDE 的封装属性对话框

选中 width 属性旁的两个复选框,单击 Refactor 按钮,NetBeans IDE 自动将 width 属性改为 private,并生成了用 set 和 get 开头的设置和获取该属性值的方法。程序代码如下:

```
class Point{
    /**此处省略了其他代码行**/
    private int width;
    public int getWidth() {
        return width;
    }
    public void setWidth(int aWidth) {
        width = aWidth;
    }
}
```

这两个方法被称为属性的存取器,NetBeans IDE 也会自动将程序中直接访问 width 属性的代码用上述两个方法替换,以保持程序的正确执行,这比手动编写代码要方便得多。

修改 setWidth 方法如下:

```
public void setWidth(int aWidth) {
    if(aWidth> =1 && aWidth<=5)
        width = aWidth;
}
```

通过编写 if 语句对参数中数据进行检查,程序将能保证 width 属性值的合理性。

在一个类中,非常希望别人访问的方法应声明为 public,不想被使用"."方式直接访问的属性应声明为 private,而 private 属性大多同时拥有存取器。例如,在编写图形用户界面程序中,使用 getText 方法获取 text 属性值,使用 setText 方法更改 text 属性值,显然这两个方法就是组件封装 text 属性的存取器。

通常情况下,类的属性都应该被封装,因此用 private 修饰;类的方法都希望能尽可能地被访问到,因此用 public 修饰。

◆ 8.6 类变量与类方法

在一个类中,使用 static 修饰的变量和方法分别称为类变量(或称静态变量)和类方法(或称静态方法),没有使用 static 修饰的变量和方法分别称为实例变量和实例方法。

类变量和类方法属于这个类而不属于这个类的某个对象,它由这个类所创建的所有对象共同拥有。类成员仅在类的存储单元中存在,而在由这个类所创建的所有对象中,只是存储了一个指向该成员的引用。因此,如果任何一个该类的对象改变了类成员,则其他对象访问得到的是改变后的数据。对于类变量和类方法,既可以使用对象进行访问,也可以使用类名直接进行访问,并且在类方法中只能访问类变量和其他类方法,而不能访问实例变量和实例方法。

　　实例变量由每个对象个体独有,每个对象的存储空间中有一块独立的空间用来存储该变量。不同的对象之间,它们的实例变量相互独立,任何一个对象改变了自己的实例变量,只会影响这个对象本身,而不会影响其他对象。对于实例变量,只能通过对象来访问,不能通过类名进行访问。在实例方法中,既可以访问实例变量和实例方法,也可以访问类变量和类方法。

　　例 8.6　类变量和类方法示例。创建一个新类 PointTestStatic,在 8.2 节编写的 Point 类基础上修改程序。

　　在 8.2 节编写的 Point 类中,假定想用一个变量存储当前屏幕上已创建的点的数量,就可以使用一个类变量存储这一数据,因为它与 Point 类相关,与具体的某个 Point 类的对象无关。可以在 Point 类中添加"static int count;"语句添加一个类变量,在 PointTestStatic 测试类中,添加与类变量测试有关的测试语句如下:

```java
public class PointTestStatic {
    public static void main(String[] args) {
        //定义两个 Point 类型变量
        Point p1,p2;
        p1=new Point(100,200);
        //两种方式访问类变量
        System.out.println(p1.count+","+Point.count);
        p2=new Point(30,50);
        System.out.println(p2.count+","+Point.count);
        //两种方式访问类方法
        p2.print();
        Point.print();
    }
}
class Point
{
    int x,y;                    //点的横坐标和纵坐标
    int width=1;                //数值 1~5 代表由细到粗
    int color=6;                //数值 0~6 对应彩虹颜色
    static int count=0;
    //构造方法,构造时 count 值增 1
    Point(int x,int y){
        this.x=x;
        this.y=y;
        count++;
    }
    static void print(){
        System.out.println("屏幕上共有"+count+"个点,");
        //测试用,类方法不能直接访问实例变量
        //System.out.print("当前点坐标为("+x+","+y+")");
```

```
    }
        //其他方法在此省略
}
```

虽然有两种方式访问类成员(类变量和类方法),但显然用类名直接访问类成员的方式可读性更好,更能体现类成员属于类,而不属于某一单一对象这一特性。程序的 main 方法就是一个类方法,可以通过类名直接调用,Math 类中的数学函数也都是类方法。

◇ 8.7 字体、颜色、图片显示

1. Font(字体)类

如果需要使用程序控制组件上的字体,就需要使用 java.awt.Font 类。Font 类用来定义文字的字体、字形和字号。字体是指字体名称,如中文字体的宋体、隶书等,英文字体的 Times New Roman 等;字形是指字体风格,如粗体、斜体等;字号是指字体大小,以像素为单位。

1) 创建字体对象

可以使用构造方法创建一个新的字体对象,也可以使用 GUI 组件的 getFont 方法获得当前组件使用的字体对象。

创建字体对象常用以下两种构造方法之一。

Font(Font font),根据已知字体对象创建一个新 Font 对象。

Font(String name, int style, int size),指定字体名称、字体风格和字号大小,创建一个 Font 对象。字体风格可以使用类变量 BOLD、ITALIC 和 PLAIN 来设定,以增加程序的可读性。

2) Font 类常用方法

获得字体对象后,常用表 8.1 中 Font 类的方法得到或判断当前对象的字体、字形和字号等具体信息。

表 8.1 Font 类的常用方法

方　　法	功　能　描　述
String getFontName()	返回此字体名称
int getStyle()	返回此字体风格
int getSize()	返回字号
boolean isBold()	判断字体对象的样式是否为 BOLD
boolean isItalic()	判断字体对象的样式是否为 ITALIC
boolean isPlain()	判断字体对象的样式是否为 PLAIN

2. Color(颜色)类

java.awt.Color 类用来设置文本或图形的颜色。要设置文本或图形的颜色,可先创建

Color 对象,更常用的是直接使用类中定义的常用颜色类变量来定义颜色。

Color 类中定义了一些用于表示颜色的常量(类变量),例如:

static Color black	黑色
static Color blue	蓝色
static Color green	绿色
static Color red	红色
static Color white	白色

Color 类中还有很多用于表示颜色的常量,并且表示颜色的单词大小写均可以。如设定颜色为黑色,可以用 Color.black,也可以用 Color.BLACK。

例 8.7　设置和改变文字字体和文字颜色示例。

新建一个基于 JFrame Form 容器的新类 NewJFrame,放置一个 JLabel 组件和 4 个 JButton 组件,修改组件的 text 属性,设计界面如图 8.5 所示。

图 8.5　设置字体和颜色示例的设计界面

先在源代码界面中的类前面添加"import java.awt. ＊ ;"语句,然后在设计界面中双击"楷体"按钮。程序代码如下:

```
private void jButton1ActionPerformed(java.awt.event.ActionEvent evt) {
    Font f=jLabel1.getFont();
    Font nf=new Font("楷体",Font.PLAIN,f.getSize()+2);
    jLabel1.setFont(nf);
}
```

"宋体"按钮对应代码如下:

```
Font f=jLabel1.getFont();
Font nf=new Font("宋体",Font.PLAIN,f.getSize()+2);
jLabel1.setFont(nf);
```

"红色"按钮对应代码如下:

```
jLabel1.setForeground(Color.red);
```

"黄色"按钮对应代码如下:

```
jLabel1.setForeground(Color.yellow);
```

运行程序,观测程序运行效果。

3. 图片显示

在 Java 中有多种方式可以显示一幅图片,如果只需要整体使用一幅图片,特别是如果需要知道用户是否单击了该图片,使用标签组件显示图片是一个非常好的选择。

1) 建立图片文件夹

对于程序需要使用的图片,为了保证其存在(在任何计算机上都能正常显示),通常会将其与编写的程序绑定在一起。在项目的源文件包 Source Packages 下面新建一个文件夹(Folder),命名为 image,将所需要的图片文件存放在此文件夹下面。注意:文件名不要有汉字和空格。

2) 设置组件的 icon 属性

许多组件都有一个 icon 属性,用于设置显示在该组件上的图片(通常是图标),图片会与 text 属性设置的文字同时显示。

例 8.8 设置图片和动态改变图片显示示例。

新建一个 LabelImage 类,放置一个 JLabel 组件,选择组件的 icon 属性,单击该属性右侧的 ... 按钮,在弹出的 icon 属性设定对话框中,选择 Package 为 image,选择 File 为一个图片名(本例中为 10.jpg),如图 8.6 所示。

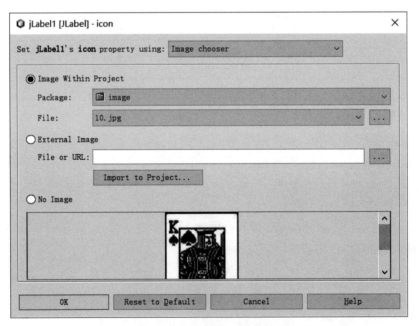

图 8.6 icon 属性设定对话框

单击 OK 按钮,清空 text 属性中的文本信息。运行程序,标签组件中显示了选择的图片。下面在设计界面中添加一个按钮,单击按钮动态显示一幅图片在标签上。

切换到源代码界面,找到与图片显示有关的代码(可以通过图片文件名进行查找),复制此行代码到按钮事件中,将其中的图片名改为另一个图片名,如将 10.jpg 改为 20.jpg。程序代码如下:

```
private void jButton1ActionPerformed(java.awt.event.ActionEvent evt) {
    jLabel1.setIcon(new javax.swing.ImageIcon(getClass().getResource("/
image/20.jpg")));
}
```

运行程序,单击按钮,原图片被新的图片所替代。

◆ 8.8　程序设计实例

例 8.9　编写三维空间的一个点类 Point3D,有整数类型属性 x、y、z,其取值范围为 $-2000 \sim 2000$;有显示 show 方法和隐藏 hide 方法,其内容象征性输出字符串信息即可;有 toString 方法,返回(x, y, z)内容的字符串;有计算两个点之间距离的 getDistance 方法;有 move 方法,可以将点在 x、y、z 轴方向分别移动 dx、dy、dz 距离。

解题思路:通常情况下我们定义的类都是 public,这样会便于访问。对属性一旦有所限定,其必然是 private,这样可在修改属性时进行范围检查以保证属性值处于限定范围。private 修饰的属性通常都应该提供存取器,使用 NetBeans IDE 提供的封装工具能较快生成相关的存取器代码。程序代码如下:

```
public class Point3D {
    private int x;
    private int y;
    private int z;

    public int getX() {
        return x;
    }
    public void setX(int x) {
        if(x>=-2000 && x<=2000)
            this.x = x;
    }
    public int getY() {
        return y;
    }
    public void setY(int y) {
        if(y>=-2000 && y<=2000)
            this.y = y;
    }
    public int getZ() {
        return z;
```

```
    }
    public void setZ(int z) {
        if(z> =-2000 && z<=2000)
            this.z = z;
    }
}
```

方法通常是 public，因为在多数情况下显然希望更方便访问。由于我们并不清楚到底如何显示和隐藏点，因此只象征性输出函数的信息，正常情况下类中不应有输出语句。类中通常会编写 toString 提供对象的字符串描述信息，这一信息会被 print 或 println 方法自动调用，具体缘由第 11 章继承部分有介绍。方法相关代码如下：

```
public void show(){
    System.out.println("show 方法");
}
public void hide(){
    System.out.println("hide 方法");
}
public String toString(){
    return "( "+x+", "+y+", "+z+" )";
}
```

编写涉及两个 Point3D 类型对象的 getDistance 方法时，应注意只需要一个参数，因为在调用时已经存在一个对象了（当前对象）。也可以提供带两个参数的方法（这种情况较少），这时应注意其应该是类方法，带有 static 修饰符。相关代码如下：

```
public double getDistance(Point3D p) {
    return Math.sqrt((x-p.x) * (x-p.x)+(y-p.y) * (y-p.y)+(z-p.z) * (z-p.z));
}
/ *
public static double getDistance(Point3D p1,Point3D p2){
    return Math.sqrt((p1.x-p2.x) * (p1.x-p2.x)+(p1.y-p2.y) * (p1.y-p2.y)+(p1.z
-p2.z) * (p1.z-p2.z));
}
 * /
```

编写涉及属性值改变的方法（move 方法）时，应检查修改后的数值是否符合属性值的范围要求并进行相应处理，本例是发现任何不符合要求的值就不做任何改变。程序代码如下：

```
public void move(int dx,int dy,int dz){
    int x1,y1,z1;
    x1=x+dx;
    y1=y+dy;
    z1=z+dz;
    if(x1<-2000 || x1> 2000)
```

```
        return;
    if(y1<-2000 || y1> 2000)
        return;
    if(z1<-2000 || z1> 2000)
        return;
    x=x1;y=y1;z=z1;
}
```

例 8.10　在第 7 章扑克牌程序的基础上,编写排序 sort 函数,能对给定张数扑克牌按斗地主牌值规则排序,牌值相同按花色排序。编写程序,按斗地主规则抓牌,假定玩家二是地主,排序后显示 3 个玩家的扑克牌。

解题思路:排序函数算法参照第 6 章。由于扑克牌数目不固定,农民 17 张,地主 20 张,因此排序算法传递两个参数:一个是存储扑克牌的 int 数组,另一个是参与排序的元素个数。程序代码如下:

```
public static void sort(int[] puke,int n){
    for(int i=0;i<n-1;i++){
        int maxIndex=i;
        for(int j=i+1;j<n;j++)
            if(puke[maxIndex]<52 && puke[j]<52){
                if(puke[maxIndex]%13 < puke[j]%13)
                    maxIndex=j;
                else if(puke[maxIndex]%13 == puke[j]%13)
                    if(puke[maxIndex] > puke[j])
                        maxIndex=j;
            }else if(puke[maxIndex] < puke[j])
                maxIndex=j;
        int t=puke[i];
        puke[i]=puke[maxIndex];
        puke[maxIndex]=t;
    }
}
```

编写的 main 函数中,先洗牌,然后抓牌:前 17 张牌给玩家一,接着的 17 张牌给玩家二,然后的 17 张牌给玩家三;根据题目要求底牌给玩家二;分别为每个玩家的牌排序后输出每人手中的牌。

```
public static void main(String[] args) {
    //一副扑克牌,3 个玩家,玩家当前牌数
    int[] puke;
    int[][] player;
    int[] cardCount={17,20,17};
    int i,j;
    puke=new int[54];
    //初始化扑克牌
```

```
    for(i=0;i<puke.length;i++){
        puke[i]=i;
    }
    //调用洗牌函数
    shuttle(puke);

    //3个玩家的牌
    player=new int[3][20];
    for(i=0;i<51;i++)
        player[i/17][i%17]=puke[i];
    //底牌给第二个玩家
    for(i=51,j=17;i<54;i++,j++)
        player[1][j]=puke[i];

    //对每个玩家手中的牌排序
    for(i=0;i<3;i++)
        sort(player[i],cardCount[i]);

    //输出每个玩家的牌
    for(i=0;i<3;i++){
        for(j=0;j<cardCount[i];j++)
            System.out.print(show(player[i][j])+"\t");
        System.out.println();
    }
}
```

以下是某次运行结果：

大王　方块 2　红心 A　方块 K　黑桃 Q　红心 Q　方块 J　黑桃 9　梅花 9　方块 9
方块 8　黑桃 6　梅花 6　红心 5　方块 4　黑桃 3　方块 3

黑桃 2　红心 2　黑桃 A　红心 K　梅花 K　梅花 Q　红心 J　黑桃 10　红心 8
梅花 8　黑桃 7　梅花 7　方块 7　红心 6　梅花 5　方块 5　红心 4　梅花 4
红心 3　梅花 3

小王　梅花 2　梅花 A　方块 A　黑桃 K　方块 Q　黑桃 J　梅花 J　红心 10　梅花 10
方块 10　红心 9　黑桃 8　红心 7　方块 6　黑桃 5　黑桃 4

◆ 本 章 小 结

1. 类用于构造各种复杂的数据类型，定义了该类型的特征(属性)和可用的操作(方法)。

2. 类声明的变量中存放的是该类对象的引用地址，在没有赋予实际对象的引用地址之前，其值为 null。

3. 对象是类的一个实例,使用 new 关键字创建对象,使用点操作符访问对象的属性和方法。

4. 构造方法是一种特殊的方法,只在创建对象时被自动调用。

5. this 关键字代表当前对象。

6. 不同于普通的实例属性和实例方法,类属性和类方法是属于类的,描述的是类的整体,不属于任何一个对象。

7. 通常情况下类的属性是 private,并带有相应的存取器,类的方法是 public。

8. 方法的重载是指方法名相同、参数列表不同的方法。

9. 字体和颜色存在 awt 包中,使用前注意添加 import 语句。

◆ 概 念 测 试

1. 定义类方法必须使用的关键字是＿＿＿＿＿＿。

2. 方法的重载是指＿＿＿＿＿＿相同、＿＿＿＿＿＿列表不同的方法,与方法的＿＿＿＿＿＿无关。

3. 有二维实数平面上的一个点类 Point2D,其默认构造方法的定义应写为＿＿＿＿＿＿(不包含方法体),其包含两个实数参数的构造方法的定义应写为＿＿＿＿＿＿。

4. 定义类的属性,使得相同包内的类可以直接访问该属性,所需要设置的访问权限控制符为＿＿＿＿＿＿。

5. 可以在标签组件上显示图片,这时要设置的属性是＿＿＿＿＿＿。

6. 获得一个组件的当前字体属性值,使用该组件的＿＿＿＿＿＿方法。

◆ 编 程 实 践

1. 建立一个复数类 Fushu。实部 shi 和虚部 xu,封装类型为所有的类都可以直接访问;方法均为公有,默认构造方法设定实部、虚部都为 0;带有实部、虚部两个参数的构造方法;复数加法 add(复数加复数)、复数加法 add(复数加实数);返回值为 String 类型的 toString 方法,其内容为"实部＋虚部 i";计算复数模的方法 mo,其值为实部与虚部的平方和的平方根。编写测试类测试该类所有功能。

2. 建立一个表示分数的类。两个整数分别表示分子和分母,分母不能为 0,一个属性表示当前分数是否为最简式(分子、分母的最大公约数为 1),默认为否,仅在化简方法中修改为是;构造方法有两个:输入分子和分母或默认设置分子分母都为 1;方法有求两个分数的和,分数加上整数,化简方法(化简当前分数,使分子分母的最大公约数为 1),比较两个分数是否相等,以"分子/分母"的形式输出分数。

3. 编写一个向量类。两个实数分别表示向量的横坐标 x 和纵坐标 y,封装类型为可被本包中的类直接访问;构造方式有两个:输入横坐标 x 和纵坐标 y 的值或默认设置 x 和 y 的值都为 0;方法有两个向量的和(对应 x、y 值的和),两个向量的差(对应 x、y 值的差),向量的模(距离原点的欧氏距离),比较两个向量的大小(比较向量的模),以<x,y>

的形式输出向量。编写程序,输入两个向量,输出它们差的模。

4. 建立一个直线类 Line。计算机上的直线实际上是线段,Line 类包含两个端点,使用 java.awt.Point 类型;颜色使用 java.awt.Color 类型,所有直线类对象的颜色相同,默认为黑色;各属性的封装类型为所有的类都可以直接访问;show 方法输出当前对象的属性信息;getLength 方法返回线的长度值。编写测试类测试该类所有功能。

5. 设计一个长方形类 Rectangle。成员变量包括长和宽,其值均需大于 0;创建对象时如果长或者宽的值小于或等于 0,则设置该值为 1,修改长和宽的值时,如果修改值小于或等于 0,则不修改该值;屏幕上所有长方形类的颜色(java.awt.Color 对象)都是相同的,其默认值设置为红色;show 方法设定其显示位置(左上角点的坐标,java.awt.Point 对象);move 方法将其移动到新的位置点或水平、垂直移动一定距离;类中还有计算面积和周长的方法。编写测试类测试该类所有功能。

6. 编写一个图形用户界面程序,界面上显示一幅图片和两个按钮;一个按钮上的文字为"显示图像",单击后随机从 5 幅事先设定的图片中选择一幅替换界面上的图片;另一个按钮上的文字为"关闭窗口",单击关闭此窗口。

7. 编写一个图形用户界面程序,界面上下(各代表一人)各随机显示两张扑克牌(52 张,不包括两个王);有一个比较按钮,单击比较两人牌面的大小,并在中间显示比较结果(上方胜,下方胜、平局)。牌的大小不分花色,由小到大分别为 3、4、5、6、7、8、9、10、J、Q、K、A、2。比较大小的规则:一对比两个单张大,都是单张则比大的牌,如果大的牌相等再比小的牌。

第 9 章

图形用户界面(一)

几乎所有的面向应用的程序都提供功能强大的图形用户界面,即便是最基本的操作系统(计算机、手机等)、程序开发设计软件(NetBeans、Eclipse 等)也是如此。图形用户界面程序设计是软件开发设计中最有趣的内容之一,本章讲解图形用户界面设计所涉及的基本概念,Java 语言中比较特殊的布局管理器,以及一些常用的组件的使用。

◆ 9.1 图形用户界面

在最初的版本中,Java 语言使用抽象窗口工具箱(Abstract Window Toolkit,AWT)提供的组件设计图形用户界面,图形组件的功能及显示样式依赖于本地操作系统。Sun 公司在发布 Java 1.2 版本时,提供了完善和稳定的 Swing 组件。Swing 组件增加了界面修饰,使界面更美观,特别是在不同的操作系统中的显示风格更为相似。Swing 利用了 AWT 的底层组件,包括图形、颜色、字体等,Swing 包含 200 多个类,提供了 40 多个组件,得到了广泛应用。

1. 组件和容器

组件(component)是构成图形用户界面的基本成分和核心元素。组件通常是一个可以以图形化的方式显示在屏幕上的并能与用户进行交互的对象,如按钮、标签、文本框等,组件也称控件。

容器(container)本身也是一个组件,具有组件的所有性质,但是它的主要功能是用于容纳其他组件和容器,如窗体容器。

图 9.1 为 NetBeans IDE 的选项对话框,对话框本身就是一个容器,对话框中又包含了多个小的容器,如图 9.1 中是选择了工具栏上 Fonts & Colors 后的显示界面,显然该界面的主体部分又是一个容器,容器中包含了标签、组合框(Language 标签右侧)、列表框(Category 标签下面)、文本框等多个组件。

2. 容器的布局管理器

容器中可以放置许多不同的组件,这些组件在容器中的摆放方式称为布局。Java 中通常不用组件的坐标进行绝对定位,而使用布局管理器进行相对定

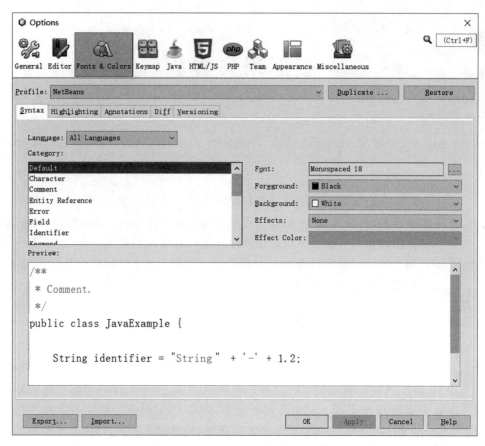

图 9.1　NetBeans IDE 的选项对话框

位,这种方式的优点是对于全屏显示的程序(如手机软件),能够自动适应不同大小、不同分辨率的屏幕,而对于可调整显示界面大小的程序(计算机上的绝大多数程序),对不同的组件能够采用不同的缩放策略。

例如,图 9.2 所示的 Windows 操作系统中的文件资源管理器,在调整其显示界面大小时,不同组件的调整幅度是不一致的。有些部分调整得很小,如上面的菜单、按钮部分,其组件大小基本不变,只是占据的区域大小有所调整;有些部分则调整幅度很大,如中间右侧的内容显示部分。Java 语言中各种不同的布局管理器能帮助程序设计开发人员更简单地完成图形用户界面中组件的布局问题。

3. 事件处理

设计和实现图形用户界面的工作主要有两个:一是使用各种图形组件的组合创建应用程序界面的外观;二是对用户的各种操作(按键、单击)做出不同的响应,从而实现图形用户界面与用户的交互功能。

用户针对图形用户界面的不同操作就产生了不同的事件,例如,在单击时就会产生鼠标按下、鼠标抬起等事件。Java 使用的事件处理模型是委托模型,委托模型的特点是将

(a) 缩小前

(b) 缩小后

图 9.2　Windows 操作系统中的文件资源管理器

事件的处理委托给独立的对象,而不是由发生事件的组件本身处理。在这个模型中,每个事件的处理都涉及事件源(event source)对象、事件(event)对象和事件监听器(event listener)对象。

　　事件源对象是产生事件的组件对象,如单击某个按钮,该按钮就是事件源对象,在某一文本框中按键盘上按键,这个文本框就是事件源对象;事件对象中存储了事件发生时的各种信息,如在哪个组件上发生的事件(按钮还是文本框)、单击按钮时鼠标的位置信息、按了哪个键等;事件监听器对象是带有针对该事件响应代码的对象。

图 9.3 为 Java 中的委托事件处理过程。左侧是事件源对象,右侧是事件监听器对象,如单击按钮 1,则自动执行监听器 1 中对应的函数代码,并将含有当前事件源状态信息的一个事件对象作为参数传递给调用的函数。

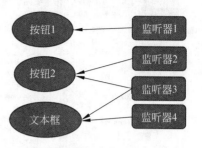

图 9.3 委托事件处理过程

委托事件处理模型有很强的事件处理能力,并且非常灵活。事件源对象和事件监听器对象是一种多对多的关系,即一个事件源对象上发生的事件可以被任意数量的事件监听器对象处理,如图 9.3 中的按钮 2 被监听器 2 和监听器 3 所监听,文本框被监听器 3 和监听器 4 所监听;而一个事件监听器对象也可以监听多个事件源对象,如图 9.3 中的监听器 3 同时监听了按钮 2 和文本框。通常情况下,如本书之前编写的图形用户界面程序,程序为每个事件源设置一个独立的事件监听器,但有时也可以对多个事件源的某个事件进行集中处理,用一个监听器处理所有事件源产生的事件,例如,如果编写计算器程序,就可以对所有的数字按钮事件进行集中处理,因为这些数字按钮的处理方式几乎是一样的。

下面是例 8.5 中楷体按钮对应的代码:

```
private void jButton1ActionPerformed(java.awt.event.ActionEvent evt) {
    Font f=jLabel1.getFont();
    Font nf=new Font("楷体",Font.PLAIN,f.getSize()+2);
    jLabel1.setFont(nf);
}
```

其中,楷体按钮(jButton1)就是事件源对象,上述代码就是事件监听器对象调用的函数,当单击事件源对象时自动调用执行该函数的代码。有关事件监听器处理机制中事件源对象与监听器对象的关联部分第 12 章中会详细讲解。上述函数的参数就是相关的事件对象,通过该事件对象可以获得事件发生时的状态信息,如单击时鼠标的位置信息等。

4. 组件的通用方法

有一些方法是所有组件和容器都有的,例如,getFont 和 setFont 方法。表 9.1 列出了获取组件属性的常用方法。

表 9.1　获取组件属性的常用方法

方　　法	功　能　描　述
float getAlignmentX( )	返回组件的水平对齐方式
float getAlignmentY( )	返回组件的垂直对齐方式
Color getBackground( )	返回组件的背景色
Rectangle getBounds( )	返回组件的大小信息
Font getFont( )	返回组件的字体

续表

方 法	功 能 描 述
Color getForeground()	返回组件的前景色
Point getLocation()	返回组件的位置信息
int getWidth()	返回组件的宽度
int getX()	返回组件的 x 坐标,即左上角点的 x 坐标
int getY()	返回组件的 y 坐标,即左上角点的 y 坐标
boolean isEnabled()	判断该组件是否可用
boolean isVisible()	判断该组件是否可见

几乎每个获取属性的方法都有对应的设置属性的方法,但需要注意的是通过设置方法修改属性是否有效可能还受到其他因素的控制。例如,如果使用了某种布局管理器,那么对组件位置的直接设置通常不会起作用,因为当其与布局管理器的要求冲突时,布局管理器优先。表 9.2 列出了设置组件属性的常用方法。

表 9.2 设置组件属性的常用方法

方 法	功 能 描 述
void setBackground(Color c)	设置组件的背景色
void setBounds(int x, int y, int width, int height)	移动并重新设置组件的大小
void setEnabled(boolean b)	设置组件的可用性
void setFont(Font f)	设置组件的字体
void setForeground(Color c)	设置组件的前景色
void setLocation(int x, int y)	设置组件的位置信息
void setVisible(boolean b)	设置组件的可见性

◆ 9.2 代码视图下的图形用户界面程序

如果熟悉各种图形用户界面组件的属性和方法,即使只使用 JDK 也可以开发图形用户界面程序,其编写方式与本书之前编写其他 Java 程序的方式一样,只是所有的代码都需要自己编写。

例 9.1 仅用文本编辑软件就可以直接编写的图形用户界面程序示例:直接编写代码,完成图形用户界面程序,显示包含简单容器和组件的界面。

创建一个类 JFrameWithJPanel,直接编写程序代码如下:

```
//导入 Swing,因为要使用 Swing 组件
import javax.swing.*;
```

```java
//导入 awt,程序使用其中的 Color 类
import java.awt.*;
public class JFrameWithJPanel
{
    public static void main(String[] args) {
        //创建窗体对象,标题为 JFrame with JPanel
        JFrame fr= new JFrame("JFrame with JPanel");
        //创建面板容器
        JPanel pan=new JPanel();
        //设置窗体大小
        fr.setSize(400,400);
        //设置窗体颜色
        fr.setBackground(Color.blue);
        //取消窗体布局管理器,否则面板将覆盖整个窗体
        fr.setLayout(null);
        //面板上放置一个标签组件,标签上显示"欢迎您!"
        pan.add(new JLabel("欢迎您!"));
        //设置面板大小
        pan.setSize(200,200);
        //设置面板颜色
        pan.setBackground(Color.yellow);
        //将窗体上加入面板
        fr.add(pan);
        //设置单击右上角关闭按钮时关闭窗体
        fr.setDefaultCloseOperation(JFrame.EXIT_ON_CLOSE);
        //显示窗体
        fr.setVisible(true);
    }
}
```

运行程序,会在屏幕左上角显示一个 400×400 像素的窗体,如图 9.4 所示,单击右上角关闭按钮可结束程序的运行。

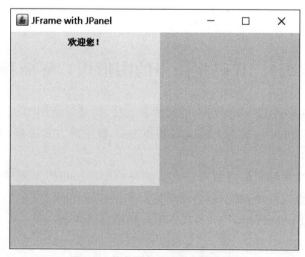

图 9.4　简单的图形用户界面程序

　　上面代码并没有图形用户界面中必需的事件处理过程,唯一的事件是关闭窗体,实际上是通过设置 JFrame 容器的属性完成的。下面再看一个带有简单事件处理的图形用户界面程序。

　　例 9.2　鼠标事件处理的图形用户界面程序示例。

```
import javax.swing.*;
//需要进行事件处理
import java.awt.event.*;
//implements 是实现接口,第 12 章会讲解,告知要处理鼠标事件
public class TwoListen implements MouseMotionListener,MouseListener
{
    JFrame f;
    //单行文本框组件
    JTextField tf;
    public static void main(String[] args){
            TwoListen two=new TwoListen();
            two.go();
    }
    void go()
    {
            f=new JFrame("Two listeners example");
            //在窗体上方显示一个标签
            f.add(new JLabel("在窗体内单击并拖曳鼠标"),"North");
            //创建一个单行文本框,默认长度可存放 30 个字符
            tf=new JTextField(30);
            //将该文本框放置在窗体下方
            f.add(tf,"South");
            //窗体要处理鼠标移动类事件
            f.addMouseMotionListener(this);
            //窗体要处理鼠标单击类事件
            f.addMouseListener(this);
            f.setDefaultCloseOperation(JFrame.EXIT_ON_CLOSE);
            f.setSize(300,200);
            f.setVisible(true);
    }
    //发生拖曳鼠标事件时执行的程序
    public void mouseDragged(MouseEvent e){
            //获得鼠标的 x 坐标和 y 坐标
            String s="Mouse dragging: X="+e.getX()+",Y"+e.getY();
            //将上述文本显示在单行文本框中
            tf.setText(s);
    }
    //发生移动鼠标事件时执行的程序,未处理
    public void mouseMoved(MouseEvent e){}
```

```
        //发生鼠标单击事件时执行的程序,未处理
        public void mouseClicked(MouseEvent e){}
        //发生鼠标进入(窗体)事件时执行的程序
        public void mouseEntered(MouseEvent e){
                String s="The mouse entered";
                tf.setText(s);
        }
        //发生鼠标离开(窗体)事件时执行的程序
        public void mouseExited(MouseEvent e)
        {
                String s="The mouse has left the building";
                tf.setText(s);
        }
        //发生鼠标键按下事件时执行的程序,未处理
        public void mousePressed(MouseEvent e){}
        //发生鼠标键抬起事件时执行的程序,未处理
        public void mouseReleased(MouseEvent e){}
}
```

程序运行后,鼠标进入、鼠标拖曳时界面如图 9.5 所示,注意下面文本框中文字的变化。

(a) 鼠标进入

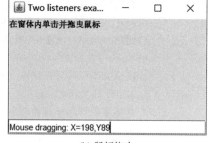

(b) 鼠标拖曳

图 9.5　简单的图形用户界面程序

通过上面两个示例可以发现,如果不使用好的 IDE 工具,即使编写非常简单的图形用户界面程序,所要编写的代码量也是十分惊人的。本书之所以选用 NetBeans IDE,就是利用其在编写图形用户界面程序时强大的组件代码生成能力。

9.3　对话框、面板容器

1. JDialog(对话框)

JDialog 是一个类似于 JFrame 的顶层容器,使用方式也差不多,一般作为应用程序中与用户交流信息的窗体,需要时以弹出窗体的形式显示在界面上,通常设置为不能调整

其大小,右上角没有最大化、最小化按钮,只有关闭按钮。

对话框也有 defaultCloseOperation 属性和 title 属性,使用方式与 JFrame 相同,另外还经常设置下面这些属性。

1) model 属性

model 属性用于设置对话框是否为模式对话框,如果将对话框设置为模式对话框,那么必须在处理并关闭该对话框后才能访问应用程序的其他窗体。

2) modelityType 属性

模式对话框会阻塞其他窗体的运行,可通过设置 modelityType 属性设置阻塞窗体的范围。

2. JPanel(面板)容器

与 JFrame 和 JDialog 不同,JPanel 容器不能独立存在,它是最常用的中间容器。可以对 JPanel 容器设置适当的布局管理器,然后将多个组件添加到面板中,从而形成一个大的组件组合,将其像普通组件一样放置到窗体中,这样有利于构建看起来很复杂的图形用户界面。

可以像使用标签、单行文本框等组件一样直接将 JPanel 放置到窗体中,然后对其进行编辑,在此就不再赘述了。下面创建一个独立的组件组合,这样的组件组合就像一个独立的组件一样,可以放置到任何需要它的窗体中。

例 9.3　使用面板容器设计一个登录组件组合,并在某个对话框中使用它。

新建一个文件,文件类型选择 JPanel Form,如图 9.6 所示,文件名为 MyJPanel。

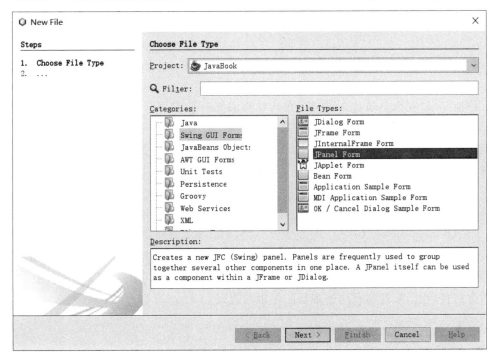

图 9.6　新建文件对话框

在设计界面中放置相应组件:两个 JLabel 组件;一个 JTextField 组件,columns 属性设置为 20;一个 JPasswordField 组件;两个 JButton 组件。调整到合适大小,运行结果如图 9.7 所示。

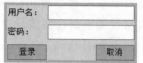

可以将这个组合组件作为一个整体放置到其他窗体中,而操作的结果(例如,登录成功与否)也应能被其他窗体所获取。切换到 Source 选项卡,在下面生成的属性上方(//Variables declaration-do not modify 上)添加"boolean

图 9.7　登录组合组件设计界面

isLogin=false;"语句,这样就为 MyJPanel 类添加了一个新属性 isLogin,其值为 true 代码登录成功,默认值 false 代表没登录或登录失败,可以在登录和取消按钮中修改这个属性值。

因为 JPanel Form 不是顶级窗体,无法直接运行,选择 Run 菜单下的 Compile File 编译此窗体。如果不事先编译此窗体,就无法将其拖曳到其他顶级窗体中。基于 JDialog Form 创建一个对话框窗体,命名为 MyJDialog,从左上的项目列表中将 MyJPanel.java 文件拖曳到 MyJDialog 的设计视图中,会发现刚刚设计的登录组合组件显示在视图中,如图 9.8 所示。再次提醒,在拖曳文件 MyJPanel.java 之前一定要事先编译它。

图 9.8　放置在对话框窗体中的登录组合组件

添加一个"获取登录状态"按钮,在其右侧添加一个 JLabel 组件,删除 JLabel 组件的 Text 属性值。双击"获取登录状态"按钮,添加"jLabel1. setText("" + myJPanel1. isLogin);"代码。其中,jLabel1 是 JLabel 的名称,myJPanel1 是登录组合组件的名称,通过该语句在按钮右侧显示登录成功与否的信息。请读者运行并测试此程序。

9.4　布局管理器

Java 中提供了多种预先定义好的布局管理器来完成界面布局任务,开发不同的应用采用合适的布局管理器会起到事半功倍的效果。下面通过学习几个 java.awt 包中定义的简单布局管理器,来理解布局管理器的作用和效果。

1. BorderLayout 布局管理器

BorderLayout 布局管理器中的方位类似于地图,按照东、西、南、北、中 5 个区域放置组件,每个区域最多只能放置一个组件。位置信息可通过相应的常量进行标识:North、South、East、West 和 Center。当使用 BorderLayout 布局将一个组件添加到容器中时,要使用这 5 个常量之一以表明组件放置的位置。如果未提供位置信息,BorderLayout 解释为使用了常量 Center。

例 9.4　BorderLayout 布局管理器示例。

```
import java.awt.*;
import javax.swing.*;
public class Border_Layout{
    public static void main(String[] args) {
    JFrame f=new JFrame("BorderLayout");
        f.setLayout(new BorderLayout());
        f.add("North",new JButton("North"));
        f.add("South",new JButton("South"));
        f.add("East",new JButton("East"));
        f.add("West",new JButton("West"));
        f.add("Center",new JButton("Center"));
        f.setDefaultCloseOperation(JFrame.EXIT_ON_CLOSE);
        f.setSize(300,300);
        f.setVisible(true);
    }
}
```

程序运行效果如图 9.9 所示。

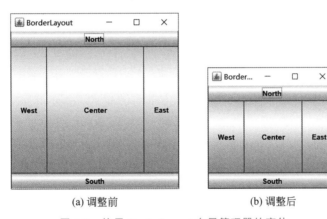

(a) 调整前　　　　　　　　(b) 调整后

图 9.9　使用 BorderLayout 布局管理器的窗体

可以看到,如果调整窗体的大小,North 和 South 位置的组件可以在水平方向上进行拉伸;East 和 West 位置的组件可以在垂直方向上进行拉伸;Center 位置的组件变化幅度最大,在水平方向和垂直方向上都可以进行拉伸,从而填充所有剩余空间。BorderLayout 布局管理器是顶级容器类组件 JFrame、JDialog 等的默认布局管理器。

2. FlowLayout 布局管理器

FlowLayout 布局管理器中组件的摆放是从左到右而后从上到下的顺序依次排列,一行不能放完则折到下一行继续放置,组件也有居中、左对齐和右对齐 3 种对齐方式。

例 9.5　FlowLayout 布局管理器示例。

```java
import java.awt.*;
import javax.swing.*;
public class Flow_Layout{
    public static void main(String[] args){
        JFrame f=new JFrame();
        f.setLayout(new FlowLayout());
        JButton button1=new JButton("OK");
        JButton button2=new JButton("OPEN");
        JButton button3=new JButton("CLOSE");
        JButton button4=new JButton("EXIT");
        f.add(button1);
        f.add(button2);
        f.add(button3);
        f.add(button4);
        f.setDefaultCloseOperation(JFrame.EXIT_ON_CLOSE);
        f.setSize(300,100);
        f.setVisible(true);
    }
}
```

程序运行效果如图 9.10 所示。

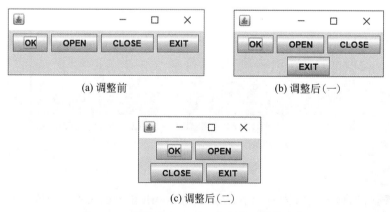

(a) 调整前　　　　　　　　　　　(b) 调整后(一)

(c) 调整后(二)

图 9.10　使用 FlowLayout 布局管理器的窗体

程序中对待按钮组件就像字处理软件对待段落中的文字一样,如果一行显示不下就会自动换行显示。当然也会有设置组件之间的水平间距、垂直间距等方法。FlowLayout 布局不改变组件的大小,是 JPanel 容器的默认布局管理器。一般用来安排面板中的按钮,使得按钮呈水平放置。

3. GridLayout 布局管理器

GridLayout 布局管理器类以矩形网格形式对容器的组件进行布置。容器被分成大小相等的若干矩形区域,每个矩形区域中只能放置一个组件。

例 9.6　GridLayout 布局管理器示例。

```java
import java.awt.*;
import javax.swing.*;
public class Grid_Layout{
    public static void main(String[] args) {
    JFrame f=new JFrame("GridLayout");
        f.setLayout(new GridLayout(3,2));
        f.add(new JButton("Button1"));
        f.add(new JButton("Button2"));
        f.add(new JButton("Button3"));
        f.add(new JButton("Button4"));
        f.add(new JButton("Button5"));
        f.add(new JButton("Button6"));
        f.setDefaultCloseOperation(JFrame.EXIT_ON_CLOSE);
        f.setSize(300,300);
        f.setVisible(true);
    }
}
```

程序运行效果如图 9.11 所示。

(a) 调整前

(b) 调整后

图 9.11　使用 GridLayout 布局管理器的窗体

当窗体大小调整时,各个组件同时调整,但仍保持每个组件的大小都相同。

4. CardLayout 布局管理器

CardLayout 是一种卡片式的布局管理器,每张卡片上放置一个组件,每次只能显示一张卡片。

例 9.7　CardLayout 布局管理器示例。

```java
import java.awt.*;
import java.awt.event.*;
import javax.swing.*;
//编写了卡片翻页的事件处理程序
public class Card_Layout implements MouseListener{
    CardLayout layout=new CardLayout();
    //使用 JPanel,JFrame 不支持 CardLayout
    JFrame jf=new JFrame("CardLayout");
    JPanel f=new JPanel();
    JButton page1Button;
    JLabel page2Label;
    JTextArea page3Text;
    JButton page3Top,page3Bottom;
    public static void main(String[] args){
        new Card_Layout().go();
    }
    public void go(){
        f.setLayout(layout);
        //设置第 1 张卡片
        f.add(page1Button=new JButton("Button page"),"page1Button");
        //设置第 2 张卡片
        f.add(page2Label=new JLabel("Label page"),"page2Label");
        //用面板放置多个组件
        JPanel panel=new JPanel();
        panel.setLayout(new BorderLayout());
        panel.add(page3Text=new JTextArea("Composite page"));
        panel.add(page3Top=new JButton("Top button"),"North");
        panel.add(page3Bottom=new JButton("Buttom button"),"South");
        //设置第 3 张卡片,放置了面板容器
        f.add(panel,"panel");
        jf.add(f);
        jf.setSize(300,300);
        jf.setVisible(true);
        //为所有组件设计事件处理程序
        page1Button.addMouseListener(this);
        page2Label.addMouseListener(this);
        page3Text.addMouseListener(this);
        page3Top.addMouseListener(this);
        page3Bottom.addMouseListener(this);
    }
```

```
//事件处理,单击后显示下一张卡片
public void mouseClicked(MouseEvent e){
    layout.next(f);
}
public void mouseEntered(MouseEvent e){}
public void mouseExited(MouseEvent e){}
public void mousePressed(MouseEvent e){}
public void mouseReleased(MouseEvent e){}
}
```

程序运行效果如图 9.12 所示,单击窗体上的组件,界面会在 3 张卡片之间切换。

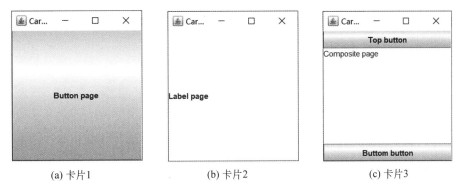

(a) 卡片1　　　　　　　　(b) 卡片2　　　　　　　　(c) 卡片3

图 9.12　使用 CardLayout 布局管理器的窗体

程序由 3 张卡片组成,第 1 张卡片上只有一个按钮,第 2 张卡片上只有一个标签,第 3 章卡片上放置了一个面板容器,在容器中放置了 3 个组件。每次单击都会切换到下一张卡片。

在实际设计图形用户界面时,对于比较复杂的布局,可以使用容器嵌套方式进行复杂的布局设置。如例 9.7 中就使用了 JPanel 容器,从而在卡片 3 上成功地放置了 3 个组件。

AWT 还提供了 GridBagLayout 布局管理器,这是一种极其复杂的布局管理器,它像 GridLayout 一样将布局区域划分为若干相等的小单元格,但每个组件可以占用一个或多个这样的单元格。

虽然原则上使用 AWT 提供的这几个布局管理器就可以开发任意形式的布局程序,但鉴于软件要求的多样性,为便于开发,Java 中还提供了其他多种布局管理器(如 BoxLayout、GroupLayout 等),很多开发工具也提供了自己的布局管理器。

在 NetBeans 中要改变容器的布局管理方式,只需在设计界面中,在容器的空白处(注意不要放在某个组件上)右击,在弹出的快捷菜单中选择 Set Layout 命令,然后选择合适的布局即可。

布局管理器主要为开发多平台上运行的程序,特别是需要全屏显示的图形用户界面程序提供了良好的适应性。我们主要针对个人计算机(Personal Computer,PC)环境下的编程,多数情况下使用 IDE 提供的默认布局管理器(自由设计布局)即可。

◆ 9.5 多行文本框、密码文本框

1. JTextArea（多行文本框）类

JTextArea 又称文本区域，用来显示和编辑多行文本，适合于进行大量的纯文本编辑处理。多行文本框中的文字一行显示不下时会自动换行，当显示区域无法全部显示文字时可自动显示滚动条。

1）rows 和 columns 属性

rows 属性用于设置多行文本框的行数，columns 属性用于设置列数，这两个属性值都是正整数。

2）lineWrap 属性

该属性设置当一行字符数超过行的可显示字符数时是否自动换行，默认设置是不自动换行。

3）tabSize 属性

该属性设置制表符相当于多少个空格字符。

4）getText 和 setText 方法

这两个方法的使用方式与单行文本框相同。

5）void append(String str)方法

将给定的字符串追加到文档结尾。

6）void insert(String str，int pos)方法

将指定的字符串插入指定位置。

2. JPasswordField（密码文本框）类

JPasswordField 是用来输入密码的文本框。密码文本框也只显示单行输入框，与单行文本框不同的是，密码文本框输入的文字将不会正常显示，而是使用其他字符代替。密码文本框的作用是防止别人看到所输入的文字信息。

1）echoChar 属性

设置输入内容时的替换显示字符，默认为 * 。

2）char[] getPassword()方法

返回此密码文本框中所包含的文本，注意返回的是一个字符数组。

密码文本框的其他常用属性和方法与 JTextField 相同，在此不再赘述。

例 9.8 利用 NetBeans IDE 设计简单的用户登录界面，界面如图 9.13 所示，用户名和密码显示在多行文本框中，中间用制表符分隔，当用户登录时，如果用户名和密码在左下的多行文本框中，显示"用户名，欢迎你！"，如果用户名或密码错误，则显示"用户不存在或密码错误！"

首先建立名称为 LoginExample 的窗体，窗体中"用户名""密码"是标签组件，右侧分别是单行文本框组件和密码文本框组件，下面是两个按钮，再下面左侧是多行文本框，多

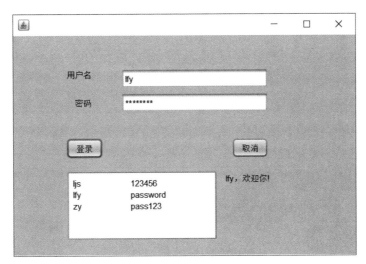

图 9.13　简单的用户登录界面

行文本框右侧是显示登录状态的标签。修改单行文本框的变量名为 jtfUserName（位于属性窗口中的 code 选项卡内），密码文本框组件的变量名为 jpfPassword，登录状态标签的变量名为 jlbMsg。正式编写的程序中变量名尽量有意义，为减少读者模仿示例代码拼写错误造成的困扰，本书图形用户界面中的组件通常不改变量的名称，读者一定要按照次序在界面上添加组件。

分别双击两个按钮，为"登录"按钮添加如下代码行：

```
private void jButton1ActionPerformed(java.awt.event.ActionEvent evt) {
    String []users;
    String user,password;
    user=jtfUserName.getText();
    password=new String(jpfPassword.getPassword());
    users=jTextArea1.getText().split("[\t\n]");
    for(int i=0;i<users.length;i=i+2)
        if(users[i].equals(user)&&users[i+1].equals(password)){
            jlbMsg.setText(user+",欢迎你!");
            return;
        }
    jlbMsg.setText("用户不存在或密码错误!");
}
```

为"取消"按钮添加如下代码行：

```
private void jButton2ActionPerformed(java.awt.event.ActionEvent evt) {
    System.exit(0);
}
```

程序能够正确获得用户输入的用户名和密码，利用之前学习的字符串处理函数对之进行判断就可以完成登录界面的全部功能了。

◈ 9.6 单选按钮、复选框

1. JRadioButton(单选按钮)类和按钮组

单选按钮提供一组选择组件,一次显示多条信息,但是在这些信息中只能选择一个,制作单项选择题就需要单选按钮类。

除了 text 属性、getText 方法和 setText 方法外,单选按钮常用的属性和方法如下。

1) selected 属性

设置单选按钮初始状态是否为被选中状态,默认为 false。

2) buttonGroup 属性

这是单选按钮最为重要的属性,如果不设置该属性,所有的单选按钮互不相关。同一个按钮组下的单选按钮是互相关联的,每次只能选中一个,而与本组外单选按钮无关。使用单选按钮就必须同时使用 ButtonGroup 组件,然后设置好单选按钮的 buttonGroup 属性。

3) void setSelected(boolean b)方法

设置按钮的选中状态。

4) boolean isSelected()方法

判断按钮是否被选中。

2. JCheckBox(复选框)类

JCheckBox 组件有选择和不选择两种状态,而且多个复选框组件的选择状态之间往往互不相关。如果要编写多选题就应使用复选框组件。

JCheckBox 类的常用属性和方法基本上与 JRadioButton 类相同。

例 9.9　编写如图 9.14 所示的程序,选中下面的单选按钮,则上面文字显示相应颜色,选中右侧的复选框,则上面文字做相应改变。

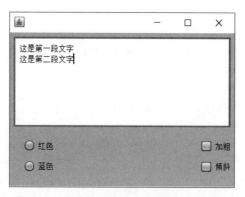

图 9.14　单选按钮和复选框程序运行界面

建立名称为 RadioCheck 的窗体,在设计界面中在窗体上分别加入多行文本框、两个单选按钮和两个复选框组件。运行程序,会发现"红色"和"蓝色"两个单选按钮之间并没有关联。然后拖入一个 ButtonGroup 组件,发现在设计界面上并没有显示(ButtonGroup 组件是一个不可见的逻辑组件,不显示但可在左下的导航面板中看到),选择"红色"单选按钮,在属性面板中设置 buttonGroup 属性为 buttonGroup1,对"蓝色"单选按钮做同样操作,运行程序,会发现这两个按钮已建立关联,只能有一项被选中。

在类的前面加上下面两行代码:

```java
import java.awt.*;
import javax.swing.*;
```

在设计界面中,分别双击两个单选按钮,在代码界面中完成两个单击事件的程序:

```java
private void jRadioButton1ActionPerformed(java.awt.event.ActionEvent evt) {
    jTextArea1.setForeground(Color.red);
}
```

```java
private void jRadioButton2ActionPerformed(java.awt.event.ActionEvent evt) {
    jTextArea1.setForeground(Color.blue);
}
```

然后再分别为两个复选框添加事件代码如下:

```java
private void jCheckBox1ActionPerformed(java.awt.event.ActionEvent evt) {
    Font f;
    if(jCheckBox1.isSelected()&&jCheckBox2.isSelected())
        f=new Font("宋体",Font.BOLD+Font.ITALIC,14);
    else if(jCheckBox1.isSelected())
        f=new Font("宋体",Font.BOLD,14);
    else if(jCheckBox2.isSelected())
        f=new Font("宋体",Font.ITALIC,14);
    else
        f=new Font("宋体",Font.PLAIN,14);
    jTextArea1.setFont(f);
}
```

```java
private void jCheckBox2ActionPerformed(java.awt.event.ActionEvent evt) {
    jCheckBox1ActionPerformed(evt);
}
```

运行程序,查看运行效果。

在第一个复选框单击事件的代码中,根据两个复选框的选择状态对多行文本框中的文字的字体进行了设置。由于单击两个复选框所执行的程序代码相同,在第二个复选框单击事件的代码中,用函数调用的方式直接调用了该事件处理程序。

上述程序在刚刚运行时,所有的单选按钮和复选框都是没被选中的,如果要程序一开始运行时就选中某个单选按钮或复选框,可设置其 selected 属性为 true。

◆ 9.7 事件集中处理

在编写图形用户界面程序时,有时候有些组件的功能是类似的,这些相同功能的组件可使用同一事件处理代码。由于是多个组件使用同一段程序,虽然处理方式大体相似,但往往根据事件源对象的不同略有差异,因此需要区分事件源对象,使用事件处理代码中事件参数的 getSource 方法可获得事件源对象。

例 9.10 SameEvent,事件集中处理: 使用一段事件处理代码响应多个组件。

设计如图 9.15 所示的界面,有 1 个单行文本框组件和 3 个单选按钮组件,选中不同的单选按钮,根据按钮旁的文字改变单行文本框中文字的颜色。

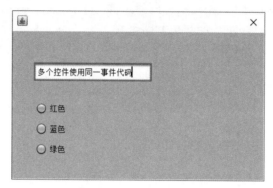

图 9.15 单选按钮事件集中处理程序界面

在设计界面中,双击第一个单选按钮 jRadioButton1("红色"单选按钮),生成按钮通用事件名称为 jRadioButton1ActionPerformed,返回设计界面。选择"红色"单选按钮,在属性面板中切换到 Events 选项卡,查看 actionPerformed 事件,这是单选按钮的通用事件(单击),复制其设置的内容 jRadioButton1ActionPerformed,然后选择"蓝色"单选按钮,在事件选项卡中,选择 actionPerformed 事件,单击右侧带 3 个小点的编辑按钮,弹出如图 9.16 所示的 actionPerformed 事件处理对话框,单击 Add 按钮,显示如图 9.17 所示添加事件处理函数对话框,粘贴上 jRadioButton1ActionPerformed 后单击 OK 按钮。

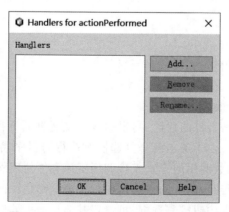

图 9.16 actionPerformed 事件处理对话框

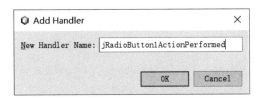

图 9.17　添加事件处理函数对话框

按同样的方式设置"绿色"单选按钮,这样这 3 个按钮就使用同一段事件处理代码了(jRadioButton1ActionPerformed)。编写代码如下:

```
private void jRadioButton1ActionPerformed(java.awt.event.ActionEvent evt) {
    if(evt.getSource()==jRadioButton1)
        jTextField1.setForeground(Color.red);
    else if(evt.getSource()==jRadioButton2)
        jTextField1.setForeground(Color.BLUE);
    else
        jTextField1.setForeground(Color.GREEN);

    //将事件源对象转换为 JRadioButton 类型对象
    JRadioButton jrb=(JRadioButton)evt.getSource();
    System.out.println(jrb.getText());
}
```

在进行颜色设定之前必须知道鼠标单击的是哪个单选按钮,用事件对象 evt 的 getSource 方法可得到事件源对象,通过判断事件源对象的引用来确定单击了哪个按钮,然后用选择结构完成颜色设置。

有时候我们需要调用事件源对象的方法,这时可以将事件源对象强制转换为已知类型(如本例中的 JRadioButton 类型)的对象,然后就可以正常使用该对象了,在上面的示例中只是简单地输出其 getText 方法返回的字符串。

◇ 9.8　程序设计实例

例 9.11　Calculator.java,编写如图 9.18 所示的简单计算器程序:在运算符两侧的文本框中输入数字(默认输入正确,不必进行检查),单击"计算"按钮,计算结果显示在后面的文本框中,该文本框中数据只能计算得出,不得修改;可选中左下符号单选按钮改变运算符,单击"关闭"按钮结束程序运行。

建立类名为 Calculator 的窗体,放入相应组件(JTextField、JLabel、JTextField、JLabel、JTextField、4 个 JRadioButton、2 个 JButton)并修改组件的 text 属性,其界面如图 9.18 所示。设置 3 个 JTextField 的 horizontalAlignment 属性为 RIGHT,以使数字右对齐显示,最后一个 JTextField 组件将 editable 属性设置为 false,使组件内信息不能被编辑;设置 2 个 JLabel 的 horizontalAlignment 属性为 Center,以使符号居中显示。拖入

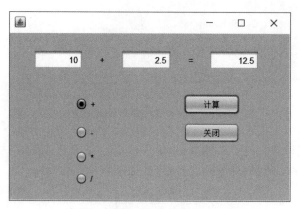

图 9.18　简单计算器程序运行界面

ButtonGroup 组件,设置 4 个单选按钮的 buttonGroup 属性为 buttonGroup1,使之成为一组组件,只能有一个按钮被选中;设置加号单选按钮的 selected 属性为 true,使之运行时被默认选中。

编写"关闭"按钮代码如下:

```java
private void jButton2ActionPerformed(java.awt.event.ActionEvent evt) {
        System.exit(0);
}
```

编写"计算"按钮代码如下:

```java
private void jButton1ActionPerformed(java.awt.event.ActionEvent evt) {
    double d1,d2,result=0;
    d1=Double.parseDouble(jTextField1.getText());
    d2=Double.parseDouble(jTextField2.getText());
    switch(jLabel1.getText()){
        case "+":
            result=d1+d2;break;
        case "-":
            result=d1-d2;break;
        case " * ":
            result=d1 * d2;break;
        case "/":
            if(d2!=0)
                result=d1/d2;
            else
                result=999999999;
            break;
    }
    jTextField3.setText(result+"");
}
```

　　程序首先获取两个文本框中的文本,将其转换为对应实数。为简单起见,在此没有进行类型检查。然后根据第一个标签中的运算符进行相应运算,除法对除数是 0 的情况进行简单处理。

　　先双击第一个 JRadioButton 组件生成事件代码,然后指定其他 JRadioButton 组件的 actionPerformed 事件为刚生成的 jRadioButton1ActionPerformed。编写该该代码如下:

```
private void jRadioButton1ActionPerformed(java.awt.event.ActionEvent evt) {
    JRadioButton jr=(JRadioButton)(evt.getSource());
    jLabel1.setText(jr.getText());
}
```

　　通过事件对象获得事件源对象,然后强制类型转换为 JRadioButton 类型,最后通过其 getText 方法得到对应的运算符文字。

　　例 9.12　在第 8 章扑克牌程序的基础上,编写牌型判断函数,能判断两张扑克牌是不是一对或者火箭,3 张扑克牌是不是三张,4 张扑克牌是不是炸弹或三带一,5 张扑克牌是四带一、三带二或顺子。

　　解题思路:为降低程序复杂度,针对不同数目的牌编写相应的判断函数。参数用排序后的数组,排序方式与例 8.10 相同。

　　判断两张扑克牌是不是一对或者火箭:如果第 2 张牌是小王,则说明是火箭;否则第 1 张牌是王,则不是对;不含王的两张牌判断其牌面值是否相同即可。程序代码如下:

```
//判断两张版,-1,不是对;1,对王;2,一对
public static int two(int[] pk){
    if(pk[1]==52)                  //一对王
        return 1;
    if(pk[0]>=52)                  //一张王
        return -1;
    //没有王牌
    if(pk[0]%13==pk[1]%13)
        return 2;
    return -1;
}
```

　　3 张扑克牌是不是三张:如果包含王牌,一定不是三张;否则判断 3 张牌的牌值是否相同即可。程序代码如下:

```
public static boolean three(int[] pk){
    if(pk[0]>=52)                  //有王牌
        return false;
    //没有王牌
    if(pk[0]%13==pk[1]%13 && pk[1]%13==pk[2]%13)
        return true;
    return false;
}
```

4 张扑克牌是不是炸弹或三带一：不能有对王,如果只有一个王,后 3 张牌相同是三带一;前 3 张牌相同,如果后两张牌也相同,则是炸弹,否则是三带一;后 3 张牌相同是三带一,否则这 4 张牌不能同时出。程序代码如下：

```java
//判断 4 张牌:-1,不允许出;1,炸弹;2,三带一
public static int four(int[] pk){
    if(pk[1]==52)                      //一对王
        return -1;
    if(pk[0]> =52)                     //一张王
        //后 3 张牌相同
        if(pk[1]%13==pk[2]%13 && pk[2]%13==pk[3]%13)
            return 2;
        else
            return -1;

    //没有王牌,前 3 张牌相同
    if(pk[0]%13==pk[1]%13 && pk[1]%13==pk[2]%13)
        if(pk[2]%13==pk[3]%13)
            return 1;
        else
            return 2;
    //后 3 张牌相同
    if(pk[1]%13==pk[2]%13 && pk[2]%13==pk[3]%13)
        return 2;
    return -1;
}
```

5 张扑克牌是四带一、三带二或顺子：不能有对王,如果只有一个王,后 4 张牌相同是四带一,否则不允许;没有王牌,前 3 张牌相同,如果第 4 张牌也与之相同,则是四带一,否则第 4、5 张牌相同是三带二,否则牌型错误;后 3 张牌相同与前 3 张牌相同处理类似;顺子从大到小要求不能从王、2 开始,第 1 张牌最小为 7,后面每张牌点数依次减一。程序代码如下：

```java
//判断 5 张牌:-1,不允许出;1,四带一;2,三带二;3,顺子
public static int five(int[] pk){
    if(pk[1]==52)                      //一对王
        return -1;
    if(pk[0]> =52)                     //一张王
        //后 4 张牌相同
        if(pk[1]%13==pk[2]%13 && pk[2]%13==pk[3]%13 && pk[3]%13==pk[4]%13)
            return 1;
        else
            return -1;
```

```
//没有王牌,前 3 张牌相同
if(pk[0]%13==pk[1]%13 && pk[1]%13==pk[2]%13)
    if(pk[2]%13==pk[3]%13)
        return 1;
    else if(pk[3]%13==pk[4]%13)
        return 2;
    else
        return -1;
//后 3 张牌相同
if(pk[2]%13==pk[3]%13 && pk[3]%13==pk[4]%13)
    if(pk[1]%13==pk[2]%13)
        return 1;
    else if(pk[0]%13==pk[1]%13)
        return 2;
    else
        return -1;
//顺子
int a=pk[0]%13;
//不允许以王、2 开始,第一张牌最小从 7(牌值为 4)开始
if(a==12 || a<4)
    return -1;
int i;
for(i=1;i<=4;i++)
    if(a-i != pk[i]%13)
        break;
if(i> 4)
    return 3;
return -1;
}
```

测试代码,main 中先洗牌,设玩家一为地主,排序后输出地主的所有的牌。程序相关代码如下:

```
public static void main(String[] args) {
    //一副扑克牌,3 个玩家,玩家当前牌数
    int[] puke;
    int[][] player;
    int[] cardCount={20,17,17};
    int i,j;
    puke=new int[54];
    //初始化扑克牌
    for(i=0;i<puke.length;i++){
        puke[i]=i;
    }
    //调用洗牌函数
```

```
    shuttle(puke);

    //3 个玩家的牌
    player=new int[3][20];
    for(i=0;i<51;i++)
        player[i/17][i%17]=puke[i];
    //底牌给第 1 个玩家
    for(i=51,j=17;i<54;i++,j++)
        player[0][j]=puke[i];

    //对每个玩家手中的牌排序
    for(i=0;i<3;i++)
        sort(player[i],cardCount[i]);

    //输出地主(玩家一)手中的牌
    for(j=0;j<cardCount[0];j++)
        System.out.print(show(player[0][j])+"\t");
    System.out.println();

    //位于此处的其他代码见下面讲解
}
```

以下是某次执行的结果:

小王　红心 2　黑桃 A　梅花 K　黑桃 Q　方块 Q　黑桃 J　红心 J　梅花 J　方块 J　梅花 10
方块 10　黑桃 9　红心 9　方块 9　红心 7　方块 6　黑桃 5　方块 4　梅花 3

针对玩家一(地主),判断其可出的两张牌并输出,相关代码如下:

```
System.out.println("\n 地主可用的两张牌:");
int pd[]=new int[5];
for(j=0;j<20-1;j++){
    pd[0]=player[0][j];
    pd[1]=player[0][j+1];
    if(two(pd)==1)
        System.out.print("火箭\t");
    else if(two(pd)==2)
        System.out.print(show(pd[0])+","+show(pd[1])+"\t");
}
```

数组 pd 存放要判断的牌,后面也要用,根据题目要求,最多可放 5 张牌。下面是针对
上面玩家一的牌的执行结果:

地主可用的两张牌:
黑桃 Q,方块 Q　黑桃 J,红心 J　红心 J,梅花 J　梅花 J,方块 J　梅花 10,方块 10
黑桃 9,红心 9　红心 9,方块 9

判断 3 张牌代码如下：

```
System.out.println("\n\n 地主可用的 3 张牌:");
for(j=0;j<20-2;j++){
    for(i=0;i<3;i++)
        pd[i]=player[0][j+i];
    if(three(pd))
        System.out.print(show(pd[0])+","+show(pd[1])+","+show(pd[2])+"\n");
}
```

下面是针对上面玩家一的牌的执行结果：

地主可用的 3 张牌:
黑桃 J,红心 J,梅花 J
红心 J,梅花 J,方块 J
黑桃 9,红心 9,方块 9

判断 4 张牌时只输出 1 张代表性的牌，炸弹输出第 1 张，三带一输出第 2 张，因为无论哪种情况下第 2 张都是 3 张中的一张牌。程序代码如下：

```
System.out.println("\n 地主可用的 4 张牌:");
for(j=0;j<20-3;j++){
    for(i=0;i<4;i++)
        pd[i]=player[0][j+i];
    if(four(pd)==1)
        System.out.print("炸弹 "+show(pd[0])+"\n");
    else if(four(pd)==2)
        System.out.print("三张 "+show(pd[1])+" 带一\n");
}
```

下面是针对上面玩家一的牌的执行结果：

地主可用的 4 张牌:
三张 黑桃 J 带一
炸弹 黑桃 J
三张 梅花 J 带一
三张 黑桃 9 带一
三张 红心 9 带一

判断 5 张牌时因为取出的是连续的 5 张牌，而连续的 5 张单牌极难出现，因此后面单独对顺子编写了测试代码。程序代码如下：

```
System.out.println("\n 地主可用的连续 5 张牌:");
for(j=0;j<20-4;j++){
    for(i=0;i<5;i++)
        pd[i]=player[0][j+i];
    if(five(pd)==1)
        System.out.print("四张 "+show(pd[1])+"带一\n");
```

```
        else if(five(pd)==2)
            System.out.print("三张 "+show(pd[2])+" 带二\n");
        else if(five(pd)==3)
            System.out.print("顺子 "+show(pd[4])+"-"+show(pd[0])+"\n");
    }
    //顺子针对连续的 5 张牌,中间不能有成对的牌,极难出现,单独测试
    System.out.println("\n测试一下顺子:");
    for(i=0;i<5;i++)
        pd[i]=50-i;
    if(five(pd)==3)
        System.out.print("顺子 "+show(pd[4])+"-"+show(pd[0])+"\n");
```

下面是针对上面玩家一的牌的执行结果:

地主可用的连续 5 张牌:
三张 黑桃 J 带二
四张 黑桃 J 带一
四张 红心 J 带一
三张 方块 J 带二
三张 黑桃 9 带二
顺子 梅花 3-红心 7

测试一下顺子:
顺子 方块 10-方块 A

  程序中由于用同样的参数多次调用了 five 函数,若调用一次后将结果存储起来程序的执行效率更好,不过现阶段我们更关心程序逻辑而不是效率问题,前面代码也有此种情况。

◇ 本 章 小 结

  1. 学习图形用户界面主要是掌握每个 Swing 组件的最常用的属性和方法。

  2. JFrame、JDialog 是最常用的顶级容器,不能放在其他容器中。

  3. JPanel 是最常用的容器,通常用于对多个组件的分组控制。

  4. 组件有一些通用的属性和相关的访问方法,如字体、前景色、背景色、长和宽及位置等。

  5. 组件在容器中显示的大小和位置信息首先受布局管理器的控制,其次才是组件本身的属性设置。

  6. 布局管理器为编写自动适应不同的显示区大小、不同的显示区形状、不同分辨率的设备的程序带来了方便。

  7. 通过掌握常用的几种布局管理器,理解布局管理器的作用。

  8. 多行文本框、密码文本框的使用与单行文本框相似。

  9. 单选按钮必须与按钮组同时使用,复选框可独立使用。

10. 事件涉及事件源对象、事件对象和事件监听器对象。

11. 可以用一段事件代码对多个事件源对象引发的事件进行集中处理。

◆ 概 念 测 试

1. 对于简单的布局管理器，当窗体改变大小时，放在其中的按钮大小不变，则窗体应使用＿＿＿＿＿＿＿（英文）布局管理器。

2. 将显示区像地图一样分为东、南、西、北、中 5 个区的布局管理器是＿＿＿＿＿＿＿（英文），将显示区均匀分为若干区域的布局管理器是＿＿＿＿＿＿＿（英文），组件像字处理软件一样被放置在显示区的布局管理器是＿＿＿＿＿＿＿（英文）。

3. 多行文本框能显示多行文本信息，行与行之间使用＿＿＿＿＿＿＿字符进行分隔。

4. 为了保证安全，密码文本框中的字符被加密，使用 getPassword 方法获取其信息，返回值类型是＿＿＿＿＿＿＿。

5. Swing 中单选按钮组件的英文名为＿＿＿＿＿＿＿，复选框组件的英文名为＿＿＿＿＿＿＿，单选按钮组件必须与＿＿＿＿＿＿＿组件同时使用。

6. 要想让两个单选按钮不能同时被选中，应将其放置在一个组中，此时需要设置其＿＿＿＿＿＿＿属性。

7. 用程序设置按钮的选中状态的方法名是＿＿＿＿＿＿＿，判断单选按钮或复选框是否被选中的方法名是＿＿＿＿＿＿＿。

8. Swing 中多行文本框组件的英文名为＿＿＿＿＿＿＿，其＿＿＿＿＿＿＿属性设置当一行字符数超过行的可显示字符数时是否自动换行。

◆ 编 程 实 践

1. 编写一个登录界面，检查输入的用户名和密码，用户名和密码存储在数组中，正确在下方显示蓝色的欢迎信息，错误则在下方显示红色的"用户名或密码错误"。

2. 编写如图 9.19 所示的应用程序，默认字体和字号如图中选定按钮所示。选择"字体"和"字号"后按"设置"按钮，上面文字按选择的"字体"和"字号"进行设置显示。按"关闭"按钮结束程序运行。

3. 编写如图 9.20 所示的兴趣和爱好选择应用程序，在运行界面中，选择兴趣爱好后，单击"选择完毕"按钮，已选的兴趣和爱好显示在右侧组件中。单击"关闭窗体"按钮结束程序运行。

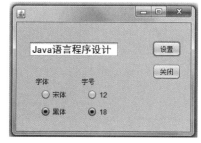

图 9.19　设置字体和字号程序运行界面

4. 编写如图 9.21 所示的扑克牌显示程序，单击"随机发牌"按钮下面随机显示 12 张扑克牌，单击某一张扑克牌，扑克牌向上移动，显示被选中状态，再次单击该扑克牌则向下移动恢复原状，图 9.21(b)显示的是两张 10 被选中后的界面。

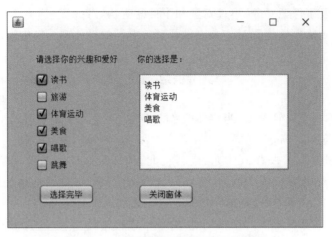

图 9.20 兴趣和爱好选择程序运行界面

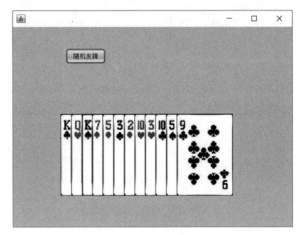

(a) 随机发牌界面

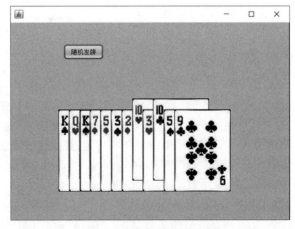

(b) 两张10被选中后的界面

图 9.21 扑克牌显示程序运行界面

5. 编写如图 9.22 所示的简单计算器程序。要求输入第一个数,然后单击运算符,再输入第二个数,输入等号开始计算,计算结果显示在上面组件中。该计算结果可以是下一次计算的第一个数,如果没有下一次计算直接单击运算符,则输入的数字替换该计算结果成为这次计算的第一个数。"开始"按钮将所有信息恢复到程序刚启动状态,"清除"按钮清除本次输入的数字,"退格"按钮删除最后一个数字字符。

图 9.22　简单计算器程序运行界面

第 10 章

图形用户界面（二）

本章接着学习一些常用组件的使用，包括组合框、列表框、菜单等。另外还学习文件选择对话框和消息对话框等通用对话框的使用。

◆ 10.1 组合框和列表框

1. JCombox（组合框）类

JCombox 类似于一个单行文本框和一个下拉列表的组合，下拉列表在用户请求时才显示。通常情况下，单行文本框中显示的是下拉列表中的一项，应用软件中的字体选择或字号选择都是使用的组合框组件。

组合框使用起来非常灵活，有较多的属性和方法需要掌握。

1) model 属性

model 属性用来设置组合框中的列表项，如果是固定数目的列表项，可以通过 model 属性编辑器直接进行设置。

2) editable 属性

editable 属性指定可否在组合框的单行文本框中输入数据，默认值为 false。

3) selectedIndex 属性

selectedIndex 属性设置当前被选中（显示）的列表项的索引下标。

4) selectedItem 属性

selectedItem 属性记录被选中的列表项，是只读属性。

5) 常用方法

表 10.1 是 JCombox 的常用方法，例如，可以使用 getSelectedIndex 方法判断用户选择了列表框的第几项，从而让程序做出相应的反应。

表 10.1 JCombox 的常用方法

方 法	功 能 描 述
void addItem(Object anObject)	为列表添加项
void insertItemAt(Object anObject, int index)	在列表中的给定索引处插入项
void setSelectedIndex(int anIndex)	选择索引 anIndex 处的项

续表

方　　法	功　能　描　述
Object getItemAt(int index)	返回指定索引处的列表项
int getSelectedIndex()	返回当前所选项的索引
Object getSelectedItem()	返回当前所选项
void removeItem(Object anObject)	从列表中移除项
void removeAllItems()	从列表中移除所有项
int getItemCount()	返回列表中的项数

2. JList(列表框)类

JList 组件允许用户从列表中选择一个或多个列表项。其各个列表项是放在单个列表框中的,通过单击选项本身来选定,可以通过设置,允许对列表中的项目进行多项选择。

JList 不支持自动滚动功能,若要实现该功能,需要将 JList 添加到 JScrollPane 中。

1) model 属性

model 属性与组合框一样,用于设置列表项。

2) selectionMode 属性

selectionMode 属性用于设置列表框中列表项的选择模式,有以下 3 个选项。

SINGLE:一次只能选择一个列表项。

SINGLE_INTERVAL:一次可以选择多个列表项,但一次只能选择一个连续区间的列表项。

MULTI_INTERVAL:一次可以选择多个列表项,不存在任何限制,可以选择连续的列表项或者是不连续的列表项。此项是默认设置。

3) selectedIndex 和 selectedIndices 属性

selectedIndex 和 selectedIndices 属性用于存储被用户选择的列表项索引。如果列表框允许多选,selectedIndices 返回一个索引数组记录被选择的索引。

4) selectedValue 和 selectedValues 属性

selectedValue 和 selectedValues 属性用于存储被用户选择的列表项的值。如果列表框允许多选,selectedValues 返回一个对象数组记录被选择的列表项的值。

5) 常用方法

表 10.2 列出了 JList 的常用方法。

表 10.2　JList 的常用方法

方　　法	功能描述
int getMaxSelectionIndex()	返回选择的最大单元索引
int getMinSelectionIndex()	返回选择的最小单元索引
int getSelectedIndex()	返回所选的第一个索引,如果没有选择项,则返回－1

续表

方　　法	功 能 描 述
int[] getSelectedIndices()	返回所选的全部索引的数组(按升序排列)
getSelectedValue()	返回所选的第一个值,如果选择为空,则返回 null
getSelectedValueList()	返回所有选定项的列表,并根据其在列表中的索引按升序排列
int getSelectionMode()	返回允许单项选择还是多项选择
void setSelectionMode(int selectionMode)	设定允许单项选择还是多项选择

例 10.1　编写如图 10.1 所示的程序,组合框中有"辽宁省""吉林省""黑龙江省"3 个选项,默认选择"辽宁省";选择省份之后,下面的列表框中显示该省中的城市,每个省显示 3 个代表性城市即可;左上是一个单行文本框,单击"添加到组合框"按钮,将文本框内的文本添加到组合框中,单击"输出选择的城市"按钮,则在命令行界面中输出所选择的城市,例如,图 10.1 中输出"大连"和"鞍山";单击"关闭窗体"按钮,关闭本窗体。

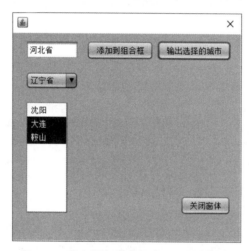

图 10.1　组合框和列表框应用示例对话框

首先建立名称为 ComboList 的窗体,在设计界面中按图 10.1 摆放好合适组件,然后设置单行文本框、3 个按钮的 text 属性。选择组合框,在属性面板中选择 model 属性,单击内容设置右侧的带三个点的编辑按钮,在弹出的组合框 model 属性设置对话框(见图 10.2)中输入省份信息。

model 属性下面的 selectedIndex 属性设置默认选中的项目,如默认选中黑龙江省,可将其设置为 2,在此保持默认值 0 不变。以同样的方式添加列表框的初始值(沈阳、大连、鞍山 3 个辽宁省的城市名称),在列表框的 model 属性下是 selectionModel 属性,用于设定列表框的选择方式(单选、多选),保持其多选状态不变。

双击"关闭窗体"按钮,添加如下代码:

```
private void jButton3ActionPerformed(java.awt.event.ActionEvent evt) {
```

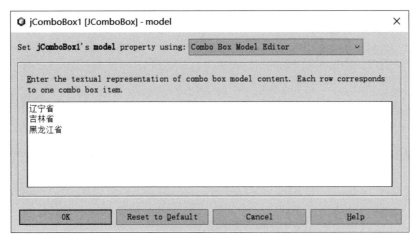

图 10.2　组合框 model 属性设置对话框

```
        this.dispose();
    }
```

与之前使用 exit 方法结束程序不同，上述代码只关闭当前窗体。如果同时打开了多个窗体，它只关闭当前窗体，不结束程序运行。因为本程序只有这一个窗体，所以看起来效果是相同的。

双击"添加到组合框"按钮，添加如下代码：

```
private void jButton1ActionPerformed(java.awt.event.ActionEvent evt) {
    jComboBox1.addItem(jTextField1.getText());
}
```

使用组合框的 addItem 方法可以为组合框添加新的项目，新项目添加到原来项目的后面，也可以使用 insertItemAt 方法将新项目插入原来的项目中。

双击"输出选择的城市"按钮，添加如下代码：

```
private void jButton2ActionPerformed(java.awt.event.ActionEvent evt) {
    ListModel<String>  model = jList1.getModel();
    int m[]=jList1.getSelectedIndices();
    for(int i = 0; i < m.length; i++) {
        System.out.println(model.getElementAt(m[i]));
    }
}
```

由于显示更丰富信息的需要（如显示带图标的信息），列表框的处理方式与组合框有较大不同，上述代码输出了列表框中被选中的文本信息。将来如有更多需要请自行查询 JDK 帮助文档。列表框内容获取较为烦琐，读者在有上述参考代码的情况下能完成列表框内容的访问与识别即可。

双击组合框，添加如下代码：

```java
private void jComboBox1ActionPerformed(java.awt.event.ActionEvent evt) {
    String[] strings;
    if(jComboBox1.getSelectedIndex()==0){
        strings =new String[3];
        strings[0]="沈阳";
        strings[1]="大连";
        strings[2]="鞍山";
    }else if(jComboBox1.getSelectedIndex()==1){
        strings =new String[3];
        strings[0]="长春";
        strings[1]="吉林";
        strings[2]="四平";
    }else if(jComboBox1.getSelectedIndex()==2){
        strings =new String[3];
        strings[0]="哈尔滨";
        strings[1]="齐齐哈尔";
        strings[2]="牡丹江";
    }else{
        //避免提示 strings 可能未被初始化的错误
        strings =new String[3];
    }
    jList1.setModel(new javax.swing.AbstractListModel<String> () {
        public int getSize() { return strings.length; }
        public String getElementAt(int i) { return strings[i]; }
    });
}
```

在程序中,使用组合框的 getSelectedIndex 方法获得当前被选中项的下标,将需要显示在列表框中的字符串形成的列表项放在一个字符串数组 strings 中,然后执行 if 语句后面的代码将其放置在列表框中。最后的设置列表框项是复制的 NetBeans IDE 自动生成的列表框设置代码,不需要死记硬背。

运行程序,查看程序的运行效果。

◆ 10.2 组 件 数 组

在编写扑克牌程序时会发现,对显示扑克牌组件的处理方式是相同的,但由于每个组件的名称都各不相同,因此无法方便地对其进行统一处理。显然,如果能利用数组这一解决相同数据类型批量数据存储和处理的有效工具,必然会有利于程序的编写。

在 Java 语言中,可以创建任意数据类型的数组,存储组件类型的数组称为组件数组。NetBeans IDE 对组件数组的支持很差,因此在使用组件数组时就无法使用其 Design 选项卡中的"所见即所得"功能了。

例 10.2　Poker1,使用组件数组编写扑克牌程序。

下面编写类似于如图 10.3 所示的扑克牌程序,由于编写的是计算机上的应用程序,简单起见,最后运行程序的窗体大小不允许调整。可以先使用设计界面规划好各个组件的尺寸和位置信息,例如,设置窗体大小为 560×560 像素,上面牌距离顶部距离为 10 像素,下面牌距离顶部距离为 350 像素,居中的牌的 x 坐标为 220 像素等。

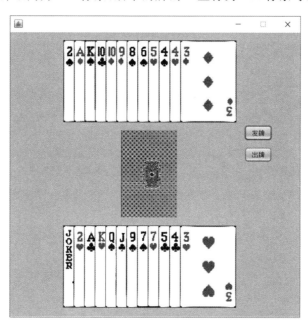

图 10.3　扑克牌程序界面

获取上述信息后就可以利用组件数组使得程序代码更为简单合理了。将窗体 resizable 属性设置为 false,这样窗体的大小将不允许调整;将 preferedSize 设置为合适大小,如设置为 560×560 像素。只保留一张扑克牌,其余删除。

切换到代码编辑窗口,找到最下方的变量声明部分,在其上方(或下方)定义一个 JLabel 组件数组 pk。仿照前面章节定义扑克牌数组 puke,玩家数组 player,剩余牌数目数组 cardCount。注意不要编辑 NetBeans IDE 要求的不可编辑(灰色,有 do not modify 标记)部分,完成后如图 10.4 所示。

```
private javax.swing.JLabel pk[];
//一副扑克牌, 3个玩家, 玩家当前牌数
int[] puke;
int[][] player;
int[] cardCount={12, 12};
// Variables declaration - do not modify
private javax.swing.JButton jButton1;
private javax.swing.JButton jButton2;
private javax.swing.JLabel jLabel13;
// End of variables declaration
```

图 10.4　添加组件数组变量的位置

在上述属性之前复制第 7 章编写的洗牌方法 shuttle 和排序方法 sort。

查看 main 函数,发现程序运行的启动语句是"new Puke().setVisible(true);",构造了 Puke 对象后直接调用显示方法,查看构造函数,发现其调用了函数 initComponents,因为该函数是不让修改的生成代码,编写 initComponents2 方法,在构造函数调用 initComponents 方法后调用我们自己编写的 initComponents2 方法。

initComponents2 方法的定义及实现代码如下:

```java
private void initComponents2(){
    int i,j;
    puke=new int[54];
    //初始化扑克牌
    for(i=0;i<puke.length;i++){
        puke[i]=i;
    }
    //调用洗牌函数
    shuttle(puke);

    //两个玩家的牌
    player=new int[2][12];
    for(i=0;i<24;i++)
        player[i/12][i%12]=puke[i];

    //对每个玩家手中的牌排序
    for(i=0;i<2;i++)
        sort(player[i],cardCount[i]);
}
```

这是初始化扑克牌、洗牌、发牌、玩家手中牌排序,与前面章节中 main 函数中代码类似。

对"发牌"按钮的事件编写下面代码:

```java
private void jButton1ActionPerformed(java.awt.event.ActionEvent evt) {
    pk=new javax.swing.JLabel[54];
    int top=10;
    for(int i=0;i<2;i++){
        top=top+i*340;
        for(int j=11;j>=0;j--){
            pk[j]=new javax.swing.JLabel();
            pk[j].setIcon(new javax.swing.ImageIcon(getClass().getResource
("/image/"+player[i][j]+".jpg"))); //NOI18N
            pk[j].setText("");
            getContentPane().add(pk[j], new org.netbeans.lib.awtextra.
AbsoluteConstraints(340-(12-j) * 20, top, 105, 160));
        }
```

```
    }
    pack();
}
```

　　程序先创建代表 54 张扑克牌的含 54 个 JLabel 组件的组件数组,因为是数组,所以就可以用循环控制下标访问每个组件。循环是显示 12 张扑克牌,循环体代码是复制最后剩下的那张扑克牌代码,在此基础上修改而成的。先是创建一个 JLabel 组件,然后设置其图片,设置文本为空白字符串,显示图片,经尝试将第一幅图片距左边界距离设置为 340。

　　程序运行结果类似于图 10.3。因为扑克牌洗牌程序是随机的,每次显示的扑克牌都是不同的。因为先生成的组件将遮挡后生成的组件,所以按从右向左的次序生成扑克牌组件。

◇ 10.3　多窗体程序

　　许多程序包含多个窗体,例如检查完用户名和密码后进入程序的主界面。这时就涉及窗体之间的调用问题。

　　简单的多窗体程序通常由一个主窗体和若干对话框组成,对话框通常用来提示用户或接收用户的输入,如应用程序通常都会有设置对话框和帮助对话框。Swing 中的对话框使用 JDialog 类,与 JFrame 类一样是顶级容器,通常弹出的对话框是模式对话框,它遮盖了应用程序主窗体,如果不对其进行处理并将其关闭,将无法处理主窗体的内容,如 NetBeans 中 Edit 菜单下的 About 对话框,多数对话框都是这样的;当然也可以将其设置为非模式对话框,如 NetBeans 中 Help 菜单下的 Find、Replace 对话框。

　　例 10.3　多窗体程序示例,通过一个窗体调用和控制另一个窗体。

　　创建一个 JDialog 类型的窗体 NewJDialog(见图 10.5),上面放置一个单行文本框,默认显示 Hello,再放置两个按钮。

　　"关闭"按钮关闭当前窗体,对应代码如下:

```
private void jButton1ActionPerformed(java.awt.event.ActionEvent evt) {
    this.dispose();
}
```

　　"隐藏"按钮隐藏当前窗体,对应代码如下:

```
private void jButton2ActionPerformed(java.awt.event.ActionEvent evt) {
    this.setVisible(false);
}
```

　　创建一个 JFrame 类型的窗体 MultiWindows,放置"打开新窗口"和"结束程序"两个按钮。

　　复制 NewJDialog 窗体的 main 函数中的代码,粘贴到"打开新窗口"按钮的事件处理程序中,最终代码如下:

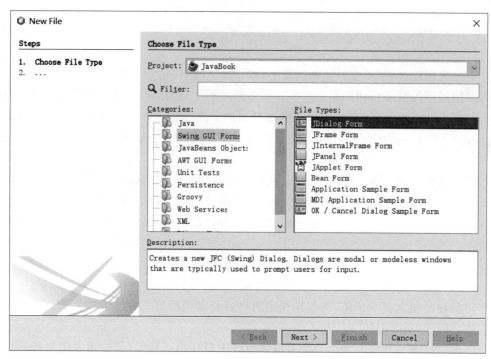

图 10.5　文件类型选择对话框

```
private void jButton1ActionPerformed(java.awt.event.ActionEvent evt) {
    java.awt.EventQueue.invokeLater(new Runnable() {
        public void run() {
            NewJDialog dialog = new NewJDialog(new javax.swing.JFrame(), true);
            dialog.addWindowListener(new java.awt.event.WindowAdapter() {
                @Override
                public void windowClosing(java.awt.event.WindowEvent e) {
                    System.exit(0);
                }
            });
            dialog.setVisible(true);
        }
    });
}
```

"结束程序"按钮对应代码如下：

```
private void jButton2ActionPerformed(java.awt.event.ActionEvent evt) {
    System.exit(0);
}
```

运行 MultiWindows 窗体,单击"打开新窗口"按钮,查看两个窗体同时运行的情况。关闭一个窗体主要有 3 种方式,System 的 exit 方法、窗体的 dispose 和 hide 方法。使用第一种方法将关闭所有打开的窗体，结束程序的运行；窗体的 dispose 方法只关闭当前窗体，与其他窗体无关；窗体的 hide 方法实际上只是隐藏了窗体，窗体不可见但仍在运行中，就像许多应用程序中的查找窗体一样，当关闭它时，它仅仅是隐藏起来了，所以当再次显示时它会保留其"关闭"（实际是隐藏）时的状态信息。

尝试：在 MultiWindows 窗体上放置一个显示按钮，如果 NewJDialog 窗体被隐藏，单击"显示"按钮后显示被隐藏的窗体。

◈ 10.4　菜单的设计

通常情况下图形用户界面系统会提供一个菜单栏，许多应用系统还会提供右键快捷菜单。菜单栏显示在窗体的最上方，标题条下边的位置，这是一个存放菜单的容器。菜单放置在菜单栏或其他菜单上，当单击时会自动展开，它里面的菜单项直接与菜单的执行代码关联，单击则执行相应的程序代码。

1. JMenuBar（菜单栏）

菜单栏只是一个菜单的顶级容器，通常情况下不需要改变其默认属性，使用 IDE 会直接创建一个带有两个菜单的菜单栏。

2. JMenu（菜单）

菜单是放置在菜单栏上的基本组件，当单击一个菜单时，在一个弹出式的菜单面板上会显示它所包含的菜单（称为子菜单）、菜单项等子组件。

1）text 属性

text 属性用于设置菜单的显示文字。

2）mnemonic 属性

mnemonic 属性用于设置菜单的命令字母，属性值一般设置为菜单上出现的一个英文字母。在程序运行时，用户按 Alt 后＋该英文字母键就可以打开此菜单。

3. JMenuItem（菜单项）

菜单项是菜单或子菜单上的执行组件，其功能与按钮类似，当用户单击菜单项时，会执行特定的程序代码。

1）text 和 mnemonic 属性

text 和 mnemonic 这两个属性的功能与 JMenu 相同。

2）accelerator 属性

accelerator 属性指定菜单的快捷键。快捷键是指键盘上的一个组合键，例如常用的 Ctrl＋C（复制）和 Ctrl＋V（粘贴）都是快捷键。

例 10.4　简单菜单设计和使用。

新建一个窗体 SimpleMenu，在组件面板的 Swing Menus 区拖曳 JMenuBar 组件到窗体的设计界面，出现一个带有 File 和 Edit 两个 JMenu 组件的 JMenuBar；拖曳一个

JMenu 组件到 JMenuBar 上,更改其 text 属性值为 Help;拖曳两个 JMenuItem 到 File 菜单下,分别设置其属性值为 Open 和 Quit,为菜单项 Quit 设置快捷键 Ctrl+Q。设置完成后界面显示如图 10.6 所示。

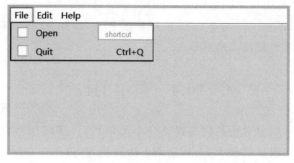

图 10.6 简单菜单设计示例界面

双击 Open 菜单项,编写其事件代码为打开 MultiWindows 窗体,程序代码如下:

```
private void jMenuItem1ActionPerformed(java.awt.event.ActionEvent evt) {
    java.awt.EventQueue.invokeLater(new Runnable() {
        public void run() {
            new MultiWindows().setVisible(true);
        }
    });
}
```

设置 Quit 菜单项的代码为结束程序运行,具体代码如下:

```
private void jMenuItem2ActionPerformed(java.awt.event.ActionEvent evt) {
    System.exit(0);
}
```

运行并测试程序,查看菜单的运行情况。

◇ 10.5 文件选择对话框、颜色选择对话框

1. 文件选择对话框

在实际的应用程序中,经常遇到打开文件、文件另存为对话框,Java 中提供了 JFileChooser(文件选择对话框)组件来完成这一任务,其常用的属性和方法如下。

1) dialogType 属性

dialogType 属性用于设置文件选择对话框的类型,有打开、保存和定制 3 种类型。

2) dialogTitle 属性

dialogTitle 属性用于设置文件选择对话框的标题文字。

3）currentDirectory 属性

currentDirectory 属性用于设置文件选择对话框初始显示文件所使用的文件夹,默认是用户文档文件夹。

4）fileSelectionMode 属性

fileSelectionMode 属性用于设置文件选取模式,可设置只选择文件(默认)、只选择目录(文件夹)和可以选择文件和目录 3 种模式。

5）multiSelectionEnabled 属性

multiSelectionEnabled 属性用于设置文件选择对话框可否选择多个文件。

6）getSelectedFile 和 getSelectedFiles 方法

getSelectedFile 方法用于获取被选中的文件,如果允许多选,getSelectedFiles 方法可得到被选中的文件数组。

7）显示对话框的 3 个方法

showOpenDialog：显示打开对话框。

showSaveDialog：显示保存对话框。

showDialog：显示定制对话框。

8）表示返回值的两个类属性

APPROVE_OPTION：在对话框中选择打开(或保存)按钮的返回值。

CANCEL_OPTION：在对话框中选择取消按钮的返回值。

例 10.5　使用文件选择对话框选择图片文件,然后显示选择的图片文件。

新建一个窗体 ShowImage,在组件面板的 Swing Menus 区拖曳 JMenuBar 组件到窗体的设计界面,出现一个带有 File 和 Edit 两个 JMenu 组件的 JMenuBar。删除 Edit 菜单,拖曳两个 JMenuItem 到菜单 File 下,分别设置其属性值为 Open 和 Quit。在组件面板中打开 Swing Windows,将 File Chooser 拖曳到窗体中,就可以在左下的导航面板中看到此组件变量。放置一个 JLabel 组件到窗体上,调整到合适宽度,删除其 text 属性中的文本内容。

修改 Open 菜单项代码如下：

```
private void jMenuItem1ActionPerformed(java.awt.event.ActionEvent evt) {
    int a=jFileChooser1.showOpenDialog(this);
    if(a==JFileChooser.APPROVE_OPTION){
        String path=jFileChooser1.getSelectedFile().toString();
        jLabel1.setIcon(new javax.swing.ImageIcon(path));
    }
}
```

运行程序,单击 Open 菜单项,弹出文件选择对话框,如图 10.7 所示。

选择一个图片文件,单击"打开"按钮,此图片将显示在标签组件中,界面如图 10.8 所示。

文件打开、保存使用的都是文件选择对话框,该对话框的意义在于可以获得一个文件的完整路径,至于之后的处理(例如,本例中的显示图片),与此对话框无关。

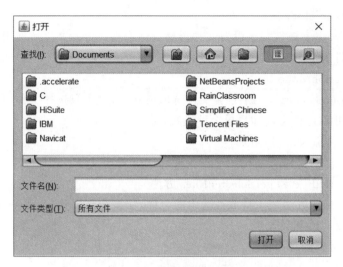

图 10.7　文件选择对话框

图 10.8　选择并显示图片示例界面

2. 颜色选择对话框

　　JColorChooser(颜色选择对话框)用于辅助用户进行颜色选择和设置,通常只需要使用其 showDialog 类方法显示如图 10.9 所示的颜色选择对话框,然后使用其返回的 Color 类对象即可。

　　例 10.6　ShowImage2,使用颜色选择对话框进行颜色的获取和设置。

　　使用例 10.5 的程序,在窗体上方添加一个 JLabel 组件,设置其 text 属性为"图片和颜色",在菜单项 Open 和 Quit 之间添加一个菜单项 Color,编写其事件代码如下:

```java
private void jMenuItem3ActionPerformed(java.awt.event.ActionEvent evt) {
    Color fg=jLabel2.getForeground();
    fg=JColorChooser.showDialog(this, "颜色选择", fg);
```

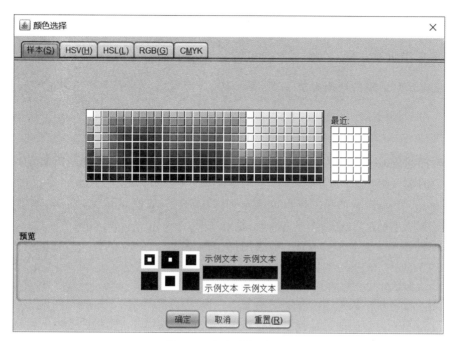

图 10.9 颜色选择对话框

```
        jLabel2.setForeground(fg);
}
```

JColorChooser 的类方法 showDialog 有 3 个参数：第一个设置其父窗体；第二个设置窗体标题；第三个设置颜色的默认值。

运行程序，单击 Color 菜单项弹出颜色选择对话框，选择某一种颜色后单击"确定"按钮，标签上的文字"图片和颜色"变为刚刚选定的颜色。

◇ 10.6　消息对话框

JOptionPane(消息对话框)提供了多样化的通用消息的显示和选择对话框，有助于方便地弹出要求用户提供数值或向其发出通知的标准消息对话框。几乎所有 JOptionPane 类的使用都是对类方法 showXxxDialog 之一的调用，JOptionPane 类的常用类方法如表 10.3 所示。

表 10.3　JOptionPane 类的常用类方法

方　　法	功　能　描　述
showMessageDialog	告知用户某事已发生
showConfirmDialog	询问一个确认问题，如 yes、no、cancel
showInputDialog	提示要求某些输入
showOptionDialog	根据参数不同可显示上述 3 项之一

以上所有对话框都是模式的,只有当用户关闭对话框后,其他窗体才能使用。

1. 消息提示对话框

消息提示对话框的调用方法:

```
static void showMessageDialog (Component parentComponent, Object message,
String title, int messageType)
```

弹出标题为 title 、内容为 message 的消息提示对话框,它显示使用由 messageType 参数确定的默认图标。

messageType 定义消息的样式,对应一个默认图标,取值如下。

(1) INFORMATION_MESSAGE:信息图标。

(2) WARNING_MESSAGE:警告图标。

(3) ERROR_MESSAGE:错误图标。

(4) QUESTION_MESSAGE:问号图标。

(4) PLAIN_MESSAGE:不显示图标。

例 10.7　带有不同图标的多种消息提示对话框示例。

新建一个窗体 OptionMessage,在窗体上放置一个按钮,添加按钮事件处理代码如下:

```
private void jButton1ActionPerformed(java.awt.event.ActionEvent evt) {
    JOptionPane.showMessageDialog(this, "这是消息提示对话框",
            "提示", JOptionPane.INFORMATION_MESSAGE);
    JOptionPane.showMessageDialog(this, "这是消息提示对话框",
            "提示", JOptionPane.WARNING_MESSAGE);
    JOptionPane.showMessageDialog(this, "这是消息提示对话框",
            "提示", JOptionPane.ERROR_MESSAGE);
    JOptionPane.showMessageDialog(this, "这是消息提示对话框",
            "提示", JOptionPane.QUESTION_MESSAGE);
    JOptionPane.showMessageDialog(this, "这是消息提示对话框",
            "提示", JOptionPane.PLAIN_MESSAGE);
}
```

运行程序,单击该按钮后依次显示如图 10.10 所示的 5 个消息提示对话框。

(a) 通知消息　　　　　　　　(b) 警告消息

图 10.10　消息提示对话框

(c) 报错消息　　　　　　　　(d) 询问消息

(e) 普通消息

图　10.10（续）

2. 消息选择对话框

消息选择对话框是带有选项 Yes、No 和 Cancel 等选择按钮的对话框，主要有以下两种调用方式：

```
static int showConfirmDialog (Component parentComponent, Object message,
String title, int optionType)
static int showConfirmDialog (Component parentComponent, Object message,
String title, int optionType, int messageType)
```

其中，messageType 参数确定要显示的图标，含义与消息提示对话框介绍相同；optionType 参数确定其中选项数，用来确定显示哪几个按钮组合，其值如下：

（1）DEFAULT_OPTION：只显示一个"确定"按钮。

（2）YES_NO_OPTION：显示"是""否"两个按钮。

（3）YES_NO_CANCEL_OPTION：显示"是""否""取消"3 个按钮。

（4）OK_CANCEL_OPTION：显示"确定""取消"两个按钮。

例 10.8　带有不同按钮组合的消息选择对话框示例。操作与例 10.7 相同，文件名为 OptionConfirm，修改按钮事件处理代码如下：

```
private void jButton1ActionPerformed(java.awt.event.ActionEvent evt) {
    int a;
    a=JOptionPane.showConfirmDialog(this, "这是消息选择对话框",
            "请选择", JOptionPane.OK_CANCEL_OPTION,
            JOptionPane.INFORMATION_MESSAGE);
    System.out.println(a);
}
```

运行程序，显示如图 10.11 所示的消息选择对话框。

因为有两个按钮,所以程序应针对用户的选择做出不同的反应,当用户单击"确定"按钮时的返回值为 0,当用户单击"取消"按钮时的返回值为 2,这样就可以通过判断返回值来控制程序的运行,在例 10.8 中只是简单地输出了返回值。

尝试修改参数改变显示的按钮个数,并查看其返回值。

图 10.11　消息选择对话框

3. 输入对话框

输入对话框是显示请求用户输入内容的并提供一个输入文本框的对话框,主要有以下两种调用方式:

```
static String showInputDialog (Component parentComponent, Object message,
Object initialSelectionValue)
static String showInputDialog (Component parentComponent, Object message,
String title, int messageType)
```

下面方法显示的是带图标的输入对话框。

例 10.9　简单信息输入对话框示例,操作与例 10.8 相同,文件名为 OptionInput,修改按钮事件处理代码如下:

```
private void jButton1ActionPerformed(java.awt.event.ActionEvent evt) {
    String s;
    s=JOptionPane.showInputDialog(this, "请输入一个正整数", "10");
    /* 用 matches 判断其是不是一个正整数,参数是正则表达式,
    ** 含义是没有或有多个 0,有一个 1~9 的数字,0~9 的数字没有或有多个,
    ** 属于课外内容,感兴趣的同学可自行查询帮助文件 */
    if(s.matches("0 * [1-9][0-9] * ")){
        for(int i=0;i<=Integer.parseInt(s);i++)
            System.out.print(i+",");
        System.out.println();
    }else
        System.out.println(s+"不是一个正整数");
}
```

运行程序,显示如图 10.12 所示的"输入"对话框,默认显示数值 10。

图 10.12　"输入"对话框

如果按要求输入一个正整数，程序输出从 0 开始到该数字的一系列整数，否则输出错误信息。

◇ 10.7　程序设计实例

例 10.10　编写一考试程序，只有指定学号的学生才能参加考试，有统一的考试密码，程序运行显示如图 10.13 所示的登录窗口 Login，输入正确的学号和考试密码后显示如图 10.14 所示的答题窗口 Test。如学号或考试密码错误，弹出消息提示对话框，提示信息分别是"学号不存在！"（见图 10.15）和"考试密码错误！"。

图 10.13　登录窗口

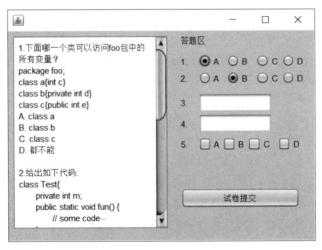

图 10.14　答题窗口

图 10.15　登录错误提示框

将学号存储在字符串数组中,14.6 节学习文件操作,可以将学号存储在文件中。获得用户输入的学号后,与字符串数组中的学号一一比对,不存在则使用消息提示对话框显示提示信息。考试密码直接比较即可。程序代码如下:

```java
private void jButton1ActionPerformed(java.awt.event.ActionEvent evt) {
    String []users={"20210001","20210002","20210003"};
    String user,userPassword,password="test";
    int i;

    user=jTextField1.getText().trim();
    userPassword=jTextField2.getText().trim();
    for(i=0;i<users.length;i++)
        if(user.equals(users[i]))
            break;
    if(i==users.length)
        JOptionPane.showMessageDialog(this, "学号不存在!", "错误",
                            JOptionPane.ERROR_MESSAGE);
    else if(!userPassword.equals(password))
        JOptionPane.showMessageDialog(this, "考试密码错误!", "错误",
                            JOptionPane.ERROR_MESSAGE);
    else{
        this.dispose();
        java.awt.EventQueue.invokeLater(new Runnable() {
            public void run() {
                new Test().setVisible(true);
            }
        });
    }
}
```

答题窗口(见图 10.14)中左侧试题显示部分文字较多,使用 JTextArea 组件并设置其换行属性 lineWrap 为 true;右侧两道单选题中每道题只能选中一个选项。

例 10.11 编写如图 10.16 所示的简单斗地主界面。假定玩家一是地主,玩家一可按斗地主规则出 1~5 张牌。单击扑克牌,扑克牌上升表示被选中,如图 10.16 中 3 个 5 和 1 个 3 被选中,再次单击被选中的扑克牌就取消选中。

如图 10.16 所示情况符合斗地主出牌规则(三带一),单击"出牌"按钮可以出牌,出牌后显示如图 10.17 所示的界面。如果方块 4 也被选中,这种情况不可以出牌,因为不符合斗地主出牌规则。

解题思路:直接使用第 9 章编写的扑克牌类,在此重新命名为 Poker 类,这里包含本题要求的所有斗地主扑克牌所需要的逻辑处理代码。

参考前面组件数组示例,新建名为 Poker2 的 JFrame 类,设置其 resizable 属性为 false,preferedSize 为 560 * 560。创建代表两个农民的玩家 2、玩家 3 的图片、3 个显示信息的标签和两个按钮。设置完成后将布局管理器改为 Null Layout(无布局管理器),这是

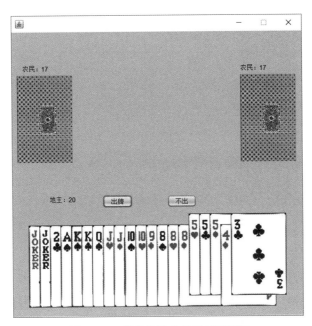

图 10.16　简单斗地主界面(出牌前)

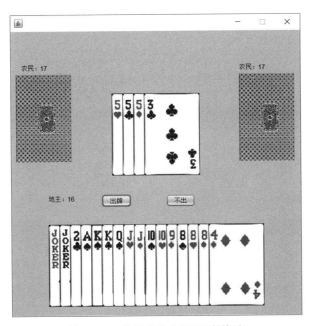

图 10.17　简单斗地主界面(出牌后)

因为在使用程序组件图片标签显示和移动时,Absolute Layout 的反应不够灵敏。

切换到代码编辑窗口,找到最下方的变量声明部分,在其上方添加如下属性。

```
//扑克牌组件数组,最新出的扑克牌显示组件数组
private javax.swing.JLabel pk[];
```

```
private javax.swing.JLabel pk1[];
//一副扑克牌,3 个玩家,玩家当前剩余牌数,当前玩家的牌是否被选中
int[] puke;
int[][] player;
int[] cardCount={20,17,17};
int[] nowSelectCards=new int[20];
//当前要出的牌及牌的张数
int[] select=new int[20];
int selectCount=0;
//扑克牌显示位置坐标,
//left 是显示 20 张牌时左侧第 1 张牌的位置,当牌数低于 20 时,为保证牌居中,
//应重新计算该位置,left1 是玩家 1 的位置,left2 是显示已出扑克牌的位置
int left=30,top=350;
int left1=30,left2=30;
```

将来图片显示时,单击某个图片时图片应向上移动以表示被选中,因此需要统一的图片单击事件处理代码。可以双击某个 JLabel 组件,仿照其生成的图片事件代码函数的样子编写下面的图片事件处理函数:

```
private void pkMouseClicked(java.awt.event.MouseEvent evt) { }
```

在构造函数中添加调用 initComponents2 方法,用于初始化扑克牌组件及其显示,initComponents2 方法代码如下:

```
private void initComponents2(){
    int i,j;
    puke=new int[54];
    //初始化扑克牌
    for(i=0;i<puke.length;i++){
        puke[i]=i;
    }
    //调用洗牌函数
    Poker.shuttle(puke);

    //3 个玩家的牌
    player=new int[3][20];
    for(i=0;i<51;i++)
        player[i/17][i%17]=puke[i];
    //底牌给第 1 个玩家
    for(i=51,j=17;i<54;i++,j++)
        player[0][j]=puke[i];

    //对每个玩家手中的牌排序
    for(i=0;i<3;i++)
        Poker.sort(player[i],cardCount[i]);
```

```
    //创建显示玩家 1 扑克的组件,最多 20 张牌
    pk=new javax.swing.JLabel[20];
    //因图片覆盖的缘故,后创建的组件被遮挡,从右到左创建图片
    for(j=cardCount[0]-1;j> =0;j--){
        pk[j]=new javax.swing.JLabel();
         pk[j].setIcon(new javax.swing.ImageIcon(getClass().getResource("/
image/"+player[0][j]+".jpg")));
        pk[j].setText("");
        getContentPane().add(pk[j]);
        //设置图片显示位置和图片大小
        pk[j].setBounds(left+j * 20, top, 105, 160);
        //为所有图片添加单击统一处理的事件,自己编写的 pkMouseClicked
        pk[j].addMouseListener(new java.awt.event.MouseAdapter() {
            public void mouseClicked(java.awt.event.MouseEvent evt) {
                pkMouseClicked(evt);
            }
        });
    }
    //创建显示在中间的刚刚打出的扑克牌组件,与上面相同
    pk1=new javax.swing.JLabel[20];
    for(j=cardCount[0]-1;j>=0;j--){
        pk1[j]=new javax.swing.JLabel();
        pk1[j].setIcon(new javax.swing.ImageIcon(getClass().getResource("/
image/"+player[0][j]+".jpg")));
        pk1[j].setText("");
        getContentPane().add(pk1[j]);
        //显示位置在中间,比玩家 1 高 240 像素,top-240
        pk1[j].setBounds(left+j * 20, top-240, 105, 160);
        //刚开始时没有出牌,组件被设置为不可见
        pk1[j].setVisible(false);
    }
}
```

　　方法中,创建扑克牌数组,然后洗牌、分牌、整理扑克牌(排序),最后显示玩家 1 的扑克牌,并创建了将来使用的显示刚刚打出的牌的组件。

　　编写前面创建的选择和取消选择扑克牌的 pkMouseClicked 事件代码如下:

```
private void pkMouseClicked(java.awt.event.MouseEvent evt) {
    //获得被单击的 JLabel 组件对象
    JLabel jl=(JLabel)(evt.getSource());
    //根据位置确定第几张牌被单击
    int i=(jl.getX()-left1)/20;
    //若该牌未被选中,则组件向上移动,选中该牌;否则组件向下移动,取消选中该牌
    if(nowSelectCards[i]==0){
```

```
            jl.setLocation(jl.getX(), jl.getY()-20);
            nowSelectCards[i]=1;
        }else{
            jl.setLocation(jl.getX(), jl.getY()+20);
            nowSelectCards[i]=0;
        }
    }
```

当不出(pass)牌时,仅将被选中的扑克牌取消选择即可,代码如下:

```
private void jButton2ActionPerformed(java.awt.event.ActionEvent evt) {
    for(int i=0;i<cardCount[0];i++)
        if(nowSelectCards[i]==1){
            pk[i].setLocation(pk[i].getX(), pk[i].getY()+20);
            nowSelectCards[i]=0;
        }
}
```

　　用户单击"出牌"按钮,出牌前程序会检查用户所选牌型是否符合要求,先将所有被选择的牌按顺序存放在 select 数组中,因为用户的牌已排序,所以此时 select 数组中的牌是有序的。符合 Poker 类中牌型检查要求。

```
private void jButton1ActionPerformed(java.awt.event.ActionEvent evt) {
    //默认设置为牌型检查不通过
    boolean pass=false;
    int i,count=0;
    //将选中的牌放在 select 数组中并计数
    for(i=0;i<cardCount[0];i++){
        if(nowSelectCards[i]==1)
            select[count++]=player[0][i];
    }
    //根据选择牌的数目调用 Poker 中相应的判断程序
    switch(count){
        case 1:
            pass=true;
            break;
        case 2:
            if(Poker.two(select)!=-1)
                pass=true;
            break;
        case 3:
            pass=Poker.three(select);
            break;
        case 4:
            if(Poker.four(select)!=-1)
                pass=true;
```

```
                break;
            case 5:
                if(Poker.five(select)!=-1)
                    pass=true;
                break;
        }
        //在此仅对符合规则的牌进行处理,可对不符合规则的牌给予提示,此处略
        if(pass){
            int j=0;
            for(i=0;i<cardCount[0];i++){
                //选中标记复位,剩余的牌连续存储
                if(nowSelectCards[i]==1){
                    nowSelectCards[i]=0;
                }else{
                    player[0][j]=player[0][i];
                    j++;
                }
            }
            //重置剩余牌数,设置出牌数
            cardCount[0]-=count;
            selectCount=count;
            //调用显示函数更新界面显示
            showCard();
        }
    }
```

编写 showCard()方法,用于重新显示出牌后的扑克牌程序界面,将手中的牌去除已经出掉的牌,并将刚出的牌显示在出牌区。程序代码如下:

```
private void showCard(){
    //重新计算扑克牌显示位置,left1是玩家 1 的位置,left2是显示已出扑克牌的位置
    int i;
    //对玩家的扑克牌组件,只保留手中牌数的组件显示
    for(i=cardCount[0];i<20;i++)
        pk[i].setVisible(false);
    //每少两张牌右移一张牌的位置,20
    left1=left+(20-cardCount[0])/2*20;
    //显示当前手中的扑克牌
    for(i=0;i<cardCount[0];i++){
        pk[i].setLocation(left1+i*20, top);
        pk[i].setIcon(new javax.swing.ImageIcon(getClass().getResource("/
image/"+player[0][i]+".jpg")));
    }

    //显示刚刚打出的扑克牌,与上面类似。不同之处在于,
```

```
//因为每次打出牌数可多可少,所以先隐藏所有组件,然后显示必要数目的组件
for(i=0;i<20;i++)
    pk1[i].setVisible(false);
left2=left+(20-selectCount)/2*20;
//打出的牌存放在 select 数组中,数目是 selectCount 个,都是类中定义的属性
for(i=0;i<selectCount;i++){
    pk1[i].setLocation(left2+i*20, top-240);
    pk1[i].setVisible(true);
    pk1[i].setIcon(new javax.swing.ImageIcon(getClass().getResource("/
image/"+select[i]+".jpg")));
}
//标签中显示当前手中牌数
jLabel1.setText("地主:"+cardCount[0]);
}
```

至此,已经完成了编写斗地主程序所涉及的打牌逻辑设计思想的讲解,具备了编写该程序的所有必要技术。只要读者投入时间和精力,就可以自行编写和完善单机版斗地主程序了。如果想要在程序中添加简单动画或者声音,第 11、12 章有相应讲解,从编程角度而言只是简单函数调用,属于锦上添花而已。

◇ 本 章 小 结

1. 组合框和列表框都可以对多条并列性信息进行处理,组合框所占显示空间更小一些,而列表框往往可以同时选择多条信息。

2. 菜单上主要有菜单和菜单项,单击菜单项类似于单击了一个按钮。

3. 文件选择对话框用于选择要打开或存储的磁盘文件。

4. 颜色选择对话框用于设定更丰富的颜色。

5. 消息对话框主要有提示、选择和输入 3 种。

◇ 概 念 测 试

1. 在设计视图中,修改组合框和列表框中的项目,应修改_____属性。

2. 可以通过事件处理代码参数的_____方法获得事件源对象。

3. 如果有多个窗体同时处于运行状态,关闭当前窗体而不影响其他窗体的运行,应使用_____方法。

4. 使用文件选择对话框显示保存对话框,应使用_____类对象的_____方法。

5. 显示颜色选择对话框,应使用_____类的_____方法。

6. 显示简单的通知性消息,应使用_____类的_____方法,显示询问确认性消息,应使用_____方法。

◆ 编 程 实 践

1. 设计如图 10.18 所示的应用程序界面。左侧组件能显示多行信息,但不能更改。右侧组件依次为用户不可改的单行数字显示;用户可输入姓名,选择性别(默认值为男),选择省(下面城市列表只显示该省城市),选择市。单击"添加"按钮,在左侧组件上一行中显示右侧信息,如图则显示"1-张三-男-江苏省-南京市",右侧上方组件中数字 1 变为 2,再次选择后单击"添加"按钮,新的一行信息添加到左侧组件最后。

图 10.18　添加两次信息后的显示界面

2. 编写如图 10.19 所示的应用程序。带有正确文字的选项是正确答案,选择答案后,单击"提交"按钮,弹出消息对话框显示如图 10.20 所示的成绩评分信息,每题 5 分,按"退出"按钮结束程序。

图 10.19　单选题显示界面

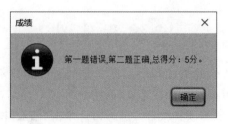

图 10.20　成绩评定及显示界面

3. 编写如图 10.21 所示的应用程序。标注正确的是正确选项,用户选择答案后单击"提交"按钮,显示如图 10.22 所示的成绩评分信息,共分完全正确、部分正确和错误 3 种情况,单击"退出"按钮结束程序。

图 10.21　多选题显示界面

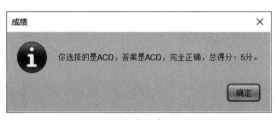

(a) 完全正确

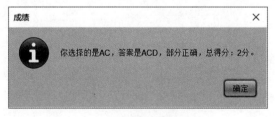

(b) 部分正确

图 10.22　成绩评定及显示界面

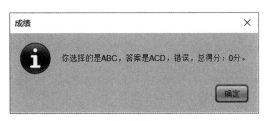

(c) 错误

图 10.22(续)

4. 编写如图 10.23 所示应用程序(先不显示图片)。单击"选择图片文件"按钮后,显示如图 10.24 的"打开"对话框,选择要显示的图片;单击"显示图片"按钮,显示刚刚选中的图片;单击"关闭"按钮结束程序。

图 10.23 图片显示界面

图 10.24 "打开"对话框

5. 编写如图 10.25 所示的应用程序。单击"文件"菜单中的"退出"菜单项后,显示如图 10.26 的"请选择"对话框,选择"是"按钮结束程序,选择"否"按钮显示如图 10.27 的消息提示对话框。

图 10.25　菜单设计及显示界面

图 10.26　"请选择"对话框

图 10.27　消息提示对话框

6. 编写如图 10.28 所示的应用程序。单击"文件"菜单中的"打开"菜单项，显示如图 10.29 所示的"打开"对话框，选择某一个磁盘文件后，单击"打开"按钮，在多行文本框中的第一行显示该文件所在的磁盘目录，第二行显示文件名，如图 10.30 所示。单击"文件"菜单中的"关闭"菜单项结束程序。

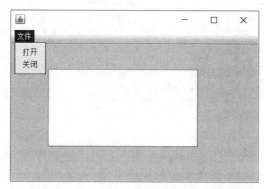

图 10.28　打开菜单后的程序界面

图 10.29　"打开"对话框

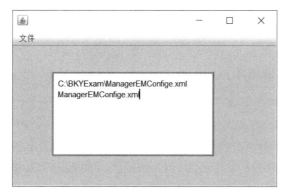

图 10.30　被选择文件信息显示界面

第11章

类的继承与多态

继承是面向对象语言最核心的概念之一，是重用代码最重要的方式。一个类继承了其他类，那么它就自动拥有了被继承类里编写的所有属性和方法，并可以在此基础上对某些方法进行功能上的改变，增加新的属性和方法。另外，由于继承的缘故，使得程序的多态性表现得更为灵活。

◇ 11.1 类 的 继 承

1. 继承的概念

继承实际上是两个类之间的一种关系，当一个类 A 继承了另一个类 B，则类 A 将自动拥有类 B 中的全部成分(属性和方法)。被继承的类 B 称为父类、超类或基础类，而相应的类 A 被称为子类、衍生类或派生类。Java 语言规定一个父类可以同时拥有多个子类，但一个子类只能有一个直接的父类。使用继承技术降低了代码编写中的冗余度，更好地实现了代码的复用功能，从而提高了程序编写的效率，使得程序维护变得更简单、更方便。

例如，要编写一个包含多种类型汽车的程序，在程序中，汽车分为很多种，如小轿车、面包车、大客车等。如果要实现对各种不同汽车的管理，就需要为每种汽车创建一个类，而每个类中都应该有所有汽车共有的属性和方法，如每辆汽车都有长度、宽度、高度、颜色、车门数、座位数等属性，也都有启动、加速、转弯、刹车等方法。如果将所有这些汽车共有的属性和方法都抽象出来，构建一个汽车类，让编写的各种类型的汽车都继承这个类，从而自动获得汽车类中定义的属性和方法，这样就会节省大量重复编程的时间，而且一旦修改这些代码也更加方便了。汽车类及其子类如图 11.1 所示(使用带空心三角箭头的实线表明类之间的继承关系)。

由于小轿车、面包车、大客车继承了汽车类，因此可以自动拥有汽车类中定义的所有属性和方法。

2. 继承的实现

Java 中的继承是通过使用 extends 关键字来实现的，在定义类时使用

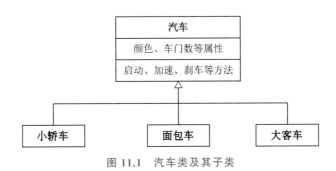

图 11.1　汽车类及其子类

extends 关键字指明新定义类的父类,这样就在两个类之间建立了继承关系。其语法如下:

```
[类修饰符]  class 子类名 extends 父类名
{类体}
```

例 11.1　Inherit_00.java,编写在计算机屏幕上显示的图形程序,图形有直线、矩形和正方形 3 种。

以上所有图形都有颜色、粗细等属性,有显示、隐藏等方法,可以将这些共有的特性写入一个图形类(Shape)中,从而利用继承来优化程序。假定每个图形都有各自的颜色,而所有图形的线型粗细都是相同的,则有以下 Shape 类的代码:

```java
import java.awt.*;
class Shape{
    Color color;
    static int width;
    void show(){
        System.out.println("Shape 中,颜色为"+color+",粗细为"+width);
    }
    void hide(){
        System.out.println("Shape.hide();");
    }
}
```

我们还不清楚如何在屏幕上显示和隐藏一个图形,因此仅在 show 和 hide 代码中输出相关的文字信息加以替代。编写直线 Line 类继承 Shape 类,程序代码如下:

```java
class Line extends Shape{
    Point p1,p2;
    Line(Point p1,Point p2,Color color){
        this.p1=p1;
        this.p2=p2;
        this.color=color;
    }
    Line(int x1,int y1,int x2,int y2,Color color){
```

```
            p1=new Point(x1,y1);
            p2=new Point(x2,y2);
            this.color=color;
        }
    }
```

Line 类中增加了两个顶点的定义,它继承了父类的所有属性和方法,因此可以在构造方法中直接使用 color 属性(这个属性是在父类中定义的)。编写下面代码对上述类进行测试:

```
public class Inherit_00 {
    public static void main(String[] args) {
        Point p1,p2;
        Line l1;
        Shape.width=3;
        p1=new Point(2,3);
        p2=new Point(7,9);
        l1=new Line(p1,p2,Color.RED);
        l1.show();
        l1.hide();
    }
}
```

上述所有代码都位于同一个源文件 Inherit_00.java 中,程序运行结果如下:

```
Shape 中,颜色为 java.awt.Color[r=255,g=0,b=0],粗细为 3
Shape.hide();
```

程序正常执行,在 Line 类中虽然没有编写 show 和 hide 方法,但因为继承的关系,Line 类中自动拥有了这两个方法。显然子类中应该有不同于父类的属性和方法,否则程序就没有必要定义子类了,直接使用父类对象就可以了。

◇ 11.2 方法的覆盖与多态性

在程序的设计过程中,通过继承可以快速地将父类中定义的属性和方法应用到子类中。但是,不是所有继承下来的成员都是符合需要的,这时就可以通过使用覆盖(override)技术解决这个问题。

子类对继承自父类的成员重新进行定义称为覆盖。要进行覆盖,就是在子类中对需要覆盖的成员用与父类中相同的格式,再重新定义声明一次,这样就可以对继承下来的成员方法进行功能的重新实现,从而达到程序设计的要求。

例如,11.1 节编写的 Line 类,在屏幕上显示直线的方法自然与 Shape 类中的显示方法不同,因为 Line 类中多了两个端点属性,这样就可以重新定义该方法。

在 Line 类中,添加如下的 show 方法:

```
void show(){
        System.out.println("直线的端点为("+p1.x+","+p1.y+")和
                ("+p2.x+","+p2.y+"),颜色为"+color+",粗细为"+width);
}
```

重新编译运行上面的测试代码(修改后的代码见 Inherit_01.java,为避免类名冲突,Line 类改为 Line1 类),程序运行结果如下:

直线的端点为(2,3)和(7,9),颜色为 java.awt.Color[r=255,g=0,b=0],粗细为 3
Shape.hide();

可以发现,因为在 Line 类中没有覆盖 Shape 类的 hide 方法,因此 Line 类的对象执行的是在 Shape 类中定义的 hide 方法;而在调用 show 方法时,执行的是在 Line 类中重新定义的 show 方法,也就是说,Line 类中的 show 方法覆盖了 Shape 类中的 show 方法,或者说 Shape 类中的 show 方法被隐藏了。

需要注意的是,方法覆盖一定是方法名、参数列表都相同,如果参数列表不同就不是覆盖,而是在第 8 章介绍的方法的重载,只不过这个重载方法写在子类中了。方法的重载和方法的覆盖都体现了程序运行的多态性,也就是同名方法在调用时可对应多种不同的执行代码。

例 11.2 Inherit_02.java,方法的覆盖与运行的多态性。

显然,矩形(Rectangle)类也是 Shape 类的子类,在矩形类中,除了重写(覆盖)了 show 方法,还增加了一个求矩形面积的方法。程序代码如下:

```
class Rectangle extends Shape{
    //矩形的左上角点的坐标
    Point p1;
    //矩形的宽和高
    double width,height;
    Rectangle(Point p1,double width,double height,Color color){
        this.p1=p1;
        this.width=width;
        this.height=height;
        this.color=color;
    }
    void show(){
        System.out.println("矩形的位置为("+p1.x+","+p1.y+");长为"+width+",
                宽为"+height+",颜色为"+color+",粗细为"+Shape.width);
    }
    //计算矩形的面积
    double getArea(){
        return width * height;
    }
}
```

如果要使用父类中被覆盖的方法或被隐藏的变量,此时可以使用 super 关键字。第 8 章学习的 this 关键字代表的是当前对象,而 super 关键字代表的是当前对象的直接父类对象,使用方式如下:

super.成员变量,访问父对象的被隐藏的成员变量。

super.成员方法([参数列表]),访问父对象的被覆盖的成员方法。

super([参数列表]),访问父对象的构造方法,只能出现在子类的构造方法的第一行。

正方形(Square)类是矩形类的子类,程序代码如下:

```java
class Square extends Rectangle{
    Square(Point p1,double width,Color color){
        super(p1,width,width,color);
    }
    void show(){
        System.out.println("正方形的位置为("+p1.x+","+p1.y+");边长为
                "+width+",颜色为"+color+",粗细为"+Shape.width);
    }
}
```

编写调用上述类对象的执行代码如下:

```java
public class Inherit_02 {
    public static void main(String[] args) {
        Point p1,p2;
        Line l1,l2;
        Shape.width=3;
        p1=new Point(2,3);
        p2=new Point(7,9);
        Rectangle rect;
        Square sq;
        rect=new Rectangle(p1,4,3,Color.BLUE);
        sq=new Square(p2,4,Color.green);
        rect.show();
        System.out.println("面积为"+rect.getArea());
        sq.show();
        System.out.println("面积为"+sq.getArea());
        sq.hide();
    }
}
```

程序运行结果如下:

矩形的位置为(2,3);长为 4.0,宽为 3.0,颜色为 java.awt.Color[r=0,g=0,b=255],粗细为 3
面积为 12.0
正方形的位置为(7,9);边长为 4.0,颜色为 java.awt.Color[r=0,g=255,b=0],粗细为 3
面积为 16.0

```
Shape.hide();
```

　　程序中创建了矩形和正方形对象,并分别调用其 show 方法和 getArea 方法,show 方法的执行显示了程序的多态性。Square 对象的 getArea 方法继承自 Rectangle 类,当 Square 对象调用 hide 方法时,实际上执行的是从 Shape 类中继承下来的 hide 方法。

　　图 11.2 显示的是我们编写的几种图形类的类图。图中,Line 类、Rectangle 类继承了 Shape 类,Square 类继承了 Rectangle 类。继承关系实际上是对象之间的一种是(is)的关系,因为父类约定了凡是拥有其全部属性和方法的对象都是该类的实例,而子类对象拥有父类中的所有属性和方法(这是继承规定的),因此子类对象当然可以看作父类对象的一个实例。例如,图 11.2 中 Rectangle 类是 Shape 类的一种特例,Square 类是 Rectangle 类的一种特例,同时也是 Shape 类的一种特例。

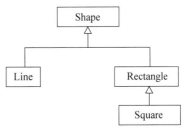

图 11.2　Shape 类及其子类

　　程序在运行时,会随着变量中存放的实际对象的不同而自动调用合适的方法,这就是一种运行时的多态。

　　例 11.3　对 Inherit_01 和 Inherit_02 中编写的类进行多态性测试。

　　程序代码如下:

```
import java.awt.*;
public class Inherit_03 {
    public static void main(String[] args) {
        Point p1,p2;
        Shape shape;
        Shape.width=3;
        p1=new Point(2,3);
        p2=new Point(7,9);

        //Line 类是 Shape 类的直接子类,可以赋值给 Shape 类型变量
        shape=new Line(p1,p2,Color.red);
        //根据 Shape 类中的实际类型运行 Line 类中定义的 show 方法
        shape.show();
        //因为 Line 类中没有定义 hide 方法,运行其继承的 hide 方法
        shape.hide();

        //Rectangle 类是 Shape 类的直接子类,可以赋值给 Shape 类型变量
        shape=new Rectangle(p1,4,3,Color.BLUE);
        //根据 Shape 类中的实际类型运行 Rectangle 类中定义的 show 方法
        shape.show();
        //在 Shape 类中不存在 getArea 方法,不能直接调用
        //System.out.println("面积为"+shape.getArea());
```

```
        //Square 类是 Shape 类的间接子类,也可以赋值给 Shape 类型变量
        shape=new Square(p2,4,Color.BLACK);
        shape.show();
        //在 Shape 类中不存在 getArea 方法,转换为 Square 类型后才可以调用
        System.out.println("面积为"+((Square)shape).getArea());
    }
}
```

在程序中,将 Rectangle 和 Square 对象赋予了 Shape 变量,Shape 变量在调用其 show 方法时会根据真实对象不同而自动调用其 show 方法,这时显示的多态效果在面向对象编程中极其重要。

当将一个子类对象赋予一个父类变量时,如果想要调用父类中没有定义的方法,必须将其强制转换为子类类型之后才能调用,如例 11.3 中调用 Square 类中的 getArea 方法。在进行强制类型转换时有可能引发严重的程序运行错误(例如,将 Line 类型转换为 Square 类型),为了避免这类错误,转换前最好使用 instanceof 运算符进行类型判断,它的作用是判断一个对象是不是某个类的实例,如果是返回 true,否则返回 false。可将上面语句修改如下:

```
if(shape instanceof Square)
    System.out.println("面积为"+((Square)shape).getArea());
```

这样就不会发生类型转换的错误了。

◆ 11.3 继承中的封装性

第 8 章介绍了与封装有关的 3 种情况:public 是完全访问、不受限制;private 是不允许外部访问、完全限制;缺省(default,不使用关键字)是包内可访问。学习了类的继承之后,Java 语言增加了一个许多语言都没有的访问控制关键字 protected。如果父类使用了 protected 关键字修饰属性和方法,那么其子类可以访问,其他类具有包内访问的权限。Java 语言中完整的访问控制权限如表 11.1 所示。

表 11.1 Java 语言中完整的访问控制权限

	public	protected	缺省	private
同一个类中	√	√	√	√
同一个包中	√	√	√	×
不同包中的子类	√	√	×	×
不同包中的非子类	√	×	×	×

如果仅从访问控制的角度来说,通常情况下类中方法的访问控制符应使用 public,类中的属性的访问控制符应使用 private,而且属性大多同时拥有存取器,缺省和 protected 酌情使用。

◇ 11.4　抽　象　类

类是对对象的抽象,有时需要对类进行进一步的抽象,如有些类具有共同的特性(属性)和相似的功能(方法),可以把这些共同的特性抽象出来组织成一个新类,让其他类继承这个类,这样就可以简化代码的设计了。例如,11.1 节描述的汽车类,就是对小轿车、面包车、大客车的进一步抽象;再如编写程序描述猫、老虎、狮子和猴子,可分别编写猫类、老虎类、狮子类和猴子类,显然前三者之间的共性会更多一些,这样就在这 3 个类的基础上作进一步的抽象,编写一个猫科动物类,使其作为这 3 个类的父类以进一步简化代码,并方便使用多态性编程。如有必要,可进一步抽象哺乳动物类作为猫科动物类和猴子类的父类。

在作这种抽象的过程中会发现某些抽象出来的方法没有办法编写方法体,如猫科动物都能跳跃,但其跳跃的力度、方式各不相同,只能在具体的猫类、老虎类和狮子类中编写,在猫科动物类中无法编写这一方法,这种没有方法体的方法被称为抽象方法,且带有抽象方法的类必须被定义为抽象类。抽象类不可以被实例化,因为如果这个类的对象调用没有方法体的抽象方法,程序将无法继续进行。

在 Java 中,使用 abstract 关键字修饰的方法就是抽象方法,使用该关键字修饰的类就是抽象类。含有抽象方法的类必须定义为抽象类,抽象类中可以包含非抽象方法。

例 11.4　抽象类示例。

11.1 节编写的 Shape 类实际上应该定义成一个抽象类,因为它是所有屏幕上图形的共性的抽象,不存在既不是 Line,也不是 Rectangle、Circle 等各种形状的纯粹图形,其中的 show 方法和 hide 方法也应该是抽象方法,我们都不知道图形的样子,如何显示和隐藏它呢?

修改 11.1 节编写的 Shape 类如下(见 AbstractShape.java 中的 Shape1 类):

```
abstract class Shape{
    Color color;
    static int width;
    abstract void show();
    void hide(){
        System.out.println("Shape.hide();");
    }
}
```

之前编写的程序都是直接调用 Shape 类中的 hide 方法,为了不妨碍它们的正常运行,本例中只将 show 方法定义为抽象方法了,实际上 hide 方法也应该定义为抽象方法。虽然不能直接创建抽象类的对象,但可以将其子类对象赋值给抽象类的变量,多态地调用执行程序。

编译新修改的 Shape 类,本章前面创建的类的测试程序因为都没有直接创建 Shape 类型对象,而且都覆盖了 show 方法,所以仍然能保证正常运行。虽然程序运行的结果是相同的,但程序中在 Shape 类设计中的理念却不同了,新的 Shape 类是一个抽象概念,不存在也不能构造 Shape 类的对象,如果编写带有 new Shape()的语句是非法的。可以设想一下,如果允许使用 new Shape()创建 Shape 类型对象 s,那么语句 s.show()调用的方法没有方法体,程序将因无法继续进行而崩溃。

◆ 11.5 final 修饰符

如果一个类使用了 final 修饰符,那么这个类不可能有子类,这样的类被称为最终类。最终类不能被别的类继承,它的方法自然也就不能被覆盖。通过将一个类定义成 final 类,使得这个类不能再派生子类,这样其中的方法也就不能被覆盖,避免了这些方法因为可能被子类修改,从而造成调用时执行的不确定性(多态性),从而增强了程序的健壮性和稳定性。

带有 final 修饰符的类通常是一些有固定作用、用来完成某种标准功能的类。例如,最常用的 System 类、String 类都是 final 类。因为 String 类是 final 类,它不能被继承,所以所有使用 String 类中方法的程序使用的都是 Java API 中所定义的 String 类中方法规定的功能。例如,语句 s.substring(3,5)返回的一定是字符串 s 中下标 3～5 的子字符串,而不是从下标 3 开始的 5 个字符。

final 关键字不仅能修饰类,还可以修饰方法和属性。被 final 关键字修饰的方法是不能被覆盖的方法,也就是说,在父类中声明为 final 的方法不能在子类中被覆盖,final 方法的方法体不能被子类改变,因此所有子类使用同样的方法实现。例如,在 Square 类中可以编写一个新的 getArea 方法,返回值是边长的四次方,这显然是错误的,如果确认 Rectangle 类中的 getArea 方法极其重要而不能被子类所修改,可以使用 final 修饰符定义为 public final double getArea(),在 Square 类中就无法覆盖该方法了。

使用 final 关键字修饰属性通常有两种方式:一种是与 static 关键字同时使用,这时的属性实际上就是一个不可更改的常量。常量通常也同时使用 public 关键字,常量标识符所用的单词所有字母都大写,如果使用多个单词,则单词之间用下画线连接。例如,Math 类中定义的常量"public static final double PI=3.141592653589793;"。另一种是单独使用 final 关键字修饰成员变量,这时变量不设定初始值,被称为空白 final 类型,必须在构造方法中为其赋初值。空白 final 类型在保留了极大的灵活性的同时依然保持其"不变"的本质,一旦构造方法完成赋值后其值就不可改变了。例如,编写某个运动相关的程序,运动员拥有不同的身高、体重等特征,每个运动员各不相同,但一旦有某个运动员对象被创建,在整个运动过程中其身高、体重特征就是不可改变的常量了,这时可以将其定义为空白 final 类型的变量。

例 11.5 使用 final 修饰的变量示例。

```
public class HowFinalExample {
    final int a=1;
    static final int b=2;
    public static final int c=3;
```

```
        final int[] d = { 1, 2, 3, 4, 5, 6 };

        FinalObject fo1=new FinalObject();
        final FinalObject fo2=new FinalObject();

        public static void main(String[] args){
            HowFinalExample obj=new HowFinalExample();
            //被注释掉的语句会发生编译错误
            //obj.a=10;                        //不允许改变 final 变量的值
            //obj.b=10;                        //不允许改变 final 变量的值
            //obj.c=10;                        //不允许改变 final 变量的值
            obj.d[1]=10;                       //允许改变 final 修饰的数组中的值
            //obj.d=new int[10];               //不允许改变 final 修饰的数组的引用
            obj.fo1.a=10;
            obj.fo1=new FinalObject();
            obj.fo2.a=10;                      //允许改变 final 修饰的对象的值
            //obj.fo2=new FinalObject();        //不允许改变 final 修饰的对象的引用
        }
    }
    class FinalObject{
        int a=1;
    }
```

很显然,abstract 和 final 修饰符不能同时修饰同一个类或方法,因为 abstract 关键字要求必须被继承,否则就没有意义;而 final 关键字则要求不能被继承,这两个修饰符正好是矛盾的。

◈ 11.6 Object 类

Object 类是 Java 中所有类的根类,Java 语言规定所有的类都是由 Object 类直接(没有使用 extends 关键字)或间接派生出来的。如果定义的类没有指定父类,那么 Java 语言将自动将其父类设定为 Object 类。根据类继承的特点,在 Object 类中定义的成员变量和方法,在其他类中都可以使用,因此 Object 类提供了对所有对象进行统一处理的解决方案。

1. protected void finalize()方法

在面向对象程序设计语言中,当使用 new 关键字创建一个对象时,程序将申请一定的存储空间用于存储该对象,该对象的属性初始值由构造方法设定,当不再使用这个对象时,应该释放其存储空间以免浪费,如果浪费了过多的存储空间,甚至有可能耗尽系统资源造成程序的崩溃。第 8 章介绍了 Java 语言的垃圾收集器控制销毁对象和释放存储空间,当垃圾收集器确定不存在对某个对象的引用时,将先调用该对象的 finalize 方法,然后销毁对象。

就像之前编写的类一样,通常情况下不必覆盖 Object 类的 finalize 方法,只有在程序中动用了垃圾收集器未知的资源,如调用了其他应用程序、建立数据库连接等,才需要重写 finalize 方法以释放这些资源。

2. public String toString( )方法

在 println 输出函数中无论放置什么样的对象都能执行,即便是新创建的类的对象也没有问题,就是因为它会自动调用对象的 toString 方法,如果没有覆盖该方法,则将返回该对象的字符串表示。

3. public boolean equals(Object obj)方法

判断某个对象是否与当前对象"相等",默认判断的是引用地址是否相同,与 Java 运算符"=="的含义相同。可以覆盖或重载此方法,编写用于判断对象是否相等的代码,如 String 类的 equals 方法。

例 11.6 ObjectExample,创建一个 Person 类,包含年龄、身高、性别属性,编写判断对象是否相等和比较对象大小的方法。

```java
public class ObjectExample {
    public static void main(String[] args) {
        Object obj;
        Person p;
        obj=new Person();
        p=new Person(21,175,true);
        System.out.println(p);
        System.out.println(p.toString());
        System.out.println(p.equals(obj));
        System.out.println(p.compareTo(obj));
    }
}
class Person{
    int age,tall;
    //true 代表男,false 代表女
    boolean gender;
    Person(int age,int tall,boolean gender){
        this.age=age;
        this.tall=tall;
        this.gender=gender;
    }
    Person(){
        this(20,180,true);
    }
    //比较的是身高,根据程序的需要,也可以比较年龄等
```

```
    public boolean equals(Object p){
        return tall==((Person)p).tall;
        //return age==((Person)p).age;
    }
    public int compareTo(Object p){
        return tall-((Person)p).tall;
        //return age-((Person)p).age;
    }
}
```

程序运行结果如下：

```
C11.Person@30f39991
C11.Person@30f39991
false
-5
```

重写 Object 中的 equals 方法，并编写 compareTo 方法，此处比较的是身高，也可以比较体重，或者比较身高、体重之比的大小。这体现了面向对象程序编写的灵活性。

❖ 11.7　动画效果和 Timer 类

可以通过 Java 的 Timer 类进行定时调用，Timer 类位于 java.util 包下，在时间的区分度上最小的单位是毫秒（1/1000 秒）。

在使用 Timer 类之前必须编写一个 TimerTask 类的子类，并覆盖（重写）其 public void run() 方法，将时间调度时需要执行的代码写在这个方法中。也就是说，其实 Timer 对象就是一个调度器，当达到事先设定的时间条件时，自动执行指定 TimerTask 对象中的 run 方法。

Timer 类的常用方法如表 11.2 所示。

表 11.2　Timer 类的常用方法

方　　法	功　能　描　述
void schedule(TimerTask task，long delay)	等待 delay 毫秒后执行且仅执行一次 task
void schedule（TimerTask task，long delay，long period)	等待 delay 毫秒后首次执行 task，之后每隔 period 毫秒重复执行一次 task
void schedule(TimerTask task，Date time)	时间等于或超过 time 时执行且仅执行一次 task
void schedule(TimerTask task，Date firstTime，long period)	时间等于或超过 firstTime 时首次执行 task，之后每隔 peroid 毫秒重复执行一次 task
scheduleAtFixedRate（TimerTask task，Date firstTime，long period)	时间等于或超过 time 时首次执行 task，之后每隔 peroid 毫秒重复执行一次 task
scheduleAtFixedRate（TimerTask task，long delay，long period)	等待 delay 毫秒后首次执行 task，之后每隔 period 毫秒重复执行一次 task
cancel()	终止此计时器，丢弃所有当前已安排的任务

例 11.7　利用 Timer 对象控制图片的移动。

设计如图 11.3 所示的图片移动程序界面,类名为 PicMove,单击"移动图片"按钮,图片将一步步向右下移动,直到单击"停止移动"按钮,图片停止移动。

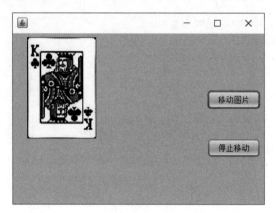

图 11.3　图片移动程序界面

首先,添加"import java.util. * ;"语句,然后编写 TimerTask 类的子类,程序代码如下:

```
public class MyTask extends TimerTask {
    @Override
    public void run() {
        Point p=jLabel1.getLocation();
        jLabel1.setLocation(p.x+10,p.y+10);
    }
}
```

注意:这个类放在 PicMove 类中,同 PicMove 类的属性或方法一样,定义在类中的类被称为内部类。程序中获得图片标签的位置信息,然后改变其位置为向右下移动(x、y 坐标均增 10),如果不定义为内部类,就无法访问这些信息。

在 JLabel、JButton 属性之上定义一个 timer 属性,注意不要破坏 IDE 生成的代码,如图 11.4 所示。

```
Timer timer;
// Variables declaration - do not modify
private javax.swing.JButton jButton1;
private javax.swing.JButton jButton2;
private javax.swing.JLabel jLabel1;
// End of variables declaration
}
```

图 11.4　自动生成的属性代码前定义 timer 属性

"移动图片"按钮代码如下：

```
private void jButton1ActionPerformed(java.awt.event.ActionEvent evt) {
    timer= new Timer();
    timer.schedule(new MyTask(),0, 100);
}
```

单击"移动图片"按钮后程序每隔 0.1 秒调用一次 MyTask 的 run 方法。
"停止移动"按钮代码如下：

```
private void jButton2ActionPerformed(java.awt.event.ActionEvent evt) {
    timer.cancel();
}
```

单击"停止移动"按钮后终止此计时器。

尝试更改 schedule 和 run 方法中的数值，查看程序的执行情况，体会计时器的应用。

使用 Timer 类中的 schedule 方法和 scheduleAtFixedRate 方法在执行的调度上有所不同，如设定的调度时间片 period 是 5000（即 5 秒），那么理论上会在 5 秒、10 秒、15 秒、20 秒这些时间片被执行，但如果由于某些 CPU 原因导致 5 秒时未被调度，等到第 7 秒才被第一次调度，那么 schedule 方法的下一次调度时间应该是第 12 秒而不是第 10 秒，而 scheduleAtFixedRate 方法的下一次调度时间仍然保持在第 10 秒不变。

Timer 类的使用不是很频繁，因此不需要特别记住其用法，在参考上面示例的情况下能编写出简单的基于固定时间段更新信息的程序即可。

◆ 11.8　程序设计实例

在图形绘制软件中绘制简单图形时，如绘制矩形，操作方法通常是选中绘制矩形后，单击画布，然后随着鼠标的拖曳，这时就会显示以鼠标开始点和结束点为对角线顶点的一系列水平放置的矩形，它随着鼠标的拖曳而不断重新绘制，一旦释放鼠标，最后保留在屏幕上的矩形就是我们所要绘制的矩形。可以使用这种方式绘制矩形、正方形（从矩形的左上开始得到的最大正方形）、椭圆（矩形的内接椭圆）、圆（正方形的内接圆）。

例 11.8　Paint.java，假定程序需要记住绘制过的图形，以便绘制过的图形能被选中和调整大小和位置，而且能够得到图形的基本属性信息，如矩形的位置（左上角点的坐标）、宽度、高度、周长、面积等。本例通过类的继承和多态，完成上述的程序设计结构。

解题思路：根据题目描述，所有图形都是通过鼠标拖曳绘制而成，记住矩形和正方形的左上角和右下角两点的坐标，以及椭圆的外接矩形、圆的外接正方形的左上角和右下角两点的坐标，是一种合适的存储方式。存储绘图信息的类的结构如图 11.5 所示，为了避免章节代码中的类冲突，具体实现时在类名后都加了数字 1。

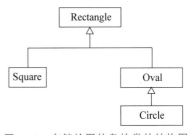

图 11.5　存储绘图信息的类的结构图

　　矩形类的属性应包含两点坐标,首先编写一个简单的 Point 类,也可以使用 AWT 中的 Point 类。方法有获得图形的位置,设置图形的位置,获得图形的宽度和高度,计算图形的周长和面积,调整图形的大小等。程序代码如下:

```java
class Point{
    double x,y;
    Point(){
        this(0,0);
    }
    Point(double x,double y){
        this.x=x;
        this.y=y;
    }
}
class Rectangle1{
    //假定使用者能保证两个点是左上、右下
    //如没有上述限定,需要检查,则使用 private 限定符
    Point leftUp,rightDown;
    //构造方法,不需要默认构造方法
    public Rectangle1(Point p1,Point p2){
        leftUp=p1;
        rightDown=p2;
    }
    //获得和设定图形的位置,实际上就是获得和改变左上角点值
    public Point getLocation(){
        return leftUp;
    }
    //设定图形位置,可以有两种常用的方式,使用重载
    public void setLocation(Point p){
        leftUp=p;
    }
    public void setLocation(double x,double y){
        rightDown=new Point(x,y);
    }
    //获得宽度和高度
    public double getWidth(){
        return rightDown.x-leftUp.x;
    }
    public double getHeight(){
        return rightDown.y-leftUp.y;
    }
    //周长和面积
    public double getPerimeter(){
        return (getWidth()+getHeight()) * 2;
```

```
    }
    public double getArea(){
        return getWidth() * getHeight();
    }
    //调整图形大小实际上就是改变右下角点的值
    public void resize(Point p){
        //保证点在左上角点的右下方,否则什么都不做
        if(p.x<=leftUp.x || p.y<=leftUp.y)
            return;
        rightDown.x=p.x;
        rightDown.y=p.y;
    }
    //resize 的重载方法
    public void resize(double x,double y){
        //保证点在左上角点的右下方,否则什么都不做
        if(x<=leftUp.x || y<=leftUp.y)
            return;
        rightDown.x=x;
        rightDown.y=y;
    }
}
```

正方形类继承了矩形类中的属性和方法,并根据其自身的特点增加了获得边长的方法,覆盖了调整大小的方法。

```
class Square1 extends Rectangle1{
    //构造方法,参数为左上角点和边长
    public Square1(Point p1,int edge){
        super(p1,new Point(p1.x+edge,p1.y+edge));
    }
    //获得边长的值
    public double getEdge(){
        return getWidth();
    }
    //调整大小时要保证调整后仍然是正方形
    public void resize(Point p){
        if(p.x<p.y)
            super.resize(p.x, p.x);
        else
            super.resize(p.y, p.y);
    }
    public void resize(double x,double y){
        if(x<y)
            super.resize(x, x);
        else
```

```
                super.resize(y, y);
        }
    }
```

椭圆类继承了矩形类中的属性和方法,并根据其自身的特点增加了获得长轴长和短轴长的方法,覆盖了计算周长和面积的方法。

```
class Oval1 extends Rectangle1{
    public Oval1(Point p1,Point p2){
        super(p1,p2);
    }
    //获得长轴长
    public double getLongAxis(){
        if(getWidth()> getHeight())
            return getWidth();
        return getHeight();
    }
    //获得短轴长
    public double getShortAxis(){
        if(getWidth()<getHeight())
            return getWidth();
        return getHeight();
    }
    //计算周长和面积
    public double getPerimeter(){
        double a,b;
        a=getLongAxis();
        b=getShortAxis();
        double d=Math.PI * b+2 * (a-b);
        return d;
    }
    public double getArea(){
        double a,b;
        a=getLongAxis();
        b=getShortAxis();
        double d=Math.PI * a * b/4;
        return d;
    }
}
```

圆类继承了椭圆类中的属性和方法,并根据其自身的特点增加了获得半径的方法,覆盖了调整图形大小的方法。因为在设定中实际存储的是矩形(正方形)对角线上的两个点,因此椭圆的调整大小方法与矩形相同,圆的调整大小方法与正方形相同。

```
class Circle1 extends Oval1{
```

```
public Circle1(Point p1,int r){
    super(p1,new Point(p1.x+r * 2,p1.y+r * 2));
}
//获得半径值
public double getR(){
    return (rightDown.x-leftUp.x)/2;
}
//与正方形中调整大小的方法相同
public void resize(Point p){
    if(p.x<p.y)
        super.resize(p.x, p.x);
    else
        super.resize(p.y, p.y);
}
public void resize(double x,double y){
    if(x<y)
        super.resize(x, x);
    else
        super.resize(y, y);
}
}
```

也可以覆盖计算周长和面积的方法,只不过不覆盖也能正确计算它们的值,在此仅就必要的方法加以处理。

◇ 本 章 小 结

1. Java 中不允许多重继承。

2. 子类的构造方法如果使用父类的构造函数,应使用 super 关键字直接调用,并放置在构造方法的第一行。如果不写,相当于自动使用父类的默认构造函数。

3. 子类中重新定义与父类中相同的属性,则在子类中此属性将隐藏父类的属性。

4. 子类中重新定义与父类中相同的方法,则在子类中此方法将覆盖(隐藏)父类的方法。

5. 覆盖方法的方法名、参数列表应与父类中的方法完全一致,访问控制权限应不低于父类中该方法的权限。

6. 在概念上,抽象类中可以不包含抽象方法,但实际应用中应包含至少一个抽象方法。

7. 抽象类不能使用 new 关键字创建该类的对象,但可以创建该类某一个子类的对象,这时就会产生多态现象。

8. 使用 final 关键字修饰属性,表示该属性在运行时不可改变;修饰方法,表示该方法不可被覆盖;修饰类,表示该类不可被继承。

9. Object 类是所有类的直接或间接的父类,从而为已知和未知的所有类提供了统一的终极多态处理方式,以 Object 为参数的方法可以传入并处理所有对象。

◇ 概 念 测 试

1. 定义抽象类时应使用关键字_____。

2. 如果类 Circle 是类 Oval 的子类,定义类 Circle 的语句为 public _____。

3. 无法定义一个类继承于 String 类,这是因为 String 类被定义为_____类型的类。

4. 在定义一个 TeamMember 类时,有一个 int 类型的属性 tall,值为 150~250,在运行时该属性值不能被改变,定义该属性的语句为_____。

5. _____类是所有类的直接或间接的父类。

◇ 编 程 实 践

1. 扩充本章示例中的 Shape 类,创建椭圆类 Oval。它是抽象类 Shape 的子类,属性包括圆心坐标、长轴和短轴的长度;求椭圆面积方法为不可更改的方法,公式为

$$面积 = PI \times 长轴长 \times 短轴长 / 4$$

创建 Oval 类的子类 Circle 类,编写程序测试 Oval 类和 Circle 类。

2. 有 3 种图形类:三角形、矩形、圆。三角形属性为 3 个顶点坐标,矩形属性为其左上角和右下角两点的坐标,圆属性为圆心和圆上任一点的坐标。它们都有颜色、线型粗细属性,都有求面积方法,比较大小方法(比较面积的大小)。设计合理的类层次完成上述功能框架,然后以多态的形式输出三角形的颜色、矩形的面积,以及比较矩形和圆的大小。

3. 编写多边形类,包括三边形、四边形、五边形;其属性是依次存储其 3 个顶点、4 个顶点和 5 个顶点,共有的属性包括边的颜色、填充的颜色和边的粗细,共有的方法包括求多边形的周长和面积。设计合理的类层次完成上述功能框架,求周长和面积方法只象征性输出该方法位置信息,然后返回正确类型的数据即可,最后以多态的形式调用三边形的周长、四边形的面积和五边形的颜色。

4. 编写点类,包括二维空间上的点 Point2D、三维空间上的点 Point3D 和四维空间上的点 Point4D;其在每个坐标轴上的位置用整数来描述,点都有颜色,能计算两点之间的距离(欧氏距离),输出点的信息。设计合理的类层次完成上述功能框架,然后以多态的形式调用二维点的颜色、三维点的距离和四维点的信息。

5. 编写一个图形用户界面程序,屏幕上方区域显示 4 个按钮,分别为"加速""减速""暂停""结束";屏幕下方区域显示 1 个小球,小球随机向某个方向移动,到达下方区域边界后反弹继续移动。单击"加速"按钮小球的移动速度增加,单击"减速"按钮小球的移动速度减小;单击"暂停"按钮小球暂停移动,按钮上显示"继续",单击该按钮小球则继续移动;单击"结束"按钮程序运行终止。

接口及其应用

通过继承可以对相似的类与类之间的共性进行进一步的抽象,不仅减少了代码编写的工作量,而且通过将子类对象看作是父类的实例,提供了极其灵活的多态性执行方式。而接口则为完全不同的类与类之间提供了共同的行为抽象,从而进一步扩展了这种执行上的多态性。

◆ 12.1 接　　口

1. 接口的定义

Java 中的接口是对类的进一步抽象,接口中只有抽象方法和一些常量,它类似于一个完全抽象的类。接口中只能定义常量和抽象方法,并且它们默认都具有 public 的修饰符。实际上,接口中定义的仅仅是实现某一特定功能的一组对外的规范(抽象方法的集合),而并没有真正地实现这个功能,这个功能的真正实现是在"实现了"这个接口的某个类中完成的,在这个类中具体地编写了接口中规定的各抽象方法的方法体。

Java 中定义接口的语法如下:

```
[public] interface 接口名 [extends 父接口名列表]
{
    //常量域声明,所有的属性都是常量
    [public] [static] [final] 数据类型 常量名=常量值;
    …
    //抽象方法声明,所有的方法都是抽象方法
    [public] [abstract] 返回值 方法名(参数列表) [throws 异常列表];
    …
}
```

interface 是接口定义的关键字,接口名称应该符合 Java 对标识符的规定,与类的命名一样,首字母要大写(应遵循的约定,非强制性的)。定义接口时也需要给出访问控制符,接口的访问控制符只有 public 或缺省两种情况。用 public 修饰的接口是公共接口,可以被所有的类和接口使用,而没有 public 修饰符的接口则只能被同一个包中的其他类和接口使用。

接口体由两部分组成：一部分是对接口中属性(实际是常量)的声明；另一部分是对接口中方法的声明。接口中的所有属性都必须是 public static final 的,这是 Java 默认规定的,因此接口属性在定义时可以省略这些修饰符,其效果是完全相同的。接口中的所有方法都必须是 public abstract 的,无论是否省略这两个修饰符,效果是完全相同的。

例 12.1 inherit_04,定义一个飞行器接口,所有的飞行器都应能起飞(takeOff)、着陆(land)和飞行(fly)。

```
interface Flyer{
    public abstract void takeOff();
    void land();
    void fly();
}
```

接口通常就是一些抽象方法的集合,在我们定义的 Flyer 接口中,land 方法和 fly 方法虽然没有明确的说明,但是编译器会自动给予 public abstract 修饰,与 takeOff 方法的修饰是一样的。

2. 接口的实现

接口的声明仅仅给出了抽象方法,相当于程序开发中的一组协议,而具体地实现接口所规定的功能则需要某个类为接口中的抽象方法编写方法体,称为该类实现了这个接口。如果某个类实现了一个接口,那么这个类就必须实现定义在接口中的所有抽象方法。

一个类要实现一个接口的语法格式如下：

```
[修饰符] class 类名 [extends 父类名] [implements 接口名列表]{
    //实现了接口中定义的所有方法
}
```

一个类要实现接口时,必须为所有抽象方法定义方法体,接口的抽象方法的访问限制符都是 public,所以类在实现方法时,必须显式地使用 public 修饰符。如果在某个类中没有实现接口中定义的某个抽象方法,根据抽象类的约定,该类必须声明为抽象类,因为它包含了这个没有方法体的抽象方法。

例 12.2 inherit_04,实现 Flyer 接口的类的编写示例。

假如编写的程序包含飞机、鸟、超人,它们都会飞,都属于飞行物,那么在编写这些类时都应该实现 Flyer 接口,也就是说,它们都包含 Flyer 接口里定义的所有抽象方法。具体示意代码如下：

```
class Airplane implements Flyer{
    public void takeOff(){
        System.out.println("takeOff in Airplane");
    }
    public void land(){}
    public void fly(){}
}
class Bird implements Flyer{
```

```
    public void takeOff(){
        System.out.println("takeOff in Bird");
    }
    public void land(){}
    public void fly(){}
    public void buildNest(){}
    public void layEggs(){}
}
class Superman implements Flyer{
    public void takeOff(){
        System.out.println("takeOff in Superman");
    }
    public void land(){}
    public void fly(){}
    public void leapBuilding(){}
    public void stopBullet(){}
}
```

在上述代码中,因为不清楚 takeOff、land、fly 方法的具体要求,所以只给出了
takeOff 方法的象征性输出,表明是在运行该类的 takeOff 方法,而忽略了其他两个方法
的具体实现代码。另外,在 Bird 和 Superman 两个类中还编写了其特有的方法的示意代
码,例 12.2 只给出了象征性的必要程序的实现框架。

◇ 12.2 接口的多态性和多重继承

在第 11 章类的多态性中,所有的子类都是父类的特例,因此可以将所有的子类对象
赋予一个父类变量,当通过父类变量访问父类中定义的方法时,程序会根据变量引用的实
际对象的具体类型自动调用该对象的同名方法,这种多态性给某些程序的编写带来极大
的方便。与之相似,凡是实现了某个接口的类一定包含接口中定义的方法,这样可以将所
有实现了某一接口的类的对象赋予一个该接口类型的变量,当通过这个变量访问接口中
定义的方法时,程序会根据变量引用的实际对象类型自动调用该对象中实现的同名方法,
这就是接口支持下的一种多态性。

例 **12.3** 接口的多态性调用示例。

```
public class Inherit_04 {
    public static void main(String[] args) {
        Flyer flyer;
        flyer=new Airplane();
        flyer.takeOff();
        flyer=new Bird();
        flyer.takeOff();
        flyer=new Superman();
        flyer.takeOff();
    }
}
```

程序运行结果如下：

```
takeOff in Airplane
takeOff in Bird
takeOff in Superman
```

由程序的运行可知,接口能够对不相关的类对象进行多态处理,只要它们都实现了同一接口,就可以用同样的程序设计语句调用接口中定义的方法。很显然,接口的使用极大地扩大了多态性的使用范围。

与类相仿,接口也具有继承性。定义一个接口时可以通过 extends 关键字声明该接口是某个已经存在的父接口的子接口,它将继承父接口中的所有属性和方法。因为接口中的所有方法都是公共的抽象方法,在不同的父接口中定义的相同的方法都没有方法体,不存在多重继承中可能带来的实现方法冲突问题。因此与类的继承不同,Java 语言允许一个接口继承多个接口,这些被继承的接口之间用逗号分隔,形成父接口的一个列表。新接口将继承所有父接口中的属性(实际是常量)和方法。

例 12.4 接口的多重继承示例。

例如,有一个潜水器接口,包含潜水(dive)和游动(swim)方法。

```java
interface Diver{
    void dive();
    void swim();
}
```

超人既会飞行又会潜水,可修改其代码如下：

```java
class Superman implements Flyer, Diver{
    public void takeOff(){
        System.out.println("takeOff in Superman");
    }
    public void land(){}
    public void fly(){}
    public void dive(){}
    public void swim(){}
    public void leapBuilding(){}
    public void stopBullet(){}
}
```

一个类实现了多个接口,必须要实现所有接口中定义的方法,否则只能定义成无法实例化的抽象类。

12.3 接口与抽象类

从语法规定可以看出,定义接口与定义类非常相似,实际上也可以把接口看作由常量和抽象方法组成的特殊的抽象类。

接口与抽象类一般都包含抽象方法,也都不能实例化。但接口与抽象类有以下不同。

(1) 抽象类中的属性和方法具有与普通类一样的访问权限;接口中所有成员的访问

权限都是 public。

（2）抽象类中可以定义成员变量，通常也会定义一些成员变量，以存储体现该类对象特征的属性值；而接口中没有变量，只能定义常量。

（3）抽象类中可以包含非抽象方法，通常也会包含一些非抽象方法，如与属性相关的存取器；而接口中的方法全部都是抽象方法。

（4）在 Java 语言中，一个类只能有一个父类，但可以同时实现若干接口，抽象类也是如此；而一个接口却可以有多个父接口，如果把接口理解成特殊的类，那么利用接口实际上就可以实现类似于多重继承的功能。

抽象类约定的是多个子类之间共同使用的属性和方法，而接口的应用范围更为广泛，它可以约定多个互不相关的类之间所共有的方法。

◆ 12.4　事件处理与接口

第 7～11 章介绍了 Java 中的图形编程，图形编程离不开事件，Java 中的事件处理模型是一种委托模型，任何一个事件的处理过程都涉及事件源对象、事件对象和事件监听器对象。各种组件都可以作为事件源对象，事件对象封装了事件发生时的一些信息，那么什么样的对象可以作为事件监听器对象呢？实际上只有实现了某一类事件的接口的类的对象才能成为该类事件的监听器。

为方便事件的处理，Java 语言按各种事件的相关程度将其划分为若干类别，定义了所有事件的事件类。java.awt.AWTEvent 类是所有事件类的父类，所有事件类都是由它派生出来的。事件类之间的继承关系如图 12.1 所示。

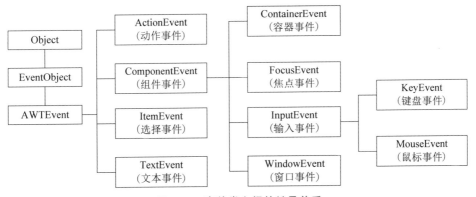

图 12.1　事件类之间的继承关系

表 12.1 描述了各事件类及其涉及的事件。

表 12.1　事件类及其涉及的事件

事　件　类	事　件　描　述
ActionEvent	该组件的最常用事件，如按钮的单击、文本框的回车
ComponentEvent	组件尺寸的变化、移动

续表

事 件 类	事 件 描 述
ContainerEvent	容器内组件的增加、删除
FocusEvent	焦点的获得和释放
ItemEvent	选中项目或放弃选中项目
InputEvent	抽象类,键盘、鼠标事件发生时,Ctrl、Shift、Alt 是否被按下
KeyEvent	按键的按下、松开
MouseEvent	单击鼠标,拖曳鼠标
TextEvent	文本内容改变
WindowEvent	关闭和打开窗口

一个事件类对应一个或多个事件监听器接口,不同的事件监听器接口中定义了不同类别事件中所必须包含的事件处理方法。事件监听器类必须实现某个事件监听器接口,这样就保证了在发生该事件时事件处理代码必然存在。Java 语言中各事件监听器接口的命名方法是将事件类后边的 Event 换成 Listener。例如,动作事件类取名为 ActionEvent,则相应的动作事件监听器接口名字为 ActionListener。

表 12.2 是常用的事件类、事件监听器接口及其方法。

表 12.2　常用的事件类、事件监听器接口及方法

事 件 类	事件监听器接口	接口中的方法
ActionEvent	ActionListener	actionPerformed(ActionEvent)
ComponentEvent	ComponentListener	componentHidden(ComponentEvent) componentMoved(ComponentEvent) componentResized(ComponentEvent) componentShown(ComponentEvent)
ContainerEvent	ContainerListener	componentAdded(ContainerEvent) componentRemoved(ContainerEvent)
FocusEvent	FocusListener	focusGained(FocusEvent) focusLost(FocusEvent)
ItemEvent	ItemListener	itemStateChanged(ItemEvent)
KeyEvent	KeyListener	keyPressed(KeyEvent) keyReleased(KeyEvent) keyTyped(KeyEvent)
MouseEvent	MouseMotionListener	mouseDragged(MouseEvent) mouseMoved(MouseEvent)
	MouseListener	mousePressed(MouseEvent) mouseReleased(MouseEvent) mouseEntered(MouseEvent) mouseExited(MouseEvent) mouseClicked(MouseEvent)

续表

事　件　类	事件监听器接口	接口中的方法
TextEvent	TextListener	textValueChanged(TextEvent)
WindowEvent	WindowListener	windowClosing(WindowEvent) windowOpened(WindowEvent) windowIconified(WindowEvent) windowDeiconified(WindowEvent) windowClosed(WindowEvent) windowActivated(WindowEvent) windowDeactivated(WindowEvent)

如果想处理某类事件就必须实现该类事件所对应的某种 XXXListener 接口。由于该类事件能发生在多个事件源对象上,因此还要使用事件源对象的 addXXXListener 方法进行事件监听器注册,以确定某一事件源对象和某个事件监听器对象的对应关系。

例 12.5　WindowEvent 类监听器的编写及应用。

之前编写的图形用户界面程序使用的窗体都是 Swing 中的 JFrame,JFrame 已经对其右上角的"关闭"按钮进行了事件处理。例 12.5 中使用 AWT 中的 Frame 窗体组件,该组件并没有对关闭按钮进行处理,要想单击"关闭"按钮后关闭窗体,必须编写相应的事件处理程序。程序代码如下:

```java
import java.awt.*;
import java.awt.event.*;
public class Inherit_05 {
    public static void main(String[] args){
        Frame f=new Frame("Test");
        f.addWindowListener(new WindowClose());
        f.setSize(200, 200);
        f.setVisible(true);
    }
}
class WindowClose implements WindowListener{
    public void windowClosing(WindowEvent e){
            System.exit(0);
    }
    public void windowOpened(WindowEvent e){}
    public void windowIconified(WindowEvent e){}
    public void windowDeiconified(WindowEvent e){}
    public void windowClosed(WindowEvent e){}
    public void windowActivated(WindowEvent e){}
    public void windowDeactivated(WindowEvent e){}
}
```

为了能处理窗体事件,我们编写的类实现了 WindowListener 接口。语句

f.addWindowListener(new WindowClose())为窗体 f(事件源对象)添加了窗体事件监听器对象(WindowClose 对象)，当单击窗体的"关闭"按钮时，程序会调用该监听器对象的windowClosing 方法，从而关闭窗体。如果注释掉该语句后再次运行程序，会发现单击"关闭"按钮程序没有反应，因为没有程序代码处理该事件。

◆ 12.5 事件适配器、内部类和匿名内部类

1. 事件适配器

由于接口都是抽象的，因此，当通过实现 XXXListener 接口完成事件处理时，要同时实现该接口中的所有方法。例如，在例 12.5 关闭窗体的示例中，虽然只使用WindowListener 中的一个方法，但也必须重写该接口中的其他 6 个方法。在表 12.2 所列的 10 个事件监听器接口中有 7 个监听器多于一个方法。为了方便起见，Java 语言为这7 个事件监听器接口提供了适配器 Adapter 类。当想要使用事件处理机制时，只需让该类继承事件所对应的 Adapter 类，这样仅重写需要的方法即可。

例如，WindowAdapter 类的定义如下：

```
Public abstract class WindowAdapter implements WindowListener{
    public void windowClosing(WindowEvent e){}
    public void windowOpened(WindowEvent e){}
    public void windowIconified(WindowEvent e){}
    public void windowDeiconified(WindowEvent e){}
    public void windowClosed(WindowEvent e){}
    public void windowActivated(WindowEvent e){}
    public void windowDeactivated(WindowEvent e){}
}
```

有了这个适配器，需要实现 WindowListener 接口时，只需要继承 WindowAdapter类，根据需要覆盖相应的方法即可。

例 12.6   Inherit_06，使用 WindowAdapter 类完成例 12.5 中的 WindowClose 类：

```
class WindowClose extends WindowAdapter{
    public void windowClosing(WindowEvent e){
        System.exit(0);
    }
}
```

2. 内部类

在 Java 语言中，可以在一个类中定义另一个类，这个定义在其他类中的类被称为内部类(inner class)，包含内部类的类称为外部类，此时内部类成为外部类的成员。内部类除了具有类的特性之外，还是外部类的一个成员，在访问时受到访问控制权限的限制。内部类具有静态特性，可使用点运算符(.)引用内部类。例如，定义在外部类 Line 中的内部

类 Point，可以用 Line.Point 的形式访问。

　　例 **12.7**　内部类示例。

```
public class Inherit_07 {
    public static void main(String[] args){
        Line l1;
        l1=new Line(20,30,50,50);
        l1.show();
    }
}
class Line
{
    protected Point p1,p2;
    Line(int x1,int y1,int x2,int y2){
        p1=new Point(x1,y1);
        p2=new Point(x2,y2);
    }
    void show(){
        System.out.print("Line from Point("+p1.x+","+p1.y+") to");
        System.out.print(" Point("+p2.x+","+p2.y+").");
    }
    protected class Point{
        protected int x,y;
        protected Point(int x,int y){
            this.x = x;
            this.y = y;
        }
    }
}
```

　　外部类使用内部类的方式与使用其他类的方式是一样的，对于与外部类处于同一个包中的其他类来说，内部类是隐藏的。内部类可以看作是外部类的一个成员，因此它可以直接访问外部类中的所有成员，甚至包括 private 修饰的成员，11.7 节中编写动画效果时就利用了内部类的这个特点。

　　3. 匿名内部类

　　可以直接将 WindowClose 类定义在外部类中，使之成为一个内部类，这样就不必担心类名 WindowClose 是否与其他类在命名上发生冲突了，这种冲突是很普遍的，因为其他窗体也要有关闭窗体的代码。

　　例 **12.8**　使用内部类完成例 12.5 中的 WindowClose 类。

```
import java.awt.*;
import java.awt.event.*;
public class Inherit_08 {
```

```
    public static void main(String[] args){
        Inherit_08 ja;
        ja=new Inherit_08();
        ja.go();
    }
    void go(){
        Frame f=new Frame("Test");
        f.addWindowListener(new WindowClose());
        f.setSize(200, 200);
        f.setVisible(true);
    }
    class WindowClose extends WindowAdapter{
        public void windowClosing(WindowEvent e){
            System.exit(0);
        }
    }
}
```

使用内部类完成关闭当前窗体的功能,因为不怕类名与 Inherit_05 中的 WindowClose 类冲突,类名不必改为 WindowClose2 了。

实际上 WindowClose 类仅在语句"f.addWindowListener(new WindowClose());"中实例化了一次,类名仅用了一次,在其他地方都没有再次使用这个类名。针对这种情况,Java 语言允许在使用 new 语句创建对象时直接定义类体,不必为类命名,这种没有名称的类就是匿名内部类。

例 12.9　利用匿名内部类处理事件。

```
import java.awt.*;
import java.awt.event.*;
public class Inherit_09 {
    public static void main(String[] args){
        Frame f=new Frame("Test");
        f.addWindowListener(new WindowAdapter(){
            public void windowClosing(WindowEvent e){
                System.exit(0);
            }
        });
        f.setSize(200, 200);
        f.setVisible(true);
    }
}
```

因为匿名内部类没有名称,因此在实例化时使用的是其继承的父类(或实现的接口)的名字,以多态的形式进行对象的赋值与执行。

对于各种 IDE 来说,采用匿名内部类生成的事件代码更容易维护和管理,下面就是使用 NetBeans IDE 双击按钮后自动生成的针对按钮 jButton1 的事件处理代码：

```
jButton1.addActionListener(new java.awt.event.ActionListener() {
    public void actionPerformed(java.awt.event.ActionEvent evt) {
        jButton1ActionPerformed(evt);
    }
});
```

在上述代码中，创建的是一个实现了 ActionListener 接口的匿名内部类对象，该对象的 actionPerformed 方法直接调用了 jButton1ActionPerformed 方法，本书编写的事件代码就在这个方法中。

◈ 12.6　简单的音乐播放

Java Sound API 将需要处理的数字音频分为 simpled-audio 和 midi，并分别提供下面的包来处理它们：

```
javax.sound.sampled
javax.sound.midi
```

其中，前者播放采样音频，类似于用录音设备记录的音频；后者播放 MIDI 音频，类似于用乐谱记录的音频。使用 javax.sound.sampled 播放 AIFF、AU、WAVE 类型的音频，如需播放 MP3 之类格式的音频则需要其他第三方库的支持。

音频文件的播放方式类似于读取一个音频文件，然后将其输出到音频处理设备，所涉及的常用类和方法如下。

AudioInputStream 类：音频输入流，是具有指定音频格式和长度的输入流。

AudioFormatgetFormat()：获取此音频输入流中声音数据的音频格式。

DataLine 接口：数据线接口，提供与音频媒体相关的功能，功能包括启动（start）、停止（stop）、刷新（flush）通过线路的音频数据等。

SourceDataLine 接口：是可以向其写入数据的 DataLine。它充当混频器的源。应用程序将音频字节写入 SourceDataLine，该 DataLine 处理字节的缓冲并将其传递到混音器，处理后传到音频输出设备上输出。

例 12.10　音乐播放示例。

编写 MyMusic 类，用于播放一个 WAV 类型的音频。

```
import java.io.*;
import javax.sound.sampled.*;
class MyMusic{
    public void play(){
        String fileUrl = "C:/java/Ring08.wav";
        try{
            AudioInputStream ais = AudioSystem.getAudioInputStream(new File
(fileUrl));
```

```
                    AudioFormat aif = ais.getFormat();
                    SourceDataLine sdl;
                    DataLine.Info info = new DataLine.Info(SourceDataLine.class,aif);
                    sdl = (SourceDataLine)AudioSystem.getLine(info);
                    sdl.open(aif);
                    sdl.start();

                    int nByte = 0;
                    byte[] buffer = new byte[1024];
                    while(nByte != -1){
                        nByte = ais.read(buffer,0,1024);
                        if(nByte >= 0)
                            sdl.write(buffer, 0, nByte);
                    }
                    sdl.stop();
                }catch(UnsupportedAudioFileException e){
                    e.printStackTrace();
                } catch (IOException e) {
                    e.printStackTrace();
                } catch (LineUnavailableException e) {
                    e.printStackTrace();
                }
            }
        }
```

创建一个窗体 SoundExample,窗体上放置一个按钮,按钮事件代码如下:

```
private void jButton1ActionPerformed(java.awt.event.ActionEvent evt) {
    new MyMusic().play();
}
```

运行程序,单击该按钮,将播放 C:/java/Ring08.wav 音乐。与 Timer 类的使用一样,读者能参考示例代码编写出能播放自己所需要的音频文件即可。

◆ 12.7 程序设计实例

队列是对一系列数据的一种特殊处理方式,与现实中的排队获取服务一样,它遵循先进先出的原则,先到的数据先获得处理,后到的数据要排在队列后面等待处理。

例 12.11 定义一个队列 Queue 接口,其中有 getFirst 方法,无参数,返回值为 Object 类型,获得队列第一个数据;add 方法,参数为 Object 类型,将数据放置在队列最后,返回值为布尔类型;remove 方法,无参数,返回值为 Object 类型,获得队列第一个数据并将其从队列中删除;getSize 方法,无参数,返回值为整型,获得队列中当前元素的个数。定义一个 ArrayQueue 类实现了 Queue 接口,该类有一个 Object 类型数组 data 属性,用于存放队列元素。

　　解题思路:按要求编写 Queue 接口如下:

```
interface Queue{
    Object getFirst();
    Object remove();
    boolean add(Object obj);
    int getSize();
}
```

　　编写 ArrayQueue 类实现 Queue 接口,添加指向队列头和队列尾的属性,完成代码
如下:

```
public class ArrayQueue implements Queue{
    private Object[] data;
    //队列中最多能存放的数据数
    private int size=10;
    //队列头数据、尾数据的下标
    private int head=0,tail=0;
    //构造方法,默认 10 个数据
    ArrayQueue(){
        data=new Object[size];
    }
    ArrayQueue(int size){
        this.size=size;
        data=new Object[size];
    }
    //获得队列头部数据
    public Object getFirst(){
        //如果队列中没有数据,返回 null
        if(getSize()==0)
            return null;
        return data[head];
    }
    //获得队列头部数据,并将其从队列中删除
    public Object remove(){
        if(getSize()==0)
            return null;
        //获得头部数据后,头部标记增 1,注意数据访问是循环的
        Object obj=data[head++];
        if(head==size)
            head=0;
        return obj;
    }
    //添加数据到队列中
```

```
public boolean add(Object obj){
    //如果队列已满
    if(getSize()==size)
        return false;
    //尾部在数组尾,则放置在 0 处,数据是循环使用的
    if(++tail==size)
        tail=0;
    data[tail]=obj;
    return true;
}
//队列中还有多少数据
public int getSize(){
    if(tail> =head)
        return tail-head+1;
    return tail-head+1+size;
}
//队列大小
public int getQueueSize(){
    return size;
}
}
```

◆ 本 章 小 结

1. 接口不同于抽象类,抽象类中通常应该有属性和非抽象的方法,而接口中只能定义常量和抽象方法。

2. 抽象类只能单重继承,通过接口可实现类似多重继承的功能。

3. 接口中定义的属性都是常量,也就是带有 public static final 修饰的。

4. 接口中定义的方法都是公有的和抽象的,也就是带有 public abstract 修饰的。

5. 接口的多重继承相当于多个接口中所列抽象方法的合并,由于没有方法体,不存在执行代码不同的冲突问题。

6. 类符合接口规范使用 implements 关键字,类可以实现多个接口。

7. 内部类是定义在某个类中的类,如没有特殊需要,尽量不要使用内部类。

8. Java 集成开发工具使用匿名内部类的形式生成事件处理代码框架。

9. 可使用 javax.sound.sampled 编写带有简单背景音乐功能的程序。

◆ 概 念 测 试

1. 定义接口使用的关键字是 _____,一个类实现接口使用的关键字是 _____。

2. 定义一个接口 Icompare 的语句为 public _____。

3. 接口 Icompare 继承了接口 I1、I2 的定义语句为 public _____。

4. 接口 Icompare 中有方法 compareWeight,其参数是 Object 类型,返回值为 int 类型,定义该方法的语句为_____。

5. 定义类 Person,该类实现了接口 I1、I2,其定义语句为 public _____。

◇编 程 实 践

1. 编写一个图形接口 Shape,其中定义了两个方法,用于获取图形的周长和面积;编写一个矩形类 Rectangle 实现了上述接口,Rectangle 类有位置、长度、宽度、线的粗细等属性;编写测试类 Test 测试 Shape 接口和 Rectangle 类。

2. 编写一个 Area 接口,其中定义有计算图形面积的方法 getArea;编写 Perimeter 接口,其中定义有计算图形长度的方法 getPerimeter;编写折线类实现了 Perimeter 接口,用 Point 数组按次序存放折线上各线段的点;编写封闭多边形(将折线的首尾点相连得到的图形)类实现 Perimeter、Area 两个接口;编写程序测试上述接口和类,具体的周长需要计算,而面积值不必计算,只象征性输出即可。

3. 定义一个 Stack 接口,其中有 pop 方法,无参数,返回值为 Object 类型;push 方法,参数为 Object 类型,无返回;getSize 方法,无参数,返回值为整型。定义一个 ArrayStack 类实现 Stack 接口,该类有一个 Object 类型数组 data 属性、一个 int 类型 size 属性,push 方法将数据存放在 data 数组中,push 方法删除并返回最后添加到 data 数组中的元素,size 中存放的是数组 data 中当前有效元素的个数,getSize 方法返回 size 的值。如有需要,自行添加其他属性和方法。实现并测试上述程序。

4. 编写一个图形用户界面,组合框选择歌手,列表框显示该歌手的部分歌曲列表,选择列表框中某一首歌曲,单击"播放"按钮播放该歌曲。

第13章

异 常 处 理

软件系统不仅自身不能有错误,还要具备一定的抗干扰能力。即使在用户操作时出现错误,或遇到其他意外的干扰时,软件系统不但不能崩溃,而且必须尽最大努力排除错误和干扰继续运行。只有这样的软件系统才会具有旺盛的生命力和广泛的应用空间,异常处理就是针对各种软件运行时可能遇到的意外的解决处理机制。

◈ 13.1 异常及其分类

1. 异常和错误

使用任何计算机语言编写的复杂程序都难免有漏洞,在程序设计期间发现并解决这些漏洞无疑是最好的情况了。然而,在实际的程序设计中,并非所有的漏洞都能在编译期间被发现,另外还有一些问题涉及程序之外的硬件设备或系统资源,明知其可能发生错误却又无法完全避免。例如,下列情况在编译时通常检测不到:类文件丢失、想打开的磁盘文件不存在、网络连接中断等,这些中断正常程序执行流程的情况就是异常。

显然这些异常情况虽不经常出现但程序必须处理。在 Java 语言中,所有的异常都由对应的异常类来表示,所有的异常类都是从一个名为 Throwable 的类派生而来。Throwable 类有两个直接子类,分别是 Error 类和 Exception 类。Error 类表示程序运行时发生的是编程无法解决的严重错误,如计算机硬件故障、Java 虚拟机故障等,这类错误将导致程序本身都无法运行,因此程序也不可能对其进行处理。Exception 类表示程序运行时发生的,通过谨慎编程可以避免,至少能给用户合理解释的错误,这就是通常意义下的异常,本章介绍的就是如何处理此类异常。Error 类和 Exception 类又派生了很多子类用来表示程序运行时产生的具体错误和异常,如使用 IOException 类表示输入输出异常、RuntimeException 类表示运行时异常等。Java 语言中异常类的层次结构如图 13.1 所示。

2. 常用的异常类

1) 运行时异常类

包括 RuntimeException 类的各种子类,通常通过谨慎编程可以完全避免发

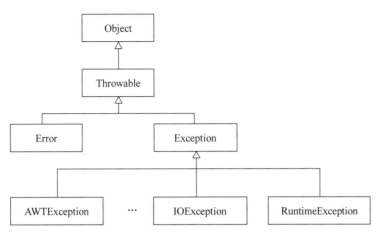

图 13.1　异常类的层次结构图

生这类异常。Java 编译器允许程序不对运行时异常做出处理。下面列出了主要的运行时异常。

ArithmeticException：一个不寻常算术运算产生的异常。

ArrayIndexOutOfBoundsException：数组索引超出范围产生的异常。

ClassCastException：类对象强迫转换造成不当类对象产生的异常。

NumberFormatException：字符串转换数值产生的异常。

IndexOutOfBoundsException：索引超出范围产生的异常。

NegativeException：数组建立负值索引产生的异常。

NullPointerException：对象引用参考值为 null 产生的异常。

2）必须进行异常处理的异常类

除了运行时异常外，其余的 Exception 子类均属于此类异常，也称非运行时异常。Java 编译器要求程序必须处理此类异常（捕获处理或者声明抛出这种异常类对象）。下面列出了常用的这类异常。

ClassNotFoundException：找不到类或接口产生的异常。

IOException：输入输出异常。

IllegaAccessException：类定义不明确产生的异常。

InterruptedException：目前线程等待执行，另一线程中断目前线程产生的异常。

例 13.1　运行时异常示例。

```java
public class Exception_01 {
    public static void main(String[] args) {
        int i=0;
        String greeting []={
            "Hello world !",
            "No,I mean it !",
            "HELLO   WORLD !!"
        };
```

```
        while(i<=3){
            System.out.println(greeting[i]);
            i++;
        }
        System.out.println("程序执行完毕!");
    }
}
```

程序中定义了 3 个字符串的字符串数组,下标为 0~2,而在输出字符串的循环中却要输出 4 个字符串,下标为 0~3。程序运行时在正确输出 3 个字符串后产生了一个 ArrayIndexOutOfBoundsException(数组下标越界异常)异常,程序终止执行,并没有执行最后一条输出语句。

显然,只要编程谨慎一些,这种数组下标越界异常是完全可以避免的,与这种运行时异常不同,第 14 章介绍的输入输出处理部分的异常涉及系统外部环境(硬盘),因为许多程序都可以对磁盘文件进行读写操作,所以输入输出异常无法靠好的编程习惯避免,如磁盘文件不存在(可能在程序运行前被其他应用程序删除了),因此必须要对输入输出异常进行异常处理,以保证程序始终能正确执行。

例 13.2 必须进行处理的异常:输入输出异常处理示例。

```
import java.io.*;
public class Exception_02 {
    public static void main(String[] args) {
        byte b[]=new byte[10000];
        int nr_read=0;
        try{
            FileInputStream fin=new FileInputStream("C:/java/abc.txt");
            FileOutputStream fout=new FileOutputStream("C:/java/hello.txt");
            nr_read=fin.read(b);
            while(nr_read != -1) {
                fout.write(b,0,nr_read);
                nr_read=fin.read(b);
            }
            fout.close();
            fin.close();
        }catch(IOException e){
            System.err.println("C:/java/abc.txt not exist");
        }
    }
}
```

例 13.2 中将 C 盘 java 文件夹下的 abc.txt 文件复制一份,放置在同一个文件夹中,新文件命名为 hello.txt。如果根本不存在 abc.txt 文件,甚至 C 盘下根本不存在 java 文件夹,就会产生一个文件不存在的异常,文件是否存在不受本程序的控制,因此这种异常必须要处理。如果不处理,编译器将给出错误信息,停止编译。代码中新出现的关键字 try、catch 就在对可能出现的异常进行处理,13.2 节有相应介绍。有关文件内容的读写语句将在第 14 章详细讲解。

13.2　异常的捕获及处理

为了写出健壮的 Java 程序,当程序出现异常时就应当及时处理,Java 程序对异常处理有两种方式。

(1) 使用 try⋯catch⋯finally 块处理异常。

(2) 将异常抛给上一层调用它的方法,由上一层方法进行异常处理或继续向更上一层方法抛出该异常。

1. try⋯catch⋯finally

异常处理的核心语句是 try 和 catch,这两个关键字要一起使用,只有 try 而没有 catch,或者只有 catch 而没有 try 都是不允许的。下面是 try⋯catch 异常处理代码块的基本形式:

```
try
{
    可能发生异常的代码块;
} catch(异常类型 1　异常对象名 1)
{
    异常处理代码块 1;
}
…
catch(异常类型 n　异常对象名 n)
{
    异常处理代码块 n;
}
```

当 try 中的代码块有异常发生时,就会抛出一个异常对象,该异常由相应的 catch 语句捕获并处理。与一个 try 相关联的 catch 语句可以有多个,构成多重 catch 语句,每个 catch 语句捕获一个不同类型的异常。当异常发生时,其执行方式类似于 if⋯else if 语句,一个个 catch 子句被依次检查,第一个匹配异常类型的异常处理代码块被执行,其他的 catch 语句被跳过。catch 语句执行完毕后,就会执行 try⋯catch 语句后面的第一条语句。

例 13.3　异常的捕获及处理示例。

```
public class Exception_03 {
    public static void main(String[] args) {
        int i=0;
        String greeting []={
```

```
            "Hello world !",
            "No,I mean it !",
            "HELLO   WORLD !!"
        };
        while(i<=3){
            try{
                System.out.println(greeting[i]);
            }catch(ArrayIndexOutOfBoundsException e){
                System.out.print("捕获到异常:");
                System.out.println(e);
            }catch(Exception e){
                System.out.println("捕获到 Exception 异常!");
            }
            i++;
        }
        System.out.println("程序执行完毕!");
    }
}
```

程序运行结果如下：

```
Hello world !
No,I mean it !
HELLO   WORLD !!
捕获到异常:java.lang.ArrayIndexOutOfBoundsException: Index 3 out of bounds for
length 3
程序执行完毕!
```

由于捕获到 ArrayIndexOutOfBoundsException 异常并对其进行了处理,程序接着执行了最后的输出语句。异常捕获代码段 catch(Exception e)能捕获任何类型的异常,所以在实际使用时通常将其置于异常控制模块列表的末尾,以防出现没有考虑到的异常类型。

有时有一些无论异常发生与否都需要执行的程序代码,如涉及垃圾处理器未知的一些资源调用等。这时,就可以在 try…catch 代码块的后面加上一个 finally 代码段来处理这种情况。finally 语句块中存放的是无论是否捕获到异常都要执行的代码。

例 13.4　带有 finally 段的异常处理示例。

```
public class Exception_04 {
    public static void main(String[] args) {
        int i=0;
        String greeting []={
            "Hello world !",
            "No,I mean it !",
            "HELLO   WORLD !!"
        };
```

```
        while(i<=3){
            try{
                System.out.println(greeting[i]);
            }catch(ArrayIndexOutOfBoundsException e){
                System.out.println("捕获到 ArrayIndexOutOfBoundsException
异常。");
            }finally{
                System.out.println("In finally i="+i);
            }
            i++;
        }
    }
}
```

程序运行结果如下：

```
Hello world!
In finally i=0
No,I mean it!
In finally i=1
HELLO  WORLD!!
In finally i=2
捕获到 ArrayIndexOutOfBoundsException 异常。
In finally i=3
```

无论异常是否发生，finally 块中的代码都执行了。一般地说，finally 程序块中的代码完成一些 Java 程序之外的资源释放、清理的工作。如关闭 try 程序块中所有打开的文件，断开网络连接等。

2. 抛出异常

有些时候不想立即对出现的异常进行处理，Java 提供了另一种处理异常的方式，将出现的异常抛出到调用它的上一层方法，由上一层方法进行异常处理或继续向上一层方法抛出该异常，这样可以在适当的地方对各类异常进行集中处理。

在这种情况下，可以在方法的声明中使用 throws 关键字，表明该方法有可能抛出的异常类型，调用该方法的程序必须对这些异常类型进行处理，当然也可以继续向上一层调用方法抛出异常。带有 throws 语句的方法格式如下：

```
[修饰符]　返回类型 方法名(参数 1,参数 2,…) throws 异常列表
{方法体}
```

这种方法中如果产生了异常列表中列举的异常及其子类型，就可以不进行捕获，而抛出给调用该方法的方法进行异常处理。

还有一种情况是在捕获异常后，在有些情况下可以直接处理，而在有些情况下无法直接处理，这时可以再次将捕获到的异常抛出给上一层方法处理。抛出语句格式如下：

```
throw 异常对象;
```

例 13.5 捕获异常后再次抛出示例。

```java
public class Exception_05 {
    public static void main(String[] args) {
        try{
            except();
        }catch(Exception e){
            System.out.println("再次捕获到异常!!!");
        }
    }
    public static void except(){
        int i=0;
        String greeting []={
            "Hello world !",
            "No,I mean it !",
            "HELLO   WORLD !!"
        };
        while(i<=3){
            try{
                System.out.println(greeting[i]);
            }catch(ArrayIndexOutOfBoundsException e){
                System.out.println("捕获到 ArrayIndexOutOfBoundsException
异常。");
                throw e;
            }
            i++;
        }
    }
}
```

程序运行结果如下：

```
Hello world !
No,I mean it !
HELLO   WORLD !!
捕获到 ArrayIndexOutOfBoundsException 异常。
再次捕获到异常!!!
```

◇ 13.3　自定义异常

　　尽管 Java 的内置异常能够处理大多数常见异常,但有时还可能出现通用软件系统所没有考虑到的异常,此时可以自己建立新的异常类型,来处理所遇到的特殊情况。例如,许多与支付相关联的系统对密码的输入次数都有不超过 3 次的限制,如果在一个时间段内连续 3 次输入密码错误就会将账户锁定一段时间,以保证账户的安全,这就是软件系统自己定义的一种异常情况。再如用户有权发送电子邮件,但如果用户在短时间内大量发送电子邮件就是一种异常行为,很有可能用户账户被盗用,这些被集中发送的邮件是垃圾邮件。

程序自定义异常分为两个步骤。

第一步,建立自定义异常类。只要定义一个类直接继承于 Exception 类或者继承于 Exception 类的某个子类,这个类就是用户自定义异常类。自定义异常类的基本形式如下:

```
class 自定义异常类 extends Exception 类或其子类
{
    类体;
}
```

第二步,编写抛出该异常类对象的方法。定义了异常类后就要编写程序代码(方法),该代码会在某些情况下触发此类异常并将其抛出(throw)。为避免程序没有处理该类异常而崩溃,应在方法的声明中使用 throws 关键字,提醒编译器检查调用该方法的程序必须对此类异常进行处理。

例 13.6　编写程序模拟用户登录某个网络上的服务器,用户可以输入 3 次密码,如果某次输入的用户名和密码都正确,输出欢迎信息;在登录过程中,用户输入 Q 或 q 可取消登录;用户 3 次输入密码错误,则触发多次密码错误登录异常,并显示用户被锁定的信息。

首先编写用户类,记录登录用户的信息,本书只简单记录了用户名和登录是否成功的信息:

```
class User{
    String userName;
    boolean loginSuccess;
    User(String userName,boolean loginSuccess){
        this.userName=userName;
        this.loginSuccess=loginSuccess;
    }
}
```

然后编写登录次数过多异常类,该类只记录了用户名和 IP 地址,实际应用中可能还会记录用户登录的时间等信息:

```
class TooManyTimesWrongLogin extends Exception{
    String userName;
    String IPAdress;
    TooManyTimesWrongLogin(String userName,String IPAdress){
        this.userName=userName;
        this.IPAdress=IPAdress;
```

```
        }
    }
```

将触发异常的方法与测试方法放到同一个类中，程序代码如下：

```java
import java.util.*;
public class Exception_06 {
    public static void main(String[] args) {
        User user;
        String userName;
        Scanner reader=new Scanner(System.in);
        System.out.println("请输入用户名");
        userName=reader.next();
        try{
            user=login(userName);
        }catch(TooManyTimesWrongLogin e){
            System.out.println("对不起,您的账户已被锁定,请联系……");
            return;
        }catch(Exception e){
            System.out.println("捕获到 Exception 异常。");
            return;
        }
        if(user.loginSuccess)
            System.out.println(user.userName+"欢迎你!");
        else
            System.out.println(user.userName+"再见!");
    }
    public static User login(String userName) throws TooManyTimesWrongLogin{
        String password;
        Scanner reader=new Scanner(System.in);
        for(int i=0;i<3;i++){
            System.out.println("请输入密码,您还有"+(3-i)+"次机会,输入 Q 或 q 表示
取消登录。");
            password=reader.next();
            if(userName.equals("ljs")&&password.equals("123456"))
                return new User(userName,true);
            else if(password.equalsIgnoreCase("Q"))
                return new User(userName,false);
        }
        throw new TooManyTimesWrongLogin(userName,"192.168.10.25");
    }
}
```

login 方法是用于检查用户登录情况的，因为有可能产生异常，声明时使用了 throws 关键字，这样在调用 login 方法的 main 方法中必须对 TooManyTimesWrongLogin 类型

的异常进行处理。

编写自定义异常应该注意以下 4 点。

（1）如果可以使用简单的测试就能完成的检查，不要使用异常来代替它。

（2）不要过细地使用异常，最好不要到处使用异常，更不要在循环体内使用异常处理。

（3）不要捕获了一个异常而又不对它做任何的处理。

（4）将异常交给方法的调用者处理通常是一种好的处理方式。

最后需要指出的是，如果某个方法使用了 throws 关键字，在子类中覆盖该方法时所抛出的异常类型不能比原方法多，因为只有这样才能保证程序运行时多态调用的正确性。覆盖方法抛出的异常有可能比原方法少，但那些没被抛出的异常必须在覆盖方法的方法体中被捕获并处理了。

◇ 13.4　绘 图 函 数

之前使用 JLabel 组件显示一幅图片，实际上 Swing 中的绝大多数组件上都能设置图片的显示。有时候我们还想自己绘制图形，或者调整图片的显示方式，这就需要掌握一些基本的图形处理技术了。

使用组件绘制和显示图形通常的步骤是使用其 getGraphics 方法获得一个 java.awt.Graphics 对象，然后使用该对象提供的绘图方法进行图形绘制。

1. Graphics 类

Graphics 类是所有图形类的抽象基类，它提供一些方法使得程序能在组件上进行图形绘制。Graphics 类封装了 Java 支持的基本绘图操作所需的各种信息，主要包括颜色、字体、画笔、文本、图像等。

Graphics 类提供了相应的图形处理方法，例如设置绘图的颜色、字体等状态属性，以及常用的绘图方法，利用这些方法可以绘制直线、矩形、多边形、椭圆、圆弧等各种图形，还可以输出文本和图像。Graphics 类中常用的绘图方法如表 13.1 所示。

表 13.1　Graphics 类中常用绘图方法

方　　　法	功 能 描 述
drawArc(int x, int y, int width, int height, int startAngle, int arcAngle)	绘制圆弧或椭圆弧
drawImage(Image img, int x, int y, int width, int height, ImageObserver observer)	绘制图像
drawLine(int x1, int y1, int x2, int y2)	绘制直线
drawOval(int x, int y, int width, int height)	绘制椭圆
drawPolygon(int[] xPoints, int[] yPoints, int nPoints)	绘制多边形
drawRect(int x, int y, int width, int height)	绘制矩形

续表

方　法	功 能 描 述
drawRoundRect(int x，int y，int width，int height，int arcWidth，int arcHeight)	绘制圆角矩形
drawString(String str，int x，int y)	绘制字符串
fillArc(int x，int y，int width，int height，int startAngle，int arcAngle)	绘制填充的圆弧或椭圆弧
fillOval(int x，int y，int width，int height)	绘制填充的椭圆
fillPolygon(int[] xPoints，int[] yPoints，int nPoints)	绘制填充的多边形
fillRect(int x，int y，int width，int height)	绘制填充的矩形
fillRoundRect(int x，int y，int width，int height，int arcWidth，int arcHeight)	绘制填充的圆角矩形

例 13.7　DrawShape.java,绘制图形示例：绘制直线、矩形、圆,图形填充。

创建一个窗体,设置其布局管理器为 BorderLayout,将一个 JLabel 组件放置在 Center 区域,text 属性设置为空;将一个 JButton 组件放置在 South 区域,如图 13.2(a)所示。在前面添加"import java.awt. ＊;"语句。

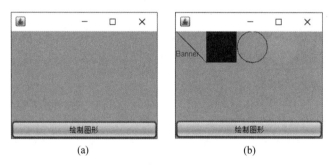

(a)　　　　　　　　(b)

图 13.2　绘制图形示例界面

"绘制图形"按钮代码如下：

```java
private void jButton1ActionPerformed(java.awt.event.ActionEvent evt) {
    Graphics g=jLabel1.getGraphics();
    g.setColor(Color.red);
    g.drawLine(0, 0, 50, 50);
    g.drawString("Banner", 0, 40);
    g.fillRect(50, 0, 50, 50);
    g.drawOval(100, 0, 50, 50);
    g.setColor(Color.GREEN);
    g.fillOval(150, 0, 50, 50);
}
```

运行程序,单击"绘制图形"按钮,显示如图 13.2(b)所示。

2. paintComponent 方法

在例 13.7 中,调整窗体的大小后会发现在 JLabel 组件上绘制的图形不见了。这是因为当调整窗体大小后程序会自动调用 paintComponent 方法重新绘制组件,任何时候 Java 虚拟机发现有必要重绘组件时都会调用此方法,如组件被别的窗体挡住后又显示。

要保持绘制图形在重绘组件时仍然存在,就应该创建该组件的子类并覆盖 paintComponent 方法。所有绘图代码都写在 paintComponent 方法里,该方法的参数就是一个 Graphics 变量。

例 13.8　在 Swing 组件的 paintComponent 方法中编写绘图函数。

使用 JPanel 组件绘图,因为该组件是一个容器,创建它的子类可设计自己常用的组件组合。创建一个类,其文件类型选择 JPanel Form,文件名为 DrawJPanel。完成后在源代码类前输入"import java.awt. * ;"语句,然后编写 paintComponent 方法如下:

```
public void paintComponent(Graphics g){
    g.setColor(Color.red);
    g.drawLine(0, 0, 50, 50);
    g.drawString("Banner", 0, 40);
    g.fillRect(50, 0, 50, 50);
    g.drawOval(100, 0, 50, 50);
    g.setColor(Color.GREEN);
    g.fillOval(150, 0, 50, 50);
}
```

因为不是顶级窗口,无法直接运行,选择 Run 菜单下 Compile File 菜单项编译程序。

创建名字为 PaintExample 的窗口类,设置布局管理器为 BorderLayout。从左侧的项目面板上将上面的 DrawJPanel 拖曳到设计界面上,运行程序,界面如图 13.3 所示。

调整窗体大小,绘制的图形仍然保持不变。

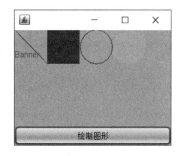

图 13.3　保持绘制图形的
　　　　　示例界面

3. 绘制图片及图片处理

绘图类不仅可以绘制图形和文本,还可以使用 drawImage()方法将图片显示到组件上,语法如下:

```
drawImage(Image img, int x, int y, ImageObserver observer)
```

图片以原始尺寸显示在坐标(x,y)处,想要实现图片的放大与缩小则需要使用它的重载方法,语法如下:

```
drawImage (Image img, int x, int y, int width, int height, ImageObserver
observer)
```

该方法将 img 图片显示在 x、y 指定的位置上,并指定图片的宽度和高度属性。

例 13.9　显示图片和缩放显示图片示例。

在例 13.8 的 paintComponent 方法的后面加以下代码:

```
Image image=new ImageIcon("C:/java/10.jpg").getImage();
g.drawImage(image, 0, 60, this);
g.drawImage(image,0,60,image.getWidth(this) * 3/4,image.getHeight(this) * 3/4,
this);
g.drawImage (image, 0, 60, image. getWidth (this)/2, image. getHeight (this)/2,
this);
```

运行程序,显示效果如图 13.4 所示。

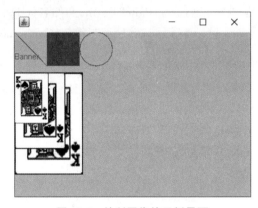

图 13.4　绘制图像的示例界面

在绘制的图形下方,程序以原始尺寸、水平垂直都是原来的 3/4、水平垂直都是原来的 1/2 这 3 种方式显示一幅图片。

4. Graphics2D 类

使用 Graphics 类可以完成简单的绘制图形任务,但是它所实现的功能非常有限,如无法改变线条的粗细,不能对图片使用旋转、模糊等过滤效果。实际上 paintComponent 方法的参数是 Graphics2D 类的一个对象。该类提供了更为丰富的图形操作方法。

例如,可以使用 Graphics2D 类提供的 shear 方法设置绘图的倾斜方向,从而实现使图像倾斜的效果,语法如下:

```
shear(double shx, double shy)
```

其中,shx 为水平方向的倾斜量,shy 为垂直方向的倾斜量。

还可以使用 Graphics2D 类的 rotate 方法,该方法将根据指定的弧度旋转图像,语法如下:

```
rotate(double theta)
```

其中,theta 为旋转的弧度。

例 **13.10**　倾斜和旋转图像的示例。

参考例 13.9，创建 DrawJPanel2D 类，改写 paintComponent，程序代码如下：

```
public void paintComponent(Graphics g){
    Graphics2D g2 = (Graphics2D) g;
    Image image=new ImageIcon("C:/java/10.jpg").getImage();
    g2.shear(0.3, 0);
    g2.drawImage(image, 10, 10, this);
    g2.rotate(Math.toRadians(30));
    g2.drawImage(image, 150, 10, this);
}
```

创建名字为 PaintExample2D 的窗口类，设置布局管理器为 BorderLayout。从左侧的项目面板上将上面的 DrawJPanel2D 拖曳到设计界面上，运行程序，显示如图 13.5 所示界面。

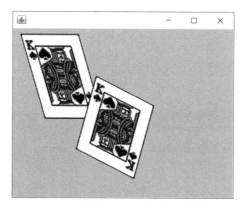

图 **13.5**　倾斜和旋转图像的示例界面

以倾斜和旋转的方式显示一幅图片，更多方法请查询 Graphics2D 类的帮助。

注意：不能直接调用 paintComponent 方法，该方法由系统调用，如果希望系统调用该方法，可以通过调用 repaint 方法要求系统重绘组件，这时系统就会调用 paintComponent 方法了。

◆ 13.5　程序设计实例

例 **13.11**　编写如图 13.6 所示的考试答题窗口，单击"第一题"按钮显示第一题，单击"上一题"按钮显示上一题，如果当前是第一题，则仍停留在第一题上。共放置了五道题，"下一题"按钮和"第五题"按钮与前两个按钮处理方式类似。单击"交卷"按钮，显示如图 13.7 所示的"询问"对话框，如用户单击"取消"按钮则不交卷；如用户单击"确定"按钮则提交试卷，并关闭考试答题窗口，显示如图 13.8 所示的考试结果窗口。

解题思路：因为有若干题目，每次只显示一道题，使用数组是一种不错的存储方式。由于每道题都有题干、4 个选项、标准答案、当前用户答案等多种信息，编写了对应的题目

类。题目类代码如下:

```
class Question{
    //题目唯一编号
    int question_ID;
    //题干
    String contents;
    //4个选项、标准答案、当前用户答案
    String a,b,c,d,answer,userAnswer;
    Question(int id,String contents,String a,String b,String c,String d,String
answer){
        this.question_ID=id;
        this.contents=contents;
        this.a=a;
        this.b=b;
        this.c=c;
        this.d=d;
        this.answer=answer;
        this.userAnswer="";
    }
}
```

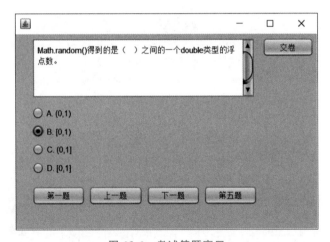

图 13.6 考试答题窗口

创建名为 TestExample 的窗体,按图 13.6 添加调整组件,添加如下两个属性,数组用于存储试题,另一个记录当前显示试题的下标。

```
private Question[] ques;
private int questionIndex;
```

构造函数中先创建试题,然后设置当前显示题目的下标为 0,调用试题显示方法显示试题。程序代码如下:

```
public TestExample() {
    ques=new Question[5];
    ques[0]=new Question(1,"Math.random()得到的是(    )之间的一个 double 类型的
浮点数。","A.(0,1)","B.[0,1)","C.(0,1]","D.[0,1]","B");
    ques[1] = new Question(1,"下面哪个事件监听器在 Java 中没有事件适配器?",
"MouseListener","KeyListener","ActionListener","WindowListener","C");
    ques[2]=new Question(1,"如果类中的成员变量可以被同一包访问,则使用如下哪个约束
符?","private","public","protected","不使用约束符","D");
    ques[3]=new Question(1,"按照 Java 的标识符命名规范,下列表示一个类的标识符正确
的是(    )。","Helloworld","HelloWorld","helloworld","helloWorld","B");
    ques[4] = new Question(1,"下面哪个不是 Java 的原始数据类型?","short",
"Boolean","long","float","B");
    initComponents();
    questionIndex=0;
    showQuestion();
}
```

编写试题显示方法,先分别将当前试题的题干和选项显示在对应组件上,然后根据记录的用户答案设定对应单选按钮为选中状态,注意如果用户没有选择答案,使用按钮组的 clearSelection 方法可清空所有选项。程序代码如下:

```
private void showQuestion(){
    jTextArea1.setText(ques[questionIndex].contents);
    jRadioButton1.setText(ques[questionIndex].a);
    jRadioButton2.setText(ques[questionIndex].b);
    jRadioButton3.setText(ques[questionIndex].c);
    jRadioButton4.setText(ques[questionIndex].d);

    switch(ques[questionIndex].userAnswer){
        case "A":jRadioButton1.setSelected(true);break;
        case "B":jRadioButton2.setSelected(true);break;
        case "C":jRadioButton3.setSelected(true);break;
        case "D":jRadioButton4.setSelected(true);break;
        default:
            buttonGroup1.clearSelection();
            break;
    }
}
```

在单击所有的按钮时都应该保存当前试题的答案,因此编写了保存答案方法。程序代码如下:

```
private void saveAnswer(){
    if(jRadioButton1.isSelected())
        ques[questionIndex].userAnswer="A";
```

```
    else if(jRadioButton2.isSelected())
        ques[questionIndex].userAnswer="B";
    else if(jRadioButton3.isSelected())
        ques[questionIndex].userAnswer="C";
    else if(jRadioButton4.isSelected())
        ques[questionIndex].userAnswer="D";
    else
        ques[questionIndex].userAnswer="";
}
```

单击"第一题"按钮显示第一题,应先保存当前题选择的答案,设置新的当前题下标为 0,然后显示当前试题。单击"上一题"按钮时还要判断是否已经是第一题。程序代码分别如下:

```
private void jButton1ActionPerformed(java.awt.event.ActionEvent evt) {
    saveAnswer();
    questionIndex=0;
    showQuestion();
}
private void jButton2ActionPerformed(java.awt.event.ActionEvent evt) {
    saveAnswer();
    questionIndex--;
    if(questionIndex<0)
        questionIndex=0;
    showQuestion();
}
```

"下一题"按钮和"第五题"按钮与之类似,在此不再赘述。单击"交卷"按钮,应先保存当前试题答案,然后显示消息提示对话框,根据用户的选择进行处理。若用户选择"确定"按钮(返回值为 0),关闭当前窗体,注意不能使用 System.exit 方法结束程序,接着评阅用户答题情况,将评阅结果写入考试结果类 Result(应先创建)的类属性 showText 中,以完成两个窗体之间的信息传递。最后显示并启动考试结果窗体。

```
private void jButton5ActionPerformed(java.awt.event.ActionEvent evt) {
    saveAnswer();
    int ok= JOptionPane.showConfirmDialog(this, "你确实要交卷吗?", "询问",
JOptionPane.OK_CANCEL_OPTION, JOptionPane.QUESTION_MESSAGE);
    if(ok!=0)
        return;
    this.dispose();

    int count=0;
    for(int i=0;i<ques.length;i++)
        if(ques[i].userAnswer==ques[i].answer)
            count++;
```

```
String s="共"+ques.length+"道题,答对了"+count+"道题。具体情况如下:\n";
s+="你的答案"+"\t"+"标准答案"+"\n";
for(int i=0;i<ques.length;i++)
    s+=ques[i].userAnswer+"\t"+ques[i].answer+"\n";
Result.showText="试卷提交完毕\n"+s;
java.awt.EventQueue.invokeLater(new Runnable() {
    public void run() {
        new Result().setVisible(true);
    }
});
}
```

图 13.7 "询问"对话框

建立名为 Result 的窗体,窗体上有一个 JTextArea 组件用于显示试卷答题情况,要设置其 editable 属性为 false。一个"关闭"按钮,使用 System.exit 方法结束程序。设置一个公共的类属性 showText,以获取考试答题窗体传递过来的答题情况信息。属性设置代码如下:

```
public static String showText="";
```

然后在构造函数的最后添加显示 showText 信息的语句:

```
jTextArea1.setText(showText);
```

运行后程序如图 13.8 所示,上面显示答题信息,单击下面的"关闭"按钮程序运行结束。

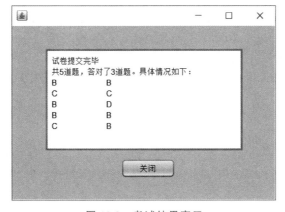

图 13.8 考试结果窗口

本章小结

1. 运行时异常之外的其他异常都必须进行异常检测和处理。

2. 当编写一个方法时,如果这个方法有可能产生一个非运行时异常,则必须进行声明,以告知编译器调用该方法的程序必须进行异常处理。

3. 声明异常的关键字是 throws,抛出异常的关键字是 throw。

4. 如果异常没有被当前方法捕获处理,则该异常将被传给调用者,直到异常被捕获或者传递给 main 方法。

5. 使用多个 catch 块,其次序是由子类到父类。

6. 无论 try 块中是否出现了异常,finally 块中的代码一定会被执行。

7. 可以自定义异常,只要定义为 Exception 类的子类即可。

8. 如果能使用简单的 if 语句就能完成的处理,尽量不要使用异常处理。

9. 绘图方法能绘制各种简单的常用图形,绘制复杂图形应使用第三方组件。

10. 如果不需要图像能获取鼠标事件,那么直接使用绘图方法效率更高。

概念测试

1. 异常捕获处理使用的 3 个关键字分别为＿＿＿＿、＿＿＿＿和＿＿＿＿。

2. 若使用多个 catch 语句块处理异常,通常将参数关键字为＿＿＿＿的 catch 块作为最后一个处理模块。

3. 在异常处理中,有时无论程序代码是否发生异常都要进行一些操作,这种无论是否捕获到异常都要执行的代码应放置在关键字为＿＿＿＿的块中。

4. 如果一个方法的方法体将产生未处理的异常,则应在方法声明时,采用＿＿＿＿关键字声明该方法将抛出异常。

5. 当异常发生时,应使用＿＿＿＿关键字抛出异常对象。

编程实践

1. 使用异常处理的方式编写程序,有一个包含若干元素的整型数组,用户输入数组下标,程序输出"程序正常执行!"以及该下标对应元素值;如果用户输入小于 0 的值,则输出"负数下标异常!";如果用户输入了超过数组下标长度的值,则输出"超出存储范围下标异常!";其他异常情况输出"其他异常!"。

2. 设计两个异常类,用于检查身高,当输入身高低于 170 厘米时产生 TooShortException 异常,而当输入身高高于 180 厘米时产生 TooTallException 异常。编写一个检查类,其中的一个方法用于检查身高,身高符合条件返回 True,否则根据情况产生以上两种异常之一。编写程序测试上述内容要求。

3. 编写一图形用户界面,绘制一个正弦函数图形和一个带有内接圆的正方形。

4. 编写一图形用户界面,显示一幅图片,有一组按钮,可以将该图片右转 90 度,左转 90 度,翻转 180 度。

第14章

输 入 输 出

◆ 14.1 数 据 流

1. 输入流与输出流

流是 Java 语言中一种形象的说法,是指应用程序与对象进行数据交换时,按一定顺序排列的数据集合依次发送给对象(或从对象依次获取)的数据传输(流动)过程。

流的描述以正在编写的应用程序为中心,当从外部读取数据时,应用程序打开数据源上的一个流(文件或内存等),然后按顺序读取(输入)这个流中的数据,这样的流称为输入流。而当输出数据时,应用程序打开一个作为目的地的流,然后按顺序从程序向这个目的地流写入(输出)数据,这样的流称为输出流。

通常,将从输入流中向程序中输入数据称为读数据(read);反之,从程序中将数据输出到输出流中称为写数据(write)。

如图 14.1 所示,程序通过输入流对象读入输入设备(键盘、文件等)中的数据,通过输出流向输出设备(显示器、打印机、文件等)写入数据。本章主要介绍的是与文件有关的输入输出流,这些流都存放在 java.io 包中。

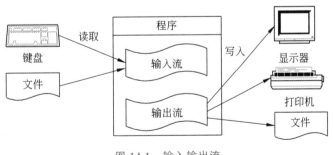

图 14.1 输入输出流

2. 字节流与字符流

按照 Java 的输入输出流处理的数据类型,流可分为字节流和字符流两类。字节流是以字节为单位读写二进制数据的。基本输入流(InputStream)类和基本输出流(OutputStream)类是处理以字节(8 位)为基本单位的字节流类,读写以字节为单位进行。

字符流的输入输出数据是 Unicode 字符,当遇到不同的编码时,Java 的字符流会将其转换成 Unicode 字符。Reader 类和 Writer 类是专门处理 16 位字符流的类,其读写以字符为单位进行。

上述提到的 InputStream 类、OutputStream 类、Reader 类和 Writer 类均是基本输入输出流的抽象类,不能用于直接创建对象来完成输入输出操作,所以,需要使用这些类的子类来完成特定类型或格式的输入输出操作。

图 14.2 列出了常用基本流类的层次关系,图 14.3 列出了字节流各类之间的关系,图 14.4 列出了字符流各类之间的关系。

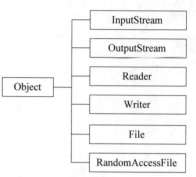

图 14.2 常用基本流类的层次关系

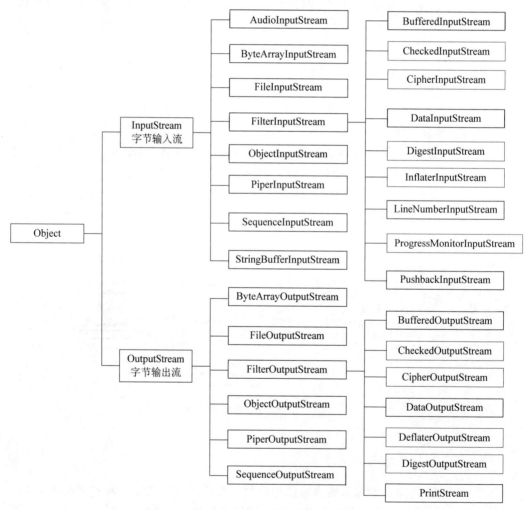

图 14.3 字节流各类之间的关系

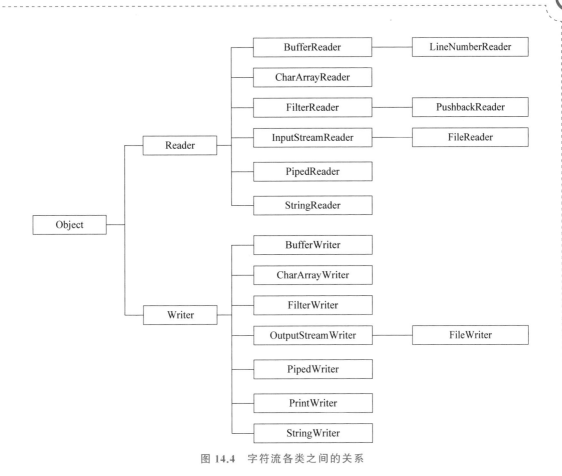

图 14.4　字符流各类之间的关系

◈ 14.2　字　节　流

1. InputStream 类

InputStream 类的常用方法如表 14.1 所示。

表 14.1　InputStream 类的常用方法

方　　　法	功　能　描　述
void close()	关闭此输入流并释放与该流关联的所有系统资源
abstract int read()	从输入流读取下一字节
int read(byte[] b)	从输入流中读取一定数量的字节并将其存储在缓冲区数组 b 中
int read(byte[] b, int off, int len)	将输入流中从 off 开始,最多 len 字节读入字节数组
long skip(long n)	跳过和放弃此输入流中的 n 字节

其中,abstract int read()方法为抽象方法。这是 InputStream 类为其子类设定的读

取数据的标准接口,InputStream 类的子类重写了不同功能的 read()方法。最为常用的读取数据方法是 read(byte[] b)方法。

2. OutputStream 类

OutputStream 类的常用方法如表 14.2 所示。

表 14.2　OutputStream 类的常用方法

方　　法	功 能 描 述
void close()	关闭此输入流并释放与该流关联的所有系统资源
void flush()	刷新此输出流并强制写出所有缓冲的输出字节
abstract void write(int b)	将指定的字节写入此输出流
void write(byte[] b)	将字节数组中数据写入此输出流
void write(byte[] b, int off, int len)	将字节数组中从偏移量 off 开始的 len 字节写入此输出流

同样,OutputStream 类的子类重写了不同功能的 write(int b)方法,最常用的写方法是 write(byte[] b，int off，int len)方法。

3. 异常处理

因为涉及外部系统,与输入输出相关的程序设计通常都要进行异常处理。例如,InputStream 类和 OutputStream 类中的许多方法在调用时都有可能出现异常,在定义这些方法时都有 throws IOException 语句,应用程序在调用这些方法时必须对相应异常进行处理。

4. 标准数据流

Java 语言通过系统类 System 实现标准输入输出的功能,System 类定义了 3 个成员变量,分别如下:

```
static PrintStream err      //标准错误输出流,对象是屏幕
static InputStream in       //标准输入流,对象是键盘
static PrintStream out      //标准输出流,对象是屏幕
```

这 3 个变量都是类成员变量,所以可以直接使用。in 的返回值为 InputStream 类型,所以可以直接调用 InputStream 类提供的输入方法;out 和 err 的返回值为 PrintStream 类型(这是一个字符流类型),所以可以直接调用 PrintStream 类提供的输出方法。

例 14.1　控制台输入输出:直接使用标准输入流和标准输出流输入输出数据,体会输入输出流的基本操作。

之前的程序都是使用 Scanner 类完成的数据输入,下面直接用标准输入流完成数据输入功能。

```
import java.io.*;
```

```
public class Console
{
    public static void main(String args[]){
        int nr_read=0;
        byte b[]=new byte[1000];
        try{
            //读入数据存入字符数组中,返回值是读入数据的个数
            nr_read=System.in.read(b);
            System.out.print("b[]=");
            //写字符数组 b 中数据,从下标 0 开始,写 nr_read 个数据
            System.out.write(b,0,nr_read);
        //流的处理通常需要异常检测
        }catch(Exception e){
            e.printStackTrace();
        }
        System.out.println(nr_read);
    }
}
```

程序将标准输入流(in,键盘)中的数据用 read 方法存放在字节数组 b 中,读取的字节数记录在变量 nr_read 中,然后利用标准输出流(out,显示器)的 write 方法将字节数组 b 中的前 nr_read 个数据输出到显示器中。

显然最常用的输入输出是对文件内容的读写,FileInputStream 类是文件输入流,FileOutputStream 类是文件输出流,它们都有通过字符串指定文件绝对路径(文件位置)和文件名的构造函数。

例 14.2　将通过键盘输入的信息存储的指定文件中。

```
import java.io.*;
public class ConsoleToFile
{
    public static void main(String args[]){
        int nr_read=0;
        byte b[]=new byte[1000];
        FileOutputStream fout;
        try{
            fout=new FileOutputStream("C:/java/test.txt");
            nr_read=System.in.read(b);
            fout.write(b,0,nr_read);
        }catch(Exception e){
            e.printStackTrace();
        }
        System.out.println(nr_read);
    }
}
```

注意在运行程序前要保证 C 盘根目录下 java 文件夹的存在,运行程序,打开 test.txt 文件,输入的信息已存放在文件中。

通过上面代码可以看出,引入了流的概念后,只是将标准输出流对象(out)替换为文件输出流对象,程序主体结构无须改变。下面编写的程序,让输入数据来自一个磁盘文件,这就是一个能进行文件复制的小程序。

例 14.3　FileCopy,文件复制程序。

```java
import java.io.*;
public class FileCopy
{
    public static void main(String args[]){
        int nr_read=0;
        byte b[]=new byte[100];
        FileInputStream fin;
        FileOutputStream fout;
        try{
            fin=new FileInputStream("C:/java/test.txt");
            fout=new FileOutputStream("C:/java/test2.txt");
            while(true){
                nr_read=fin.read(b);
                //文件内容都读完后退出
                if(nr_read==-1)
                    break;
                fout.write(b,0,nr_read);
                System.out.println(nr_read);
            }
            //使用完文件后应正常关闭
            fout.close();
            fin.close();
        }catch(IOException e){
            e.printStackTrace();
        }
    }
}
```

由于每次从文件中读取的数据量是有限的,所以可能需要多次读取文件中的数据,因此将 read 方法放在一个无限循环中,当文件中没有数据被读取时,read 方法的返回值为 −1,此时表明文件读取完毕,结束该循环。

◇ 14.3　过滤器流

1. 节点流和过滤器流

14.1 节和 14.2 节使用的流都属于节点流,节点流是直接与特定数据源相连的流,提供了访问该数据源的基本操作,都是处理以字节(或字符)为单位的数据。通常情况下,为了提高数据的处理速度,或是能对诸如 int、double 之类的数据直接进行操作,会联合使用被称为过滤器流(Filter)类,以提高流的处理效率。过滤器流不能单独使用,必须与相应的节点流一起使用,才能实现数据流的读写功能。

计算机在读写内存中的数据时速度很快,而在读写外部设备(键盘、显示器、文件等)中的数据时速度却慢得多。因此在输入输出操作中,为了提高数据的传输效率,通常使用缓冲(Buffered)过滤器流。当向一个缓冲过滤器流写入数据时,系统将数据发送到缓冲区(内存),而不是直接发送到外部设备。缓冲区自动记录数据,当缓冲区满时,系统将数据全部发送到相应的外部设备。而当从一个缓冲过滤器流中读取数据时,系统实际上大多是从缓冲区中读取数据。显然,使用带缓冲的过滤器流提高了系统与外部设备之间的数据传输效率。BufferedInputStream 类和 BufferedOutputStream 就是两个常用的缓冲过滤器流。

前面编写的程序使用字节数组来处理输入输出数据,但当需要处理的数据是 int、float、double 之类的数据类型时,如果直接使用字节进行处理必须知道数据所占空间大小(如 int 占 4 字节、double 占 8 字节),还要知道数据的存储方式(补码、浮点数),这为数据的处理带来极大不便。有了像 DataInputStream 类和 DataOutputStream 类这样的过滤器类,就可以直接进行常用数据类型的读写操作了。

2. BufferedInputStream 类和 BufferedOutputStream 类

利用 BufferedInputStream 类创建的对象可以根据需要从连接的输入数据流中一次性读取几字节的数据到内部缓冲数组中,而利用 BufferedOutputStream 类创建的对象可以从连接的输出数据流中一次性向内部缓冲区中写入几字节的数据。

1) BufferedInputStream 类的常用构造方法

BufferedInputStream(InputStream in):创建一个新的缓冲输入流。

BufferedInputStream(InputStream in, int size):创建具有指定缓冲区大小的缓冲输入流。

2) BufferedOutputStream 类的常用构造方法

BufferedOutputStream(OutputStream out):创建一个新的缓冲输出流。

BufferedOutputStream(OutputStream out, int size):创建具有指定缓冲区大小的缓冲输出流。

例 14.4　缓冲过滤器流的控制台程序。

```
import java.io.*;
public class BufferedConsole
{
    public static void main(String args[]){
        int nr_read=0;
        byte b[]=new byte[1000];
        BufferedInputStream bin=new BufferedInputStream(System.in);
        BufferedOutputStream bout=new BufferedOutputStream(System.out);
        try{
```

```
            for(int i=1;i<=3;i++){
                nr_read=bin.read(b);
                bout.write(b,0,nr_read);
                //强制输出缓冲区数据
                bout.flush();
            }
            bin.close();
            bout.close();
        }catch(Exception e){
            e.printStackTrace();
        }
    }
}
```

运行程序,输入 3 行数据,会发现每输入一行数据就会立即输出,这是使用了 bout.flush()语句强制输出缓冲区数据,这样就与没有缓冲区的效果一样了。注释掉该语句后再次运行,会发现 3 行数据都输入完毕后才一次性输出三行数据,这是因为数据量比较小,它们先存储到缓冲区中,当文件关闭时一次性输出缓冲区数据造成的。

3. DataInputStream 类与 DataOutputStream 类

过滤器类的 DataInputStream 类和 DataOutputStream 类能够直接读写 Java 基本类型的数据和 Unicode 编码格式的字符串。

表 14.3 是 DataInputStream 类的常用方法,表 14.4 是 DataOutputStream 类的常用方法。

表 14.3 DataInputStream 类的常用方法

方　　法	功 能 描 述
DataInputStream(InputStream in)	构造方法
boolean readBoolean()	读取 boolean 类型数据
byte readByte()	读取 byte 类型数据
char readChar()	读取 char 类型数据
double readDouble()	读取 double 类型数据
float readFloat()	读取 float 类型数据
int readInt()	读取 int 类型数据
long readLong()	读取 long 类型数据
short readShort()	读取 short 类型数据
int readUnsignedByte()	读取无符号 byte 类型数据
String readUTF()	读取 UTF-8 编码格式的 String 类型数据

表 14.4　**DataOutputStream 类的常用方法**

方　　法	功　能　描　述
DataOutputStream(OutputStream out)	构造方法
void writeBoolean(boolean v)	写入 boolean 类型数据
void writeByte(int v)	写入 byte 类型数据
void writeChar(int v)	写入 char 类型数据
void writeChars(String s)	写入字符串
void writeDouble(double v)	写入 double 类型数据
void writeFloat(float v)	写入 float 类型数据
void writeInt(int v)	写入 int 类型数据
void writeLong(long v)	写入 long 类型数据
void writeShort(int v)	写入 short 类型数据
void writeUTF(String str)	写入 UTF-8 编码格式的 String 字符串

如果要完成对文件中各种数据的读取,需要将一个文件输入流 FileInputStream 对象 fin 与一个数据输入流 DataInputStream 对象 din 相连。

```
FileInputStream fin=new FileInputStream("password.dat");
DataInputStream din=new DataInputStream(fin);
```

同样,如果要完成对文件中各种数据的写入,需要将一个文件输出流 FileOutputStream 对象 fout 与一个数据输出流 DataOutputStream 对象 dout 相连。

```
FileOutputStream fout=new FileOutputStream("password.dat");
DataOutputStream dout=new DataOutputStream(fout);
```

设置好之后,就可以使用数据输入流对象或数据输出流对象的常用方法来读写数据了。

例 14.5　将基本类型数据写入文件示例：写入文件某学生的 3 科成绩。

```
import java.io.*;
public class DataOutput {
    public static void main(String args[]){
        try{
            FileOutputStream fout=new FileOutputStream("C:/java/grade.dat");
            DataOutputStream dout=new DataOutputStream(fout);
            dout.writeInt(20201234);
            dout.writeUTF("张良");
            //输出 3 种数据类型以熟悉语法
            dout.writeInt(90);
            dout.writeDouble(85);
            dout.writeFloat(92);
            dout.close();
```

```
            fout.close();
        }catch(IOException e){
            System.out.println("文件错误!");
        }
    }
}
```

如果用记事本之类的编辑器查看 grade.dat 文件,会发现看到是乱码,因为使用的 DataOutputSteam 类是按格式写入的不同类型的二进制编码,无法用一般的编辑器查看。

例 14.6 利用 DataInputStream 读入 DataOutputStream 写出的数据文件中的数据。

```
import java.io.*;
public class DataInput {
    public static void main(String args[]){
        try{
            FileInputStream fin=new FileInputStream("C:/java/grade.dat");
            DataInputStream din=new DataInputStream(fin);
            //一直读取文件,直到文件结束
            boolean sign=true;
            while(sign){
                System.out.println(din.readInt());
                System.out.println(din.readUTF());
                System.out.println(din.readInt());
                System.out.println(din.readDouble());
                System.out.println(din.readFloat());
            }
            din.close();
            fin.close();
        }catch(EOFException e){
            System.out.println("文件结束!");
        }catch(IOException e){
            System.out.println("文件错误!");
        }
    }
}
```

因为一个文件中可能有多条记录,例 14.6 使用 while 循环来读取全部记录,当读到文件尾时会抛出 EOFException 异常,循环结束。

◇ 14.4 字　符　流

与 InputStream 类和 OutputStream 类相似,Reader 类和 Writer 类也都是基本输入输出类,Reader 类的常用方法与 InputStream 类基本相似,Writer 类的常用方法与 OutputStream 类基本相似。它们的主要区别是 InputStream 类和 OutputStream 类操作

针对的是字节,而 Reader 类和 Writer 类操作针对的是字符。

虽然字节流也可以处理字符信息,但字符流中针对字符串处理的方法更为丰富一些。同字节流一样,带缓冲的 BufferReader 类和 BufferWriter 类能提高字符流的处理速度。

有时需要将 InputStream 类的对象转换成 Reader 类的对象,以便能使用针对字符流的过滤器。例如,标准输入的 System.in 是一个 InputStream 类的对象,而 BufferReader 类的构造方法中的参数只能是 Reader 类的对象,也就是说 BufferReader 类只能从 Reader 类对象中读数据。InputStreamReader 类是将字节输入流转换成字符输入流的转换器,而 OutputStreamWriter 是将字符输出流转换为字节输出流的转换器。

例 14.7 使用字符流获得标准输入设备输入的字符串。

```
import java.io.*;
public class ConsoleReader
{
    public static void main(String args[]){
        try{
            InputStreamReader strin=new InputStreamReader(System.in);
            BufferedReader bufin=new BufferedReader(strin);
            String s=bufin.readLine();
            System.out.print(s);
        }catch(Exception e){
            e.printStackTrace();
        }
    }
}
```

在程序中利用了 InputStreamReader 转换器,从而可以使用 BufferedReader 中的 readLine 方法读取一行字符串。

14.5 文 件 类

文件(File)类是专门描述文件的各种属性(如文件名、大小、是否只读等),并提供方法对文件进行各种常用操作的类。

描述文件的位置可以使用绝对路径名或相对路径名。绝对路径名是完整的路径名,不需要任何其他信息就可以定位文件。相对路径名必须使用来自其他路径名的信息进行文件的定位。

1. File 类的构造方法

File(String pathname):通过将给定路径名字符串转换成抽象路径名来创建一个新 File 对象,参数 pathname 是包含完整路径名字符串。

File(String parent,String child):根据 parent 路径名字符串和 child 路径名字符串创建一个 File 对象,child 通常是相对 parent 路径下的文件名。

例如：

```
File f=new File("myfile.txt");
```

文件 myfile.txt 的路径是指当前工作路径，用的是相对路径。

```
File f=new File("C:/java","myfile.txt");
```

文件 myfile.txt 的路径是 C:/java，用的是绝对路径。

2. File 类的常用方法

File 类的常用方法如表 14.5 所示。

表 14.5　File 类的常用方法

方　　　法	功　能　描　述
boolean canRead()	文件是否可读
boolean canWrite()	文件是否可写
boolean exists()	文件是否存在
boolean delete()	删除此抽象路径名表示的文件或目录
File getAbsoluteFile()	返回抽象路径名的绝对路径名形式
String getAbsolutePath()	返回抽象路径名的绝对路径名字符串
String getName()	返回由此抽象路径名表示的文件或目录的名称
String getParent()	返回此抽象路径名的父路径名的路径名字符串，如果此路径名没有指定父目录，则返回 null
File getParentFile()	返回此抽象路径名的父路径名的抽象路径名，如果此路径名没有指定父目录，则返回 null
String getPath()	将此抽象路径名转换为一个路径名字符串
boolean isAbsolute()	测试此抽象路径名是否为绝对路径名
boolean isDirectory()	测试此抽象路径名表示的文件是不是一个目录
boolean isFile()	测试此抽象路径名表示的文件是不是一个标准文件
boolean isHidden()	测试此抽象路径名指定的文件是不是一个隐藏文件
long lastModified()	返回此抽象路径名表示的文件最后一次被修改的时间
long length()	返回由此抽象路径名表示的文件的长度
boolean mkdir()	创建此抽象路径名指定的目录
boolean mkdirs()	创建此抽象路径名指定的目录，包括创建必需但不存在的父目录
boolean renameTo(File dest)	重新命名此抽象路径名表示的文件
boolean setReadOnly()	标记此抽象路径名指定的文件或目录，以便只可对其进行读操作
String[] list()	返回一个字符串数组，用于存放此目录中的文件名和目录名

例 14.8 文件对象操作示例：判断文件是否存在，获得文件路径、大小等属性。

```
import java.io.*;
public class FileExample {
    public static void main(String args[]){
        File f=new File("C:/java/test.txt");
        //判断文件是否存在
        System.out.println("路径:"+f.exists());
        //返回文件的完整路径
        System.out.println("路径:"+f.getAbsoluteFile());
        System.out.println("文件大小:"+f.length());
        System.out.println("是否隐藏:"+f.isHidden());
        System.out.println("是否可读:"+f.canRead());
        System.out.println("是否可写:"+f.canWrite());
        //返回的是 long 类型数字，要转换成日期后输出
        System.out.println("最后修改时间:"+f.lastModified());
        System.out.println("最后修改时间:"+new java.util.Date(f.lastModified()));
    }
}
```

需要注意的是，在 Java 语言中，File 对象既可能是文件，也可能是目录。

例 14.9 输出目录中的所有文件列表。

```
import java.io.*;
public class DirList {
    public static void main(String args[]){
        File f=new File("C:/windows");
        if(f.exists()&&f.isDirectory()){
            String[] list=f.list();
            for(int i=0;i<list.length;i++)
                System.out.println(list[i]);
        }else
            System.out.println("输入的不是目录!");
    }
}
```

14.6 随机存取文件流

前面介绍的读取文件的方式都是采用顺序方式读取，但在实际操作中，有时需要在文件的某一位置任意读写内容。

随机存取文件流（RandomAccessFile）类可以从文件的任何位置开始进行读写操作。RandomAccessFile 类直接继承自 Object 类，同时实现了 DataInput 接口和 DataOutput 接口，可以对常用数据类型直接操作。

1. 构造方法

RandomAccessFile(File file，String mode)：创建读写的随机存取文件流，该文件由 file 参数指定。

RandomAccessFile(String name，String mode)：创建随机存取文件流，该文件具有指定名称。

其中，mode 是访问方式，r 表示读，w 表示写，rw 表示既可以读又可以写。

2. 常用方法

RandomAccessFile 类的常用方法如表 14.6 所示。

表 14.6　RandomAccessFile 类的常用方法

方　　法	功 能 描 述
void close()	关闭文件流
long length()	返回此文件的长度
int read()	从此文件中读取 1 字节数据
String readLine()	从此文件读取文本的下一行
void write(byte[] b)	将字符数组 b 中数据写入此文件
void write(byte[] b，int off，int len)	将 len 字节从指定字节数组写入此文件，并从下标 off 处开始
seek(long pos)	设置文件指针位置，在该位置发生下一个读写操作
int skipBytes(int n)	尝试跳过输入的 n 字节以丢弃跳过的字节
long getFilePointer()	返回此文件的当前指针位置

随机存取文件是按照文件当前指针的位置进行读写操作的。

例 14.10　利用 RandomAccessFile 类在文件后追加新信息。

```java
import java.io.*;
public class AppendFile {
    public static void main(String args[]){
        File logfile=new File("C:/java/test.txt");
        if(logfile.exists()){
            try{
                RandomAccessFile raf=new RandomAccessFile(logfile,"rw");
                //定位到文件结尾处
                raf.seek(raf.length());
                //添加 10 个当前日期信息
                for(int i=0;i<10;i++){
                    raf.writeBytes(new java.util.Date()+ "\r\n");
                }
                raf.close();
```

```
        }catch(IOException e){e.printStackTrace();}
    }
  }
}
```

打开 C 盘 java 文件夹下的 test.txt 文件,发现在原来文件的后面添加了 10 行当前日期信息。

◇ 14.7　对象输入输出流

可以用 DataInputStream 类和 DataOutputStream 类直接对基本数据类型和字符串进行输入输出操作。Java 语言是一门面向对象的程序设计语言,我们编写的程序经常会遇到对整个对象进行输入输出操作的问题。例如,使用下面的 Point3D 类描述三维空间上的一个点(出于简单起见,忽略了存取器等方法,只保留了一个构造方法和两个普通方法)。

```
import java.awt.*;
class Point3D{
    private int x,y,z;
    private Color color;
    Point3D(int x,int y,int z,Color color){
        this.x=x;
        this.y=y;
        this.z=z;
        this.color=color;
    }
    public void move(int dx,int dy,int dz){
        x+=dx;
        y+=dy;
        z+=dz;
    }
    public void show(){
        System.out.println("("+x+","+y+","+z+"):"+color);
    }
}
```

当创建该类的对象后,若要将对象存储在文件中,按照前面学习的文件操作方式,就需要将对象中的每个属性都提取出来逐一存储,显然这是一项很烦琐的工作。将来从文件中提取对象信息时也面临着还原对象的操作,这同样是一项很烦琐的任务。鉴于此,Java 语言提供了一个 Serializable 的接口,只要类实现了该接口,就可以使用 ObjectInputStream 类和 ObjectOutputStream 类对该类的对象进行输入输出处理了。

例 14.11　利用 ObjectOutputStream 类将对象类型存入磁盘文件中。

首先,将 Point3D 类的定义语句 class Point3D 改为 class Point3D implements Serializable,其他代码不需要做任何的调整和修改。编写其他代码如下:

```java
import java.io. * ;
public class ObjectOutput {
    public static void main(String args[]) {
        Point3D p1,p2;
        p1=new Point3D(10,10,10,Color.RED);
        p2=new Point3D(100,100,100,Color.BLUE);
        try{
            FileOutputStream fout=new FileOutputStream("C:/java/object.dat");
            ObjectOutputStream dout=new ObjectOutputStream(fout);
            dout.writeObject(p1);
            dout.writeObject(p2);
            dout.close();
            fout.close();
        }catch(IOException e) {
            System.out.println("文件错误!");
        }
    }
}
```

在程序中,创建了两个 Point3D 类型的对象并将其写入文件 object.dat 中。

例 14.12　编写程序,读取例 14.11 创建的文件中的对象类型数据。

编写代码如下:

```java
import java.io. * ;
public class ObjectInput {
    public static void main(String args[]) {
        Point3D p1,p2;
        try{
            FileInputStream fin=new FileInputStream("C:/java/object.dat");
            ObjectInputStream din=new ObjectInputStream(fin);
            p1=(Point3D)(din.readObject());
            p2=(Point3D)(din.readObject());
            din.close();
            fin.close();
            p1.show();
            p2.move(2, 3, 4);
            p2.show();
        }catch(IOException e) {
            System.out.println("文件错误!");
        }catch(Exception e) {
            System.out.println("错误!");
        }
    }
}
```

运行程序可以发现,读取两个例 14.12 存储的 Point3D 类型的对象,然后可以直接对该对象进行操作。

从上面的代码可以看出,Serializable 接口中不含任何的抽象方法,一个类实现了该接口实际上是告知编译器增加有关对象存储的代码。

◆ 14.8　程序设计实例

例 14.13　文件合并:在 C 盘 java 文件夹下有两个存储整数的从小到大排序的磁盘文件 a.dat 和 b.dat,编写程序合并这两个文件,合并后的文件名为 c.dat,要求合并后的文件依然有序。

解题思路:首先编写一个程序 DataFileCreate1.java,创建两个有序数据文件。程序代码如下:

```java
import java.io.*;
public class DataFileCreate1 {
    public static void main(String args[]){
        try{
            FileOutputStream fout=new FileOutputStream("C:/java/a.dat");
            DataOutputStream dout=new DataOutputStream(fout);
            for(int i=0;i<10;i++)
                dout.writeInt(2*i+1);
            dout.close();
            fout.close();

            fout=new FileOutputStream("C:/java/b.dat");
            dout=new DataOutputStream(fout);
            for(int i=1;i<=15;i++)
                dout.writeInt(2*i);
            dout.close();
            fout.close();
        }catch(IOException e){
            System.out.println("文件创建错误!");
        }
    }
}
```

文件 a.dat 中是 10 个奇数,文件 b.dat 中是 15 个偶数。

合并文件的思路如下:两个文件中各取一个数,比较大小,将小的数输出到文件 c.dat 中;然后取该文件的下一个数,继续比较、输出、取数,直到某一个文件结束;将还没结束的文件中的数都输出即可。程序代码如下:

```java
import java.io.*;
public class FileMerge {
```

```java
public static void main(String args[]){
    int a=0,b=0;
    try{
        //两个输入流,一个输出流
        FileInputStream fin1=new FileInputStream("C:/java/a.dat");
        DataInputStream din1=new DataInputStream(fin1);

        FileInputStream fin2=new FileInputStream("C:/java/b.dat");
        DataInputStream din2=new DataInputStream(fin2);

        FileOutputStream fout=new FileOutputStream("C:/java/c.dat");
        DataOutputStream dout=new DataOutputStream(fout);
        try{
            //每个文件都读一个数
            a=din1.readInt();
            b=din2.readInt();
            //哪个文件的数字小则输出,读取下一个数继续比较,直到某一个文件结束
            do{
                if(a<b){
                    dout.writeInt(a);
                    a=din1.readInt();
                }else{
                    dout.writeInt(b);
                    b=din2.readInt();
                }
            }while(true);
        }catch(EOFException e){
            System.out.println("某个文件结束!");
        }
        //如果文件1没结束,输出当前a值,然后输出文件1剩余数字;反之类似
        if(din1.available()!=0){
            dout.writeInt(a);
            while(din1.available()!=0){
                a=din1.readInt();
                dout.writeInt(a);
            }
        }else{
            dout.writeInt(b);
            while(din2.available()!=0){
                b=din2.readInt();
                dout.writeInt(b);
            }
        }
```

```
                din2.close();
                fin2.close();
                dout.close();
                fout.close();

                //输出文件 c.dat 的内容
                fin1=new FileInputStream("C:/java/c.dat");
                din1=new DataInputStream(fin1);
                while(din1.available()!=0){
                    System.out.print(din1.readInt()+" ");
                }

                din1.close();
                fin1.close();
            }catch(EOFException e){
                System.out.println("文件结束!");
            }catch(IOException e){
                System.out.println("文件错误!");
            }
        }
    }
```

例 14.14　某磁盘文件中存储着若干学生的学号、姓名和科目一、科目二、科目三 3 个科目的成绩,学生总数不超过 300 人。编写图形用户界面,通过文件选择对话框选择该文件,按成绩总分降序在 JTextArea 组件中显示学号、姓名,以及各科目的分数、总分。在最后一行显示统计信息:总人数、各科目平均分、总平均分。

解题思路:首先创建一个 Student 类存储学生信息,其中总分不能设置为属性,因为改变任意科目的分值总分都应随之改变。为了方便存储实现了 Serializable 接口,为了能使用 Arrays.sort 方法必须实现 Comparable 接口,以告知如何比较两个 Student 对象的大小。程序代码如下:

```
class Student implements Serializable,Comparable{
    private int studentID;
    private String name;
    private int course1,course2,course3;
    Student(int studentID,String name){
        this.studentID=studentID;
        this.name=name;
    }
    public int getStudentID() {
        return studentID;
    }
    public String getName() {
        return name;
    }
```

```
        }

        public int getCourse1() {
            return course1;
        }
        public void setCourse1(int course1) {
            this.course1 = course1;
        }
        public int getCourse2() {
            return course2;
        }
        public void setCourse2(int course2) {
            this.course2 = course2;
        }
        public int getCourse3() {
            return course3;
        }
        public void setCourse3(int course3) {
            this.course3 = course3;
        }
        //计算总分
        public int getSum() {
            int sum = course1 + course2 + course3;
            return sum;
        }
        //使用 Arrays.sort 方法的对象数组时必须实现 Comparable 接口
        public int compareTo(Object o) {
            Student s=(Student)o;
            if(getSum()> s.getSum())
                return 1;
            else if(getSum()==s.getSum())
                return 0;
            return -1;
        }
    }
```

然后生成 10 个学生及其成绩的数据文件。程序代码如下：

```
import java.util.*;
import java.io.*;
public class DataFileCreate2 {
    public static void main(String args[]){
        Student[] s=new Student[10];
        for(int i=0;i<s.length;i++)
            s[i]=new Student(2021001+i,"student"+i);
```

```
        Random r=new Random();
        for(int i=0;i<s.length;i++){
            s[i].setCourse1(r.nextInt(40)+60);
            s[i].setCourse2(r.nextInt(40)+60);
            s[i].setCourse3(r.nextInt(40)+60);
        }
        try{
            FileOutputStream fout=new FileOutputStream("C:/java/student.dat");
            ObjectOutputStream dout=new ObjectOutputStream(fout);
            for(int i=0;i<s.length;i++)
                dout.writeObject(s[i]);
            dout.close();
            fout.close();
        }catch(IOException e){
            System.out.println("文件错误!");
        }
    }
}
```

建立名为 StudentGrade 的窗体,放置一个 JTextArea 组件和两个按钮,运行界面如图 14.5 所示。

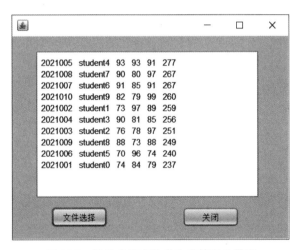

图 14.5　按总分排序的学生成绩显示界面

拖曳放入 JFileChooser 组件后,编写"文件选择"按钮的代码如下:

```
private void jButton1ActionPerformed(java.awt.event.ActionEvent evt) {
    //学生数组和其中有效数据个数
    Student[] s=new Student[300];
    int count=0;
    //显示文件选择对话框,并获取格式正确的文件
    int a=jFileChooser1.showOpenDialog(this);
```

```
        if(a==JFileChooser.APPROVE_OPTION){
            String path=jFileChooser1.getSelectedFile().toString();

            try{
                FileInputStream fin=new FileInputStream(path);
                ObjectInputStream din=new ObjectInputStream(fin);
                //读取对象信息,将其转换为 Student 类型放置到学生数组中,并计数
                for(int i=0;fin.available()> 0;i++){
                    s[i]=(Student)(din.readObject());
                    count++;
                }
                din.close();
                fin.close();
                //调用函数对数组中的数据由小到大排序
                Arrays.sort(s,0,count);
                //由大到小获得数组中的数据并输出到 JTextArea 组件中
                String str="";
                for(int i=count-1;i> =0;i--)
                    str+=s[i].getStudentID()+"   "+s[i].getName()+"
                        "+s[i].getCourse1()+"   "+s[i].getCourse2()+"
                        "+s[i].getCourse3()+"   "+s[i].getSum()+"\n";
                jTextArea1.setText(str);
            }catch(IOException e){
                System.out.println("文件错误!");
            }catch(Exception e){
                System.out.println("错误!");
            }
        }
    }
}
```

◇ 本 章 小 结

1. 输入输出是相对于人们编写的应用程序来说的,向应用程序传递数据即输入,向应用程序之外传递数据即输出。

2. 输入输出最常用的就是文件操作,只要是应用程序与外部进行数据交换,其处理方式都是类似的。

3. 字节流是以字节为基本处理单位,字符流是以字符为基本处理单位。

4. 节点流能完成基本的输入输出操作,过滤器对这些操作进行进一步的处理,使得应用上更方便。

5. File 类用于获取文件的属性或操作文件。

6. 随机存取文件流操作提供了一种与其他语言类似的文件操作方式。

7. 如果对某个类的对象整体进行输入输出操作,则该类应实现 Serializable 接口,然

后就可以用对象流进行操作了。

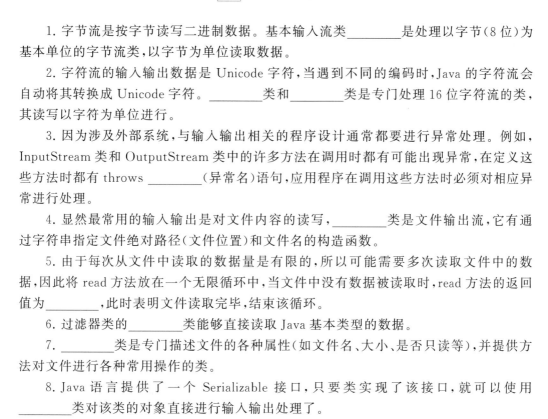概 念 测 试

1. 字节流是按字节读写二进制数据。基本输入流类_____是处理以字节(8 位)为基本单位的字节流类,以字节为单位读取数据。

2. 字符流的输入输出数据是 Unicode 字符,当遇到不同的编码时,Java 的字符流会自动将其转换成 Unicode 字符。_____类和_____类是专门处理 16 位字符流的类,其读写以字符为单位进行。

3. 因为涉及外部系统,与输入输出相关的程序设计通常都要进行异常处理。例如,InputStream 类和 OutputStream 类中的许多方法在调用时都有可能出现异常,在定义这些方法时都有 throws _____(异常名)语句,应用程序在调用这些方法时必须对相应异常进行处理。

4. 显然最常用的输入输出是对文件内容的读写,_____类是文件输出流,它有通过字符串指定文件绝对路径(文件位置)和文件名的构造函数。

5. 由于每次从文件中读取的数据量是有限的,所以可能需要多次读取文件中的数据,因此将 read 方法放在一个无限循环中,当文件中没有数据被读取时,read 方法的返回值为_____,此时表明文件读取完毕,结束该循环。

6. 过滤器类的_____类能够直接读取 Java 基本类型的数据。

7. _____类是专门描述文件的各种属性(如文件名、大小、是否只读等),并提供方法对文件进行各种常用操作的类。

8. Java 语言提供了一个 Serializable 接口,只要类实现了该接口,就可以使用_____类对该类的对象直接进行输入输出处理了。

编 程 实 践

1. 编写程序,对一个整型数组进行排序后将排序后的数据写入某一个磁盘文件中。

2. 编写程序,可以将两个磁盘文件合并为一个新文件,新文件为第二个文件添加到第一个文件的后面构成。

3. 编写程序,可以将两个有序的(升序)double 类型数据的磁盘文件合并为一个新文件,要求合并后的新文件仍然有序。

4. 编写程序,在窗体上显示一个多行文本框、一个标签和两个按钮,单击其中的一个按钮可以将文本框的内容存储到 C 盘 java 文件夹下的某个文件中,该文件名(含路径)显示在标签中,单击另一个按钮,可以读取该文件中的信息并将其显示到多行文本框中(覆盖掉当前信息)。

5. 编写程序,在窗体上显示一个列表框和一个按钮,单击按钮弹出文件选择对话框,选择某一文件夹后单击"确定"按钮,该文件夹下所有文件(不包括文件夹)显示到列表框中(覆盖掉当前信息)。

第15章

多 线 程

◇ 15.1 多线程概述

1. 进程和线程

为了提高计算资源的利用效率，计算机可以同时运行多个程序。例如，可以边听音乐边浏览新闻，也可以同时打开多个应用程序，不停地在这些应用程序之间切换。对操作系统而言，每个应用程序都是一个独立的进程（process）。进程是一个可并发执行的具有独立功能的应用程序，是操作系统进行资源分配和调度的基本单位。

虽然计算机系统可能只有一个 CPU，但操作系统仍然可以同时运行多个进程，实际上是操作系统将 CPU 执行时间划分成许多细小的时间片段，并使得每个进程都有机会获得自己的时间片段。但由于计算机执行速度非常快，使得所有程序看起来好像是同时运行一样。然而，在某个时间点上，一个 CPU 中运行的进程其实只有一个，如图 15.1 所示。

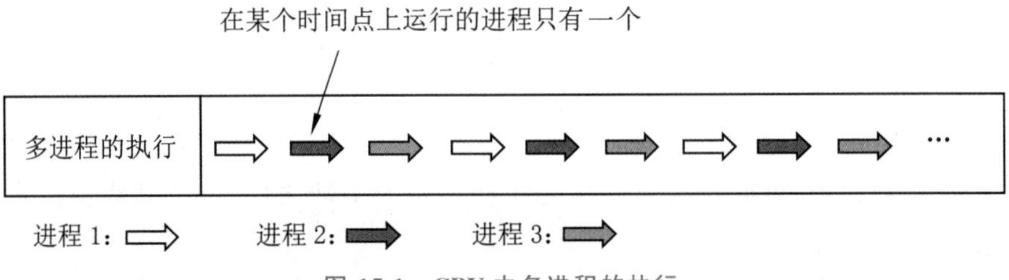

在某个时间点上运行的进程只有一个

图 15.1 CPU 中多进程的执行

在一个进程内部也可以同时运行多个任务，将一个进程内部运行的每个任务都称为一个线程（thread）。一个进程内可以拥有多个并发执行的线程，称为多线程（multi-thread）。线程机制是把进程的独立分配资源和被调度分派执行两项基本功能分离，前一项任务仍由进程完成，后一项任务交给线程完成，这些线程共享一块内存空间和一组系统资源。

也就是说，线程是操作系统中能够独立执行的实体（控制流），是处理器进行调度和分派的基本单位，是进程的组成部分。每个进程内允许包含多个并发执行的线程,同一个进程中的所有线程共享进程获得的主存储空间和资源。

2. 线程的状态和生命周期

一个线程从创建、启动到终止的整个过程称为线程的生命周期,在这期间的任何时刻,线程总是处于某个特定的状态,即如下的 5 个基本状态,它们之间的转换如图 15.2 所示。

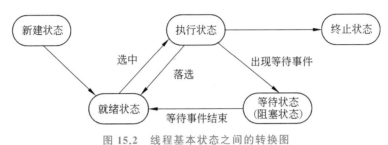

图 15.2　线程基本状态之间的转换图

1)新建状态

创建了一个线程类的对象后,该线程对象就处于新建状态。

2)就绪状态

就绪状态也称可执行状态,此时该线程准备完毕,随时可以被调入处理器中运行,即它们已经被放入就绪队列中等待执行。至于该线程何时才被真正执行,则取决于多线程的调度策略、线程的优先级和就绪队列的当前状况。只有操作系统调度到该线程时,才真正在 CPU 中执行。

3)执行状态

当处于就绪状态的线程被调度并进入处理器中运行时,便进入到执行状态,即程序正在处理器中运行。通常难以区分线程是处于就绪状态还是执行状态,在这两种状态下线程都在运行中,可称为运行状态。

4)阻塞状态

如果一个线程进入阻塞状态,那么这个线程暂时无法进入就绪队列。处于阻塞状态的线程通常需要某些事件才能唤醒,线程重新进入可执行状态。这就像模拟装卸车辆的工人工作的线程要等到模拟车辆进入可装卸状态后才能工作一样,在模拟车辆进入可装载状态之前必须等待(阻塞状态),否则即便进入执行状态也无法工作,从而浪费资源。

5)终止状态

线程执行结束后的线程对象处于终止状态。

◆ 15.2　多线程的创建

在前面所编写的 Java 程序运行时,程序进程由调用类的 main 方法开始执行,进程中只有一个线程,就是 main 线程,也称主线程。当在 main 方法中创建多个线程对象并以线程方式运行时,进程中就包含了多个线程,它们在并发(同时)地执行。

Java 语言支持内置的多线程机制,它提供了创建、管理和控制线程对象的重要方法,Java 的 java.lang.Thread 类用于创建和控制线程。线程对象由 Thread 类或其子类声明,线程对象执行的方法是 java.lang.Runnable 接口中约定的 public void run 方法。就像应用程序必须从主类的 main 方法开始执行一样,一个线程必须从 run 方法开始执行。

可以使用两种方法编写支持多线程的应用程序:一种是直接继承 Thread 类;另一种是实现 Runnable 接口。下面分别介绍这两种创建多线程程序的方法。

1. 通过继承 Thread 类创建多线程程序

程序创建线程的步骤:①定义一个线程类,该类继承 Thread 类并重写其中的 run 方法;②创建这个线程类的实例对象,调用其 start 方法(注意,不是 run 方法)以新线程的方式开始运行。

例 15.1 创建 TwoThread 线程类,并以启动两个线程的形式运行。

程序代码如下:

```java
import java.util.*;
public class TwoThread {
    public static void main(String args[]){
        new SimpleThread("多线程").start();
        new SimpleThread("真的是多线程").start();
    }
}
class SimpleThread extends Thread{
    public SimpleThread(String str){
        super(str);
    }
    public void run(){
        Random r=new Random();
        for(int i=1;i<=10;i++){
            System.out.println(i+" "+getName());
            try{
                //sleep(1)的含义是暂停 1/1000 秒
                sleep(r.nextInt(1000));
            }catch(InterruptedException e){
                System.out.println("出错了!");
            }
        }
        System.out.println("再见了:"+getName());
    }
}
```

运行程序,两个线程分别从 1～10 输出"多线程"和"真的是多线程"文字信息,由于两个线程是独立运行的,因此并不是一个线程运行完才开始运行另一个线程,程序交叉着输出文字信息。程序每次执行的输出都不相同,下面是某次运行结果的最后几行:

7 多线程
8 多线程
9 多线程
10 真的是多线程
10 多线程
再见了:多线程
再见了:真的是多线程

可以看出程序先执行了 7、8、9 的"真的是多线程"输出,然后才执行 7、8、9 的"多线程"输出,结束部分又是交替执行的,先结束的是"多线程",后结束的是"真的是多线程",从中可以体会到两个线程是独立运行的。

编写的 SimpleThread 类继承了 Thread 类,多线程程序的主体写在 run 方法中。当创建了 SimpleThread 就进入了新建状态,可以以多线程的方式执行代码了;当调用 start 方法后,线程就开始运行了,在线程调度程序的调度下不断在就绪状态和执行状态之间切换;程序中的 sleep 方法使得线程进入阻塞状态,线程随机阻塞一段时间后再回到就绪状态中;代码执行完毕,线程进入终止状态。

上面代码使用了 sleep 方法强行阻塞了线程的执行,放大了执行的效果。其实线程即便是未主动调用 sleep 方法让出处理器,线程管理器也会管理多个线程的执行,不会让某个线程一直占用处理器的。

例 15.2　MultiThread 类,一个不调用 sleep 方法的多线程示例。

```java
public class MultiThread {
    public static void main(String args[]){
        new SimpleThread("多线程 1").start();
        new SimpleThread("多线程 2").start();
        new SimpleThread("多线程 3").start();
        new SimpleThread("多线程 4").start();
    }
}
class SimpleThread extends Thread{
    public SimpleThread(String str){
        super(str);
    }
    public void run(){
        for(int i=1;i<=10;i++){
            System.out.println(i+" "+getName());
        }
        System.out.println("再见了:"+getName());
    }
}
```

运行程序,由于多线程运行,运行结果每次都不同,下面是某一次运行结果的最后几行:

再见了:多线程 4

7 多线程 3

再见了:多线程 2

8 多线程 3

9 多线程 3

10 多线程 3

再见了:多线程 3

再见了:多线程 1

在本次执行中,代码中线程 1 最先执行,却是最后执行完毕;线程 2 和线程 4 的执行速度也都比线程 3 快得多。

2. 通过实现 Runnable 接口创建多线程程序

程序创建线程的步骤:①定义一个类实现 Runnable 接口,在该类中编写 public void run 方法的实现代码;②用该类的一个对象作为参数构造 Thread 类的实例对象,然后调用此实例对象的 start 方法运行线程。

例 15.3 实现 Runnable 接口的多线程示例。

```java
public class ThreadRunnable {
    public static void main(String args[]) {
        Runnable t1=new NewThread("Hello");
        Runnable t2=new NewThread("OK");
        Runnable t3=new NewThread("ThreadRunnable");
        new Thread(t1).start();
        new Thread(t2).start();
        new Thread(t3).start();
    }
}
class NewThread implements Runnable{
    String str;
    public NewThread(String str){
        this.str=str;
    }
    public void run(){
        for(int i=1;i<=10;i++){
            System.out.println(str);
            try{
                Thread.sleep((int)(Math.random() * 100));
            }catch(InterruptedException e){
                return;
            }
        }
    }
}
```

运行程序,下面是某一次运行结果的最后几行:

```
OK
Hello
OK
OK
ThreadRunnable
Hello
ThreadRunnable
ThreadRunnable
```

例 15.3 同样实现了多线程程序。在具体应用中,采用哪种方法来构造多线程程序要视具体情况而定。因为 Java 语言不允许多重继承,因此当一个类已经继承了另一个类时,就只能用第二种方法(即编写实现 Runnable 接口的类)来实现多线程程序了。

◇ 15.3 线程的调度与控制

1. 线程优先级与线程调度策略

Java 虚拟机允许一个应用程序可以同时执行多个线程,各线程的具体执行次序,即哪个线程先执行,哪个线程后执行,则取决于线程的优先级。优先级越高的线程,越优先执行;优先级越低的线程,越晚执行;优先级相同的线程,遵循操作系统的调度规则,如抢占式原则或先进先出原则等。

Thread 类定义了 3 个与线程优先级有关的静态常量。

(1) MAX_PRIORITY:线程具有最大优先级,默认值是 10。

(2) NORM_PRIORITY:线程具有普通优先级,默认值是 5。

(3) MIN_PRIORITY:线程具有最小优先级,默认值是 1。

当线程创建时,优先级默认为由 NORM_PRIORITY 标识的整数。可以通过 setPriority 方法设置线程的优先级,也可以通过 getPriority 方法获得线程的优先级。

Java 语言的线程调度策略是一种基于优先级的抢占式调度策略。例如,在某一个低优先级线程的执行过程中,来了一个高优先级线程,这个高优先级线程不必等待低优先级线程的时间片执行完毕就直接把控制权抢占过来。

抢占式调度可能是分时的,即每个同等优先级的线程轮流执行,也可能不是,由具体的操作系统而定。线程可以通过使用 sleep 方法保证给优先级别低的线程执行时间。

2. 线程的基本控制方法

Thread 类提供了许多控制线程执行状态的方法。

1) sleep 方法

sleep 方法使一个线程暂停执行一段固定的时间,时间是 1/1000 秒的整数倍,在该休眠时间内,这个线程将处于阻塞状态,不执行。该方法能够把 CPU 时间让给优先级比其低的线程。由于线程的调度是按照线程的优先级由高到低的顺序进行的,当高优先级的线程执行结束前,低优先级的线程是没有机会获得 CPU 资源的。有时出于某种需要,高优先级线程想要让出 CPU 资源,使优先级低的线程有机会执行,此时高优先级的线程就可以调用 sleep 方法使自己休眠一段时间,sleep 方法结束后,线程将进入可执行状态。

2)yield 方法

调用 yield 方法后,可以提前释放 CPU 资源,使具有与当前线程相同优先级的线程有执行的机会。如果有其他的线程与当前线程具有相同优先级,并且是可执行的,该方法将把调用 yield 方法的线程放入可执行线程池,并允许其他线程执行;如果没有同等优先级的线程处于可执行状态,则该线程将继续执行。

3)join 方法

join 方法可使当前线程等待某一线程执行完毕之后再继续执行。如当前线程发出调用 t.join(),则当前线程将等待线程 t 结束后再继续执行。

4)currentThread 方法

currentThread 方法返回的是当前线程的引用。

5)isAlive 方法

有时需要知道某个线程的当前是否处于执行状态,可以用 isAlive 方法测试线程,该方法返回 true 表示该线程已经启动并且还没有执行结束。

6)stop 方法

线程除正常执行结束外,还可用 stop 方法强行终止某一个线程的执行。该方法的调用容易造成线程执行结果的不确定性,因此不建议使用这种方法。

7)suspend 方法和 resume 方法

在一个线程中调用 t.suspend(),将使另一个线程 t 暂停执行。线程 t 要想恢复执行,必须由其他线程调用 t.resume()。该方法的调用同样容易造成线程执行的不确定性,因此也不建议使用该方法。

◆ 15.4　线程之间的互斥关系

1. 线程之间的访问冲突

并发线程之间可能是无关的,也可能是相关的。无关的并发线程是指它们分别在不同的变量集合上操作,一个线程的执行与其他并发线程的执行进度无关,即一个并发线程不会改变另一个并发线程可能用到的变量值。相关的并发线程是指它们共享某些变量,一个线程的执行可能影响其他线程的执行结果,相关的并发线程之间具有制约关系。

相关的线程并发执行时相互之间会干扰或影响其他线程的执行结果,因此相关线程之间需要有管理和约束机制。

例 15.4　多线程造成的数据访问不一致问题。编写一个程序模仿网站的计数器功能,每有一个用户访问该网站,则计数器记录的数据增 1。Count 类代表计数器,每个线程代表一个用户,每个线程执行时,Count 类型对象 num 中的数据增 1。程序代码如下:

```java
public class WrongCount {
    public static void main(String args[]){
        Count num=new Count();
        Runnable t1=new NewThread("Hello",num);
        Runnable t2=new NewThread("OK",num);
        Runnable t3=new NewThread("ThreadRunnable",num);
        new Thread(t1).start();
        new Thread(t2).start();
        new Thread(t3).start();
    }
}
class NewThread implements Runnable{
    String str;
    final Count num;
    public NewThread(String str,Count num){
        this.str=str;
        this.num=num;
    }
    public void run(){
        for(int i=1;i<=10;i++){
            int t=num.getNumber();
            System.out.println(str+" get "+t);
            t++;
            num.setNumber(t);
            System.out.println(str+" set "+t);
        }
    }
}
class Count{
    public int getNumber() {
        return number;
    }
    public void setNumber(int number) {
        this.number=number;
    }
    private int number;
}
```

程序中定义了一个类 Count，它只有一个变量 number，每个线程在执行时都 10 次读取和将其值增 1，如果没有线程执行时的冲突，number 的值最后应该是 30。下面是程序的某次运行结果的最后 7 行：

```
OK set 10
Hello get 12
Hello set 13
```

```
ThreadRunnable get 11
ThreadRunnable set 12
OK get 10
OK set 11
```

从上面结果可以看到,OK 线程已经将 number 值设定为 10,而 Hello 线程又将其设定为 13,然后 ThreadRunnable 线程又将 number 值设定为 12,最后 OK 线程将 number 值设定为 11。很显然,多线程程序对 number 的数值的读取和设定出现了混乱。

由于线程之间共享 Count 类型变量 num 的资源,因此必须解决共享资源冲突问题,否则就会像上面例 15.4 一样,程序执行的结果是错误的。

2. 共享资源互斥的解决

同一个进程中的多个线程由系统调度而并发执行时,彼此之间没有直接联系,但是,如果这些线程要访问同一资源,则线程之间存在资源竞争关系,这是线程之间在资源访问上的一种制约关系。

对共享资源使用互斥锁是解决线程之间竞争关系的手段。互斥锁是指若干线程要使用同一共享资源时,任何时刻最多只允许一个线程去使用,其他要使用该资源的线程必须等待,直到占有资源的线程释放该资源。这就好像给每个共享资源都加上了一把锁,并且只有一把钥匙,只有拥有钥匙的线程才能访问该资源,没有钥匙的线程只能等待,直到拿到了钥匙之后才能继续执行。

共享变量代表的资源称为临界资源,并发线程中与共享变量有关的程序段称为临界区。在 Java 语言中为保证线程对共享资源操作的完整性,用 synchronized 关键字为临界资源加锁来解决。每个使用该关键字标记的临界资源对象都有一个互斥锁标记,JVM 保证任一时刻只能有一个线程访问该对象。

synchronized 语句的格式如下:

```
synchronized(object){
    代码段
}
```

其中,object 是多个线程共同操作的公共变量,即需要被锁定的临界资源,可以是任意的一个对象,它将被互斥地使用;代码段是临界区,它描述线程对临界资源的操作。

同步语句执行过程:当第 1 个线程希望进入临界区执行代码段中的语句时,它获得临界资源即 synchronized 指定对象的使用权,并将对象加锁,然后执行语句对对象进行操作;在此过程中,如果有第 2 个线程也希望对同一个对象执行某些语句,由于作为临界资源的对象已被锁定,则第 2 个线程必须等待第 1 个线程解除该对象的锁定;当第 1 个线程执行完临界区语句,它将释放对象锁;此后第 2 个线程才可能获得该对象的使用权并继续运行。

例 15.5 带有互斥锁的线程示例。使用 synchronized 关键字解决例 15.4 中的资源访问冲突问题。代码修改如下:

```
public class RightNumber {
    public static void main(String args[]) {
        Count num=new Count();
        Runnable t1=new NewThread("Hello",num);
        Runnable t2=new NewThread("OK",num);
        Runnable t3=new NewThread("ThreadRunnable",num);
        new Thread(t1).start();
        new Thread(t2).start();
        new Thread(t3).start();
    }
}
class NewThread implements Runnable{
    String str;
    final Count num;
    public NewThread(String str,Count num) {
        this.str=str;
        this.num=num;
    }
    public void run() {
        for(int i=1;i<=10;i++) {
            synchronized(num) {
                int t=num.getNumber();
                System.out.println(str+" get "+t);
                t++;
                num.setNumber(t);
                System.out.println(str+" set "+t);
            }
        }
    }
}
class Count{
    public int getNumber() {
        return number;
    }
    public void setNumber(int number) {
        this.number=number;
    }
    private int number;
}
```

由于使用 synchronized 关键字给 num 对象访问语句加上了互斥锁,因此程序虽然多线程执行,执行的次序无法保证,但可以确定的是最后 num 变量中的 number 值一定是 30。

也可以用 synchronized 关键字修饰方法,这时该方法中的所有语句都是临界区代码。

◇ 15.5　线程之间的协作关系

一个进程中的多个线程之间不仅有上述资源之间的竞争关系,有时还要互相协作,以共同完成某些复杂任务。当多个线程为完成同一任务而分工协作时,它们彼此之间有联系,知道其他线程的存在,而且受其他线程执行的影响。由于协作的每个线程都是独立地以不可预知的速度推进,这就需要相互协作的线程在某些协调点上协调各自的进度。当协作线程中的一个到达协调点后应停止执行,等待其他协作线程达到预期进度后再继续执行。这种协作线程之间相互等待以协调进度的过程被称为线程的同步。

例如,当某个线程进入临界区后,临界资源的当前状态并不满足它的需要,该线程就要等待其他线程将临界资源改变为它需要的状态后才能继续执行。但由于此时该线程占有了该临界资源的锁,其他与之协作的线程无法对临界资源进行操作。因此 Java 语言提供了 wait 和 notify 两个方法供协作间的线程使用。

当某线程需要在临界区中等待临界资源中数据的改变时,可以调用 wait 方法,这样该线程进入等待状态并暂时释放临界资源对象的锁,使得其他协作线程可以获得该对象的锁,并进入其 synchronized 块对临界资源进行操作。当其操作完成后,只要调用 notify 方法就可以通知正在等待的线程重新占有锁并运行。

例 15.6　堆栈问题中线程之间的协作示例。

堆栈处理程序就是一个非常典型的线程之间协作的示例。系统中使用某类资源的线程一般称为消费者,产生或释放同类资源的线程称为生产者,生产者-消费者问题是关于线程交互与同步问题的一般模型。在堆栈中,将数据放入堆栈中的对象就是生产者,将数据从堆栈中取出的对象就是消费者,下面就以此为例来讲解线程同步的处理方法。

用堆栈存储数据就像将物品放入一个只有一个出入口的容器中,物品叠放在容器里,后放入的先取出来,先放入的后取出来。本程序建立一个堆栈类,用数组存储堆栈数据,下标 index 代表堆栈中元素的个数,push 方法将一个数据放入堆栈(压栈)中,pop 方法从堆栈中取出(出栈)一个数据。堆栈类代码如下:

```java
class SyncStack{
    private int index=0;
    //堆栈的大小为 6,存放字母
    private char []buffer=new char[6];
    //synchronized 修饰方法,代表执行该方法时为当前对象加互斥锁
    public synchronized char pop(){
        //如果堆栈为空
        while(index==0){
            try{
                System.out.println("pop wait!!!");
                //进入 wait 状态,直到栈不为空
                this.wait();
            }catch(InterruptedException e){
                e.printStackTrace();
```

```
                }
            }
            //唤醒进入 wait 状态的 push 方法,栈不满了
            this.notify();
            index--;
            return buffer[index];
        }
    public synchronized void push(char c){
        while(index==buffer.length){
            try{
                System.out.println("push wait!!!");
                //进入 wait 状态,直到栈不满
                this.wait();
            }catch(InterruptedException e){
                e.printStackTrace();
            }
        }
        //唤醒进入 wait 状态的 pop 方法,栈不空了
        this.notify();
        buffer[index]=c;
        index++;
    }
}
```

生产者在线程中调用 push 方法将一个随机生成的大写字母压入栈中:

```
class Producer implements Runnable{
    SyncStack theStack;
    //生产者和消费者共用一个堆栈,因此构造时传递对象的引用
    public Producer(SyncStack s){
        theStack=s;
    }
    public void run(){
        char c;
        for(int i=0;i<20;i++){
            //随机生成一个字母
            c=(char)(Math.random() * 26+ 'A');
            //将其放入栈中
            theStack.push(c);
            System.out.println("Produced: "+c);
            try{
                Thread.sleep((int)(Math.random() * 100));
            }catch(InterruptedException e){
                e.printStackTrace();
            }
        }
    }
```

```
            }
        }
```

消费者在线程中调用 pop 方法将栈中最上面数据弹出:

```
class Consumer implements Runnable{
    SyncStack theStack;
    public Consumer(SyncStack s){
        theStack=s;
    }
    public void run(){
        char c;
        for(int i=0;i<20;i++){
            c=theStack.pop();
            System.out.println("Consumed: "+c);
            try{
                Thread.sleep((int)(Math.random() * 150));
            }catch(InterruptedException e){
                e.printStackTrace();
            }
        }
    }
}
```

主程序创建一个堆栈(共享资源),然后以多线程方式执行一个生产者程序和一个消费者程序:

```
public class SyncTest{
    public static void main(String args[]){
        SyncStack stack=new SyncStack();
        Runnable source=new Producer(stack);
        Runnable sink=new Consumer(stack);
        Thread t1=new Thread(source);
        Thread t2=new Thread(sink);
        t1.start();
        t2.start();
    }
}
```

下面是程序某次运行的部分执行结果:

```
pop wait!!!
Produced: N
Consumed: N
Produced: T
Produced: W
Produced: L
```

```
Produced: W
Produced: E
Consumed: E
Produced: H
Produced: X
Consumed: X
Produced: N
push wait!!!
Consumed: N
Produced: Y
push wait!!!
```

　　从本次运行结果可以看出,当 Consumer 对象的线程运行时,如果堆栈中没有数据,将输出"pop wait!!!",进入等待状态;当 Producer 对象的线程运行后,堆栈中至少会存在一个数据,因此会唤醒进入等待的 Consumer 对象的线程,两个线程处于竞争 CPU 资源的多线程执行状态。反之,当 Producer 对象的线程执行时,如果堆栈已满,将输出"push wait!!!",进入等待状态,等待 Consumer 对象的线程执行时唤醒。双方共用了同一个 SyncStack 对象,是一种协作关系。

◆ 15.6　标签面板

　　使用一些略为复杂的软件都会发现,当一个窗体的功能太多时,软件通常会将这些功能进行分类,然后以一个带有多个选项卡的界面形式运行。例如,NetBeans IDE 可以同时编辑多个源文件,可以使用代码编程窗口上方的标签进行代码源之间的切换;在编辑一个图形用户界面程序时,经常在代码编辑界面和设计界面之间进行切换。

1. JTabbedPane 的使用

　　JTabbedPane(标签面板)就是一个支持多选项卡设计的容器面板。下面以创建如图 15.3 所示界面为例进行简单讲解。

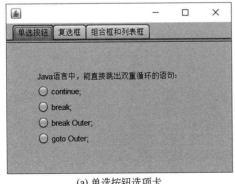
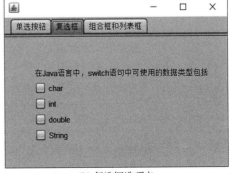

(a) 单选按钮选项卡　　　　　　　　　　(b) 复选框选项卡

图 15.3　使用标签面板进行分组显示

例 15.7　TabPanel.java,简单地用标签面板完成的以选项卡进行组件分类的图形用户界面程序设计示例。

创建一个 JFrame 类型窗体,设置其布局为 BorderLayout。在组件面板的 Swing Containers 组中,拖曳 JTabbedPane 容器组件到窗体中,然后拖曳 3 个 JPanel 容器组件到 JTabbedPane 中,后面的两个 JPanel 容器很容易拖曳到其他容器中,可在左下的 Navigator 中拖曳将其置于 JTabbedPane 容器中,如图 15.4 所示。最后的设计界面如图 15.5 所示。

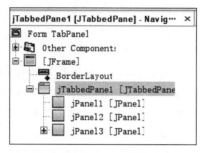

图 15.4　Navigator 导航窗格

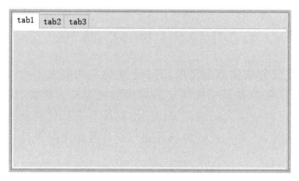

图 15.5　标签面板容器组件

然后就可以利用设计界面,按前面学习的图形用户界面程序设计方式完成如图 15.3 所示的界面了。

2. JTabbedPane 的主要属性

(1) tabPlacement：设置选项卡标签的位置,有上、下、左、右 4 种,默认值为上(TOP),图 15.6 是选择左(LEFT)后的显示界面。

(2) tabLayoutPolice：设置选项卡标签的布局策略,有两个选项,WRAP_TAB_LAYOUT 指当选项卡较多,标签一行显示不下会自动换行显示；SCROLL_TAB_LAYOUT 是指显示不下时不换行,而是出现一组滚动箭头。

(3) selectedIndex：运行时所选择选项卡的索引,默认为 0,代表第一个选项卡标签被选中。例如,想在运行时初始界面上第二个选项卡标签被选中,则设置属性值为 1。

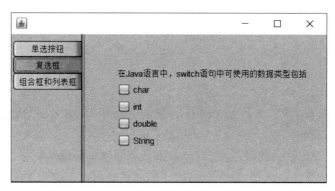

图 15.6 标签位于左侧的标签面板

❖ 本 章 小 结

1. 进程有独立的执行代码和存储资源;线程只有独立的执行代码,共享存储资源。

2. 可以通过继承和实现接口两种方式编写多线程程序,因为 Java 只允许多重继承的关系,实现接口的方式更为灵活。

3. 线程有不同的优先级,以抢占式方式进行线程调度。

4. 线程主要有就绪、执行、阻塞 3 种状态。

5. 如存在存储资源访问冲突,锁定的代码应尽量少,尽量不要包含有循环类型的语句。

6. 线程之间的协作通常要更为谨慎地编程,以保证共享资源的一致性和程序运行的流畅性。

7. 如果图形用户界面上的组件太多,可使用标签面板进行分组。

❖ 概 念 测 试

1. 实现多线程有两种方式:一是继承_____类;二是实现_____接口。

2. 编写多线程程序时,与线程相关的程序代码应写在 public void _____方法中。

3. _____方法能够把 CPU 时间让给优先级比其低的线程。该方法是使一个线程暂停运行一段固定的时间,时间是 1/1000 秒的整数倍。

4. Thread 类中定义的_____方法用于开始线程的执行,启动多线程。

5. 一个线程的执行依赖另一个协作线程的消息或信号,当线程使用 wait 方法进入阻塞状态,直到其他线程使用_____方法才被唤醒进入执行状态。

6. 在 Java 语言中为保证线程对共享资源操作的完整性,用_____关键字为临界资源加锁来解决。

◆ 编 程 实 践

1. 通过继承 Thread 类的方式编写一个多线程程序,每个线程都随机输出 5 个单词之一,加上线程标记。

2. 通过实现 Runnable 接口方式编写一个多线程程序,每个线程输出该线程的名称后,随机停止一段时间再执行,每个线程共输出 15 次。

3. 运行例 15.6 中的堆栈程序,体会线程中资源冲突及解决方式。

4. 制作一个含 5 个标签的面板界面,前 4 个面板上各有一道多选题,第 5 个面板上有"交卷"按钮,单击该按钮弹出是否交卷的消息选择对话框,选择是则显示"试卷已提交"并显示成绩(每题正确 5 分,部分正确 2 分,有错误 0 分)。

第
16
章

网 络 技 术

Java 语言提供了强大的网络编程功能,本章主要讲述基于传输控制协议 (Transmission Control Protocol,TCP)的客户/服务器(Client/Server,C/S)编 程的基础知识。随着互联网技术的广泛应用,我们开发的越来越多的程序需要 网络编程技术支持。例如,前面设计的扑克牌程序,如果参与游戏的多个用户 使用同一台计算机运行就没有什么意义了,这就涉及程序在多台计算机上同时 运行,并且还要互相传递消息,以确定该轮到哪一台计算机上的用户出牌,以及 他出了什么牌之类的问题,甚至可增加聊天类功能以提高打牌者的乐趣,通过 本章的学习能初步解决上述问题。

◇ 16.1 网络基础知识

1. 计算机网络和 TCP/IP 协议

为了使两台计算机之间能够互相通信,必须将它们放置在一个计算机网络 中。在计算机网络中有多台计算机,要想保证这些计算机之间可以顺利而正确 地通信,就必须解决诸如如何识别这些计算机,以及如何保证通信的正确性等 一系列问题,这就产生了一系列在网络中的计算机都应遵守的规范,在计算机 科学中被称为网络协议。我们使用的计算机系统都能连接到因特网中,因此都 支持因特网的 TCP/IP 协议。

TCP/IP(Transmission Control Protocol/Internet Protocol),即传输控制 协议/网际协议,实际上是一组协议的集合,其中最为重要的是位于网络层的 IP 和位于传输层的 TCP、UDP(User Datagram Protocol)。

2. IP 和 IP 地址

计算机网络中的每台运行了 TCP/IP 协议的计算机,都有一个 IP 地址,该 地址在网络中是唯一的,网络就是通过这一地址与该计算机进行通信的。现在 主要使用的是 IPv4 地址,正在向 IPv6 地址过渡。每个 IPv4 地址都是由一个 32 位的二进制序列组成,出于方便起见,通常采用点分十进制的方式表示,如 192.168.0.1,每部分的最大值不超过 255。

3. TCP 和 UDP

TCP 是一种面向连接的、可靠的、基于字节流的通信协议。使用 TCP 可以保证数据传送的时间、顺序和内容的正确性，因此大多数的网络应用程序都基于该协议来实现数据传输。UDP 即用户数据报协议，其不保证传输数据的顺序性和正确性，但占用资源少，在一些视频、音频的实时传输中使用，因为在这些应用中，传输的及时性更为重要，并且即使有一些传输数据错误也不会产生太大影响。本章只简单介绍基于 TCP 的应用。

4. 端口号

计算机支持多进程，而这些同时执行的多个进程都有可能提供网络服务，仅靠计算机的 IP 地址是无法区分这些服务的。实际上，在网络中是通过 IP 地址与端口号的组合来区分某台计算机上的不同服务的。当一个信息到达时，可以根据其请求的端口号来确定其所要访问的服务。

例如，用浏览器访问网页，通常情况下访问的就是服务器上的 80 端口，给 192.168.0.1:80 发送信息，就是给计算机 192.168.0.1 上的浏览器进程发送信息。而电子邮件程序，访问的就是服务器上的 25 端口，给 192.168.0.1:25 发送信息，就是给计算机 192.168.0.1 上的电子邮件服务进程发送信息。

◆ 16.2 网络编程基础

1. 客户/服务器程序

客户机和服务器都是独立的计算机，当一台连入网络的计算机向其他计算机提供各种网络服务（如数据、文件的共享等）时，这台计算机就被称为服务器。那些接收服务器的服务、访问服务器资源的计算机则被称为客户机。担任服务器的计算机功能通常更为强大一些，当计算机的功能都差不多时，可以任选一台计算机作为服务器。服务器每天 24 小时都应处于开机状态，保证客户机能随时获得服务。

2. 客户/服务器的通信步骤

客户机和服务器通常是两台不同的计算机，也可以是同一台计算机。服务器端运行的是服务器端程序，可同时为许多客户机提供服务。客户端运行的是客户端程序，该程序通常会连接到某一台固定的服务器上。

客户机和服务器在通信前必须建立连接，客户机通过服务器的 IP 地址和端口号找到服务器，然后通过网络协议建立连接后就可以进行数据通信了。其过程可分为以下 3 个步骤。

（1）服务器监听：为保证客户机能随时与服务器建立连接，服务器端程序必须一直运行，并等待客户机的连接请求。

（2）客户端请求：客户机根据服务器的 IP 地址和服务端口号向服务器发出连接请求。

（3）连接确认：当服务器在服务端口接收到客户机的连接请求后，它就响应客户端请求并建立一个连接,双方确认后就可以进行网络通信了。

上述过程就像打电话一样,接电话的手机(服务器,电话号码相当于 IP 地址)一直处在可接听电话的状态,如果其处于关机状态当然就无法联通了;打电话的手机拨号(客户机发起连接请求),当然需要事先知道服务器手机的电话号码,服务器手机铃声响起;服务器手机接听后联通(服务器响应并建立连接),然后就可以互相通话了。

3. 套接字

套接字是 Java 语言支持网络通信的对象。程序间在网络上进行通信与程序对文件操作的原理是十分类似的:在文件操作中,文件流对象代表的是磁盘上的一个文件,从该对象读信息就是读文件,向该对象写信息就是写文件;在网络通信中,套接字对象代表网络上某台计算机上的一个应用程序,从该对象读信息就是从该应用程序中获取信息,向该对象写信息就是将信息传递给该应用程序。

Java 语言中针对 TCP 应用连接的套接字有两个——服务器套接字(ServerSocket)和套接字(Socket)。就像使用文件流对象时应指定与该文件流相关联的文件,使用套接字对象时也要指定该对象所对应的网络应用程序(IP 地址和端口号)。

ServerSocket 类是编写客户/服务器程序的基础,它会指定一个端口号作为服务器提供网络服务的端口,然后提供服务器端监听服务,等待客户端请求,一旦产生客户端请求,它会建立一个完整的 Socket 对象,用来管理客户/服务器之间的通信。ServerSocket 类的常用方法如表 16.1 所示。

表 16.1　ServerSocket 类的常用方法

方　法	功　能　描　述
ServerSocket(int port)	创建一个指定端口的 ServerSocket 对象
Socket accept()	等待客户端连接请求,一旦接收到连接请求,返回一个表示连接已经建立的 Socket 对象
void close()	关闭该对象连接
InetAddress getInetAddress()	返回该对象的 IP 地址
int getLocalPort()	返回该对象的端口号
void setSoTimeout(int timeout)	设置服务器超时时间

客户端使用 Socket 对象维护客户端到服务器端的一个连接,而服务器端同时使用多个 Socket 对象为多个客户提供服务。Socket 类的常用方法如表 16.2 所示。

表 16.2　Socket 类的常用方法

方　法	功　能　描　述
Socket(InetAddress address, int port)	用 InetAddress 创建一个指定服务器端口的 Socket 对象
Socket(String host, int port)	用 IP 地址字符串创建一个指定服务器端口的 Socket 对象

续表

方　　法	功 能 描 述
void close()	关闭该对象连接
InetAddress getInetAddress()	返回该对象的 IP 地址
int getLocalPort()	返回该对象的端口号
InputStream getInputStream()	返回与该对象的输入流对象
OutputStream getOutputStream()	返回与该对象的输出流对象
SocketAddress getRemoteSocketAddress()	返回与该对象相连接的终端对象地址

4. 基于 Socket 的客户/服务器程序设计

如图 16.1 所示，首先服务器端使用 ServerSocket 注册端口号、启动 TCP 服务，等待客户机的连接请求。客户机 Socket 通过服务器 IP 地址和端口号向指定服务器发出连接请求，服务器的 ServerSocket 对象接受该请求并使用 Socket 对象与客户端建立连接。服务器端和客户端分别建立字节输入输出流，进行数据传输准备，服务器端和客户端通过各自的字节输入流获得对方发来的数据，通过字节输出流向对方发送数据。当一方决定结束通信，向对方发送结束信息，另一方接收到结束信息后，双方分别关闭各自的 Socket 连接。

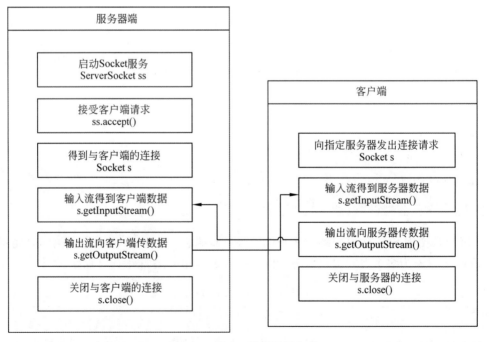

图 16.1　Socket 程序运行方式

16.3 简单的客户/服务器程序

下面用一个 Socket 实现的简单的客户/服务器程序,演示典型的 C/S 结构程序的实现和运行。

例 16.1 简单的服务器端程序示例。

服务器端创建一个 ServerSocket 对象,指定端口号。注意 0～1023 端口为系统所保留,所以在选择端口号时,最好选择一个大于 1023 的端口号以防止发生冲突,例 16.1 中使用的是 5432。ServerSocket 对象建立后会一直等候客户端的连接请求,一旦服务器端接收到客户端的连接请求,会建立一个 Socket 对象与客户端 Socket 对象进行通信。

```java
import java.net.*;
import java.io.*;

public class SimpleServer{
public static void main(String args[]){
  ServerSocket s=null;
  Socket sl;
  String sendString="Hello Net World!";
  int slength=sendString.length();
  OutputStream slout;
  DataOutputStream dos;

  try{
    s=new ServerSocket(5432);
  }catch(IOException e){}
while(true){
  try{
    sl=s.accept();
    slout=sl.getOutputStream();
    dos=new DataOutputStream(slout);
    dos.writeUTF(sendString);

    dos.close();
    slout.close();
    sl.close();
  }catch(IOException e){}
 }
 }
 }
```

服务器注册服务后一直等待客户机连接,一旦有客户机连接成功,就获取该 Socket 的输出流,写出一个字符串"Hello Net World!",客户机将接收到此字符串,完成了从服务器到客户机的信息传递。

例 16.2　简单的客户端程序示例。

在与服务器建立连接时,客户端必须事先知道服务器的 IP 地址和服务的端口号,方便起见,本程序的客户机与服务器运行在一台计算机上,IP 地址 127.0.0.1 会被解释为当前计算机,端口号是前面服务器程序使用的 5432。

```java
import java.net.*;
import java.io.*;
public class SimpleClient{
  public static void main(String args[]) throws IOException{
    Socket sl;
    InputStream slIn;
    DataInputStream dis;

    sl=new Socket("127.0.0.1",5432);          //127.0.0.1是服务器的 IP 地址
    slIn=sl.getInputStream();
    dis=new DataInputStream(slIn);

    String st=new String(dis.readUTF());
    System.out.println(st);
    dis.close();
    slIn.close();
    sl.close();
  }
}
```

客户端使用输入流获取服务器传递过来的信息字符串,然后将其输出到控制台中。

先运行服务器端程序,然后运行客户端程序,客户机从服务器上获得了一个字符串信息"Hello Net World!"。

例 16.2 完成了客户机从服务器获取信息的程序,从客户机传递信息给服务器的方式与之类似,下面以一个上传客户机文件的示例学习此类程序的简单实现过程。

例 16.3　编写程序,将客户机上某文件上传到服务器。

客户端程序:连接服务器之后,获得 Socket 对象的输出流,用文件输入流打开磁盘文件,分步读取文件内容,然后将读出的内容写到 Socket 对象的输出流中即可。

```java
import java.net.*;
import java.io.*;
public class FileUploadClient{
    public static void main(String args[]) throws IOException{
        Socket sl;
        OutputStream slout;
        int nr_read=0;
        byte b[]=new byte[1000];
```

```
            FileInputStream fin;

            sl=new Socket("127.0.0.1",5432);
            slout=sl.getOutputStream();
            System.out.println("已连接,开始上传文件。");
            try{
                fin=new FileInputStream("C:/java/test.txt");
                while(true){
                    nr_read=fin.read(b);
                    if(nr_read==-1)
                        break;
                    slout.write(b,0,nr_read);
                }
                fin.close();
            }catch(IOException e){
                e.printStackTrace();
            }
            slout.close();
            sl.close();
            System.out.println("文件上传完成。");
        }
    }
```

服务器端程序：服务器注册服务后等待客户机连接,一旦有客户机连接成功,提示开始接收文件信息后,获取该 Socket 的输入流,建立文件输出流,将从输入流获得的数据写入文件输出流中,结束后输出文件接收完成信息。

```
import java.net.*;
import java.io.*;
public class FileUploadServer{
    public static void main(String args[]){
        ServerSocket s=null;
        Socket sl;
        int nr_read=0;
        byte b[]=new byte[1000];
        InputStream slin;
        FileOutputStream fout;

        try{
            s=new ServerSocket(5432);
        }catch(IOException e){}

        while(true){
            try{
                sl=s.accept();
```

```
                    System.out.println("已连接,开始接收文件。");
                    slin=sl.getInputStream();
                    try{
                        fout=new FileOutputStream("C:/java/test5.txt");
                        while(sl.isConnected()){
                            nr_read=slin.read(b);
                            fout.write(b,0,nr_read);
                        }
                        fout.close();
                    }catch(IOException e){
                        e.printStackTrace();
                    }catch(Exception e){}
                    sl.close();
                    System.out.println("文件接收完成。");
                }catch(IOException e){System.out.println("文件接收完成。");}
            }
        }
    }
```

先保证文件 C:/java/test.txt 存在,依次运行服务器端程序、客户端程序,文件上传完成。实际上,例 16.3 只是一个能完成核心功能的简单演示程序,客户/服务器程序还需要考虑很多其他问题,如服务器端需要考虑不同客户机上传的文件名之间的冲突问题、文件上传过程异常问题、文件类型检查问题等,在此略过。

◇ 本 章 小 结

1. 编写基于 TCP/IP 协议的 C/S 程序,客户机应事先知道服务器的 IP 地址和端口号。

2. C/S 程序的服务器一直处于运行状态,等待客户机发起连接请求。

3. 服务器可以同时与多个客户端建立连接。

4. 网络上数据的传递方式与文件的读写方式是类似的,读数据对应着从网络上获取数据,写数据对应着向网络上发送数据。

5. 客户端的读对应着服务器端的写,客户端的写对应着服务器端的读,反之亦然。

6. 由于一个服务器对应多个客户机,如果需要访问服务器资源,需要注意是否存在访问资源的读写冲突问题。

◇ 概 念 测 试

1. 编写的 C/S 程序,C 为客户机,对应的英语单词为_____;S 为服务器,对应的英语单词为_____。

2. 编写的 C/S 程序都是基于因特网环境下运行的,因特网使用的协议集合是

_____协议。

3. 在因特网中,客户机要访问服务器,必须事先知道服务器的_____和_____。

4. 在服务器端,应该使用服务器套接字等待客户机的连接,服务器套接字的英文名称为_____。

5. 已知服务器的 IP 地址为 172.168.2.221,端口号为 2211,使用套接字建立该端口的 TCP 连接的语句为"sc＝_____;"。

◆ 编 程 实 践

1. 运行示例中的服务器和客户机程序,体会使用套接字进行 C/S 程序设计的基本操作步骤。

2. 编写 C/S 程序,客户端每发送一个消息,服务器端分别以 50%、30%、20% 的概率给予 OK、HI、hehe 的应答,当客户端发送 Bye 后,服务器回复 Bye,双方结束通信。

3. 尝试将斗地主程序改为多人同时玩的网络版程序。

Java 运算符

表 A.1 是 Java 语言中的运算符,如果表达式中含有多个运算符,优先级低的运算符在优先级高的运算符之前运算,优先级相同的运算符根据其结合性方向进行运算。大体上,只需要一个变量参与运算的单目运算符是右结合的,需要两个变量参与运算的双目运算符是左结合的,单目运算符的优先级也更高一些。

表 A.1　Java 语言中的运算符

优先级	运　算　符	功　　能	结合性
1	（参数列表） [ ] . ＋＋ －－	圆括号,参数求值,方法调用 按索引访问数组 类或对象的成员引用 后缀增 1 后缀减 1	从左到右
2	＋＋ －－ ＋ － ～ !	前缀增 1 前缀减 1 正号 负号 按位非 逻辑非	从右到左
3	new （类型）	对象实例化 强制类型转换	从右到左
4	* / %	乘 除 求余数	从左到右
5	＋ －	加,字符串连接 减	从左到右
6	<< >> >>>	左移 带符号右移 无符号右移	从左到右
7	< <= > >= instanceof	小于 小于或等于 大于 大于或等于 类型比较	从左到右

优先级	运 算 符	功　　能	结合性
8	＝＝ ！＝	等于 不等于	从左到右
9	&	按位与,布尔与	从左到右
10	∧	按位异或,布尔异或	从左到右
11	|	按位或,布尔或	从左到右
12	&&	逻辑与	从左到右
13	‖	逻辑或	从左到右
14	？：	条件运算	从右到左
15	＝ ＋＝ －＝ ＊＝ /＝ ％＝ <<＝ >>＝ >>>＝ &＝ ∧＝ |＝	赋值 加号复合,先加后赋值 减号复合 乘号复合 除号复合 求余数复合 左移复合 带符号右移复合 无符号右移复合 与复合 异或复合 或复合	从右到左

　　圆括号的优先级为 1,可以使用圆括号来强制改变表达式的运算次序。其实即使在有些表达式中是不需要圆括号改变运算次序的,但是使用它也会提高程序的可读性,而且能避免一些不易发觉的错误。

　　运算符“&&”和“&”都能进行逻辑与的判断,但如果符号左侧的表达式的逻辑值为false,因为无论符号右侧表达式的值是 true 还是 false,都不影响整个表达式运算结果是false 的事实。在这种情况下,这两个运算符的处理方式是不同的,“&&”将不再处理该符号右侧的表达式,而“&”仍会处理该符号右侧的表达式,“&&”的这种处理方式被称为短路。运算符“‖”和“|”与之类似,如果符号左侧的表达式所得逻辑值为 true,前者将会短路,而后者会继续处理右侧表达式。

ASCII 字符集

Java 语言使用 Unicode 字符集处理文本。Unicode 字符集是一个国际化的字符集，其中包含了世界上所有语言的字母、符号和一些表意文字，每个字符用 16 位存储，可以看作是一个 16 位的无符号整数。实际上还有许多应用很广泛的字符集，一个 16 位的无符号整数代表的字符用不同的字符集解释，可能会得到不同的结果，这也就是使用计算机网络通信时有时会出现乱码的原因。

ASCII 字符集是最早使用的字符集，ASCII 是 American Standard Code for Information Interchange 的缩写。不论是哪种字符集的前 128 个字符都与 ASCII 字符集的约定相同，因此可将 ASCII 字符集看作是所有字符集的子集。在编写程序时，除了输入输出字符串外，应尽量只使用 ASCII 字符集中的字符，这样才可以保证程序在任何平台上的解释都是一致的。

表 B.1 是 ASCII 字符集，编号 0～31、127 的字符是非打印字符，也称控制字符，因为这些字符无法在显示器上显示或者打印输出。其他字符(编号 32～126)是打印字符，可以在显示器或打印机上以图形化形式输出。在进行字符比较时，知道数字字符小于大写字母、大写字母小于小写字母、空格比数字小即可。

表 B.1　ASCII 字符集

Dec (十进制)	Bin (二进制)	Hex (十六进制)	符　　号	Dec (十进制)	Bin (二进制)	Hex (十六进制)	符　　号
0	0000 0000	0x00	空字符	10	0000 1010	0x0A	换行键
1	0000 0001	0x01	标题开始	11	0000 1011	0x0B	垂直制表符
2	0000 0010	0x02	正文开始	12	0000 1100	0x0C	换页键
3	0000 0011	0x03	正文结束	13	0000 1101	0x0D	回车键
4	0000 0100	0x04	传输结束	14	0000 1110	0x0E	不用切换
5	0000 0101	0x05	请求	15	0000 1111	0x0F	启用切换
6	0000 0110	0x06	收到通知	16	0001 0000	0x10	数据链路转义
7	0000 0111	0x07	响铃	17	0001 0001	0x11	设备控制 1
8	0000 1000	0x08	退格	18	0001 0010	0x12	设备控制 2
9	0000 1001	0x09	水平制表符	19	0001 0011	0x13	设备控制 3

续表

Dec（十进制）	Bin（二进制）	Hex（十六进制）	符号	Dec（十进制）	Bin（二进制）	Hex（十六进制）	符号
20	0001 0100	0x14	设备控制 4	50	0011 0010	0x32	2
21	0001 0101	0x15	拒绝接收	51	0011 0011	0x33	3
22	0001 0110	0x16	同步空闲	52	0011 0100	0x34	4
23	0001 0111	0x17	结束传输块	53	0011 0101	0x35	5
24	0001 1000	0x18	取消	54	0011 0110	0x36	6
25	0001 1001	0x19	媒介结束	55	0011 0111	0x37	7
26	0001 1010	0x1A	代替	56	0011 1000	0x38	8
27	0001 1011	0x1B	换码(溢出)	57	0011 1001	0x39	9
28	0001 1100	0x1C	文件分隔符	58	0011 1010	0x3A	:
29	0001 1101	0x1D	分组符	59	0011 1011	0x3B	;
30	0001 1110	0x1E	记录分隔符	60	0011 1100	0x3C	<
31	0001 1111	0x1F	单元分隔符	61	0011 1101	0x3D	=
32	0010 0000	0x20	空格	62	0011 1110	0x3E	>
33	0010 0001	0x21	!	63	0011 1111	0x3F	?
34	0010 0010	0x22	"	64	0100 0000	0x40	@
35	0010 0011	0x23	#	65	0100 0001	0x41	A
36	0010 0100	0x24	$	66	0100 0010	0x42	B
37	0010 0101	0x25	%	67	0100 0011	0x43	C
38	0010 0110	0x26	&	68	0100 0100	0x44	D
39	0010 0111	0x27	'	69	0100 0101	0x45	E
40	0010 1000	0x28	(	70	0100 0110	0x46	F
41	0010 1001	0x29	)	71	0100 0111	0x47	G
42	0010 1010	0x2A	*	72	0100 1000	0x48	H
43	0010 1011	0x2B	+	73	0100 1001	0x49	I
44	0010 1100	0x2C	,	74	0100 1010	0x4A	J
45	0010 1101	0x2D	—	75	0100 1011	0x4B	K
46	0010 1110	0x2E	.	76	0100 1100	0x4C	L
47	0010 1111	0x2F	/	77	0100 1101	0x4D	M
48	0011 0000	0x30	0	78	0100 1110	0x4E	N
49	0011 0001	0x31	1	79	0100 1111	0x4F	O

Dec (十进制)	Bin (二进制)	Hex (十六进制)	符　　号	Dec (十进制)	Bin (二进制)	Hex (十六进制)	符　　号
80	0101 0000	0x50	P	104	0110 1000	0x68	h
81	0101 0001	0x51	Q	105	0110 1001	0x69	i
82	0101 0010	0x52	R	106	0110 1010	0x6A	j
83	0101 0011	0x53	S	107	0110 1011	0x6B	k
84	0101 0100	0x54	T	108	0110 1100	0x6C	l
85	0101 0101	0x55	U	109	0110 1101	0x6D	m
86	0101 0110	0x56	V	110	0110 1110	0x6E	n
87	0101 0111	0x57	W	111	0110 1111	0x6F	o
88	0101 1000	0x58	X	112	0111 0000	0x70	p
89	0101 1001	0x59	Y	113	0111 0001	0x71	q
90	0101 1010	0x5A	Z	114	0111 0010	0x72	r
91	0101 1011	0x5B	[	115	0111 0011	0x73	s
92	0101 1100	0x5C	\	116	0111 0100	0x74	t
93	0101 1101	0x5D	]	117	0111 0101	0x75	u
94	0101 1110	0x5E	^	118	0111 0110	0x76	v
95	0101 1111	0x5F	_	119	0111 0111	0x77	w
96	0110 0000	0x60	`	120	0111 1000	0x78	x
97	0110 0001	0x61	a	121	0111 1001	0x79	y
98	0110 0010	0x62	b	122	0111 1010	0x7A	z
99	0110 0011	0x63	c	123	0111 1011	0x7B	{
100	0110 0100	0x64	d	124	0111 1100	0x7C	|
101	0110 0101	0x65	e	125	0111 1101	0x7D	}
102	0110 0110	0x66	f	126	0111 1110	0x7E	~
103	0110 0111	0x67	g	127	0111 1111	0x7F	DEL

Java 代码编写规范

本附录介绍编写 Java 代码应遵循的一系列规范,这些规范只是一些好的编程习惯或者是喜好,可以修改。但建立一些有意义的代码编写规范并遵循这些规范是很重要的,它不仅可以增强代码的可读性和可维护性,还有助于大大降低代码编写的错误率,编写出高水平的程序。如果说每个人的编程能力处于一个区间,好的编程习惯能让你编写出处于区间上限的程序。

好的程序设计人员都有好的程序设计习惯,代码编写规范就是这些好习惯的总结。一个程序员编写的自以为清晰明了的程序,仅仅过了几个月之后可能就很难回忆起该程序是如何实现的了,这实际上是很常见的一种情况。如果遵循一定的程序设计规范,就可减少此类问题的发生,重读之前编写的代码时也会更加容易。

实际上每个软件开发团队也会采用一种统一的编码规范,使程序开发人员之间更容易协同工作。如果程序开发人员本身有良好的编码规范,遵循团队的编码规范也会非常容易。

1. 软件设计与开发

(1) 一个能完成预定功能的程序并不一定是好的程序,编写程序之前应充分思考,程序应是思考结果的忠实反映。

(2) 程序应尽可能简单清晰,类似问题的解决方式一致。

(3) 应用级的程序应编写清晰的文档和注释,便于相关人员的阅读和理解。

2. 标识符的命名

(1) 虽然 Java 支持 Unicode 字符集,但标识符命名应只使用字母、数字、下画线。不要使用中文,否则在不同的字符集支持环境中可能出现乱码。

(2) 标识符应具有实际语义、易于理解。如定义矩形的宽度和高度,使用 width 和 height 显然比使用 a 和 b 更好。注意:一些约定俗成的变量除外,如经常使用 i、j、k 定义循环控制变量。

(3) 在语义明确的情况下,标识符应尽量简短。

(4) 标识符尽量使用小写字母,如果标识符是由多个单词(或其他有意义的字母组合)组成的,除了第一个单词外,其余单词的首字母大写。例如,

imageName、isSelected、getText 等。

(5) 变量和方法的首字母要小写,而类、接口的首字母要大写。

(6) 常量都用大写字母,单词之间用下画线分隔,如 MAX_VALUE。

(7) 给方法命名时,通常使用动词或形容词,获取数据的方法以 get 开始,设置数据的方法以 set 开始,返回值是布尔值的方法以 is 开始。

3. 程序的可读性

(1) 尽量每行语句单独占一行。

(2) 控制代码行的长度,尽量使其在代码编辑器中能够完整显示。

(3) 使用缩进维护程序的可读性。

(4) 使用空格和空行来增加程序的可读性。

(5) 提供注释,注释应位于代码的右侧或上方,注释内容简单明了。

(6) 保持注释的准确性,修改代码时要及时更新注释。

4. 程序的易修改和可扩展性

(1) 代码中尽量使用常量而不直接使用数值。例如,循环访问数组时使用了数组的 length 属性,一旦数组元素个数发生变化,无须修改程序代码即可正常运行。

(2) 除了数字 0 或数字 1 之外,在代码中出现的其他数字应在最前面定义后使用。

5. 类的设计

(1) 包含 main 方法的类中尽量不要再定义其他方法。

(2) 类中的属性通常使用 private 修饰符,并提供合适的存取器。

(3) 类中的方法通常使用 public 修饰符,如果是为其他方法提供支持的方法则使用 private 修饰符。

(4) 方法中的代码不宜过长,通常应控制在 50 行以内。

(5) 在不导致程序变复杂的情况下,尽量只在方法的最后一行使用 return 语句。

6. 例外与异常处理

(1) 只对真正需要的异常情况进行异常处理,运行时异常通常都不应使用异常处理。

(2) 捕获异常时应捕获具体的异常,不要直接捕获 Exception 异常。

(3) 通常在适当的方法调用层次上集中处理异常是一个好的选择。

概念测试参考答案

第 1 章

1. java、class

2. byte、short、int、long、1、2、4、8

3. float、double、4、8

4. 4、8

5. b * b－4 * a * c

6. 3、4

7. in.nextInt();、in.nextLong();in.nextDouble();

第 2 章

1. boolean、true、false

2. char、2

3. Main

4. 65

5. ch>='A'&&ch<='Z'

6. ch－'a'+1

7. Math.sqrt(x)、Math.pow(x,5)

8. (int)(Math.random() * 101)。因为 random 函数生成的是[0,1)之间的实数,不含 1,因此公式中用整数 101

9. System.out.printf("%.2f\t%.2f",x,y);

第 3 章

1. boolean 或布尔

2. case、break、default

3. n%2==1 或 n%2!=0、n%2==0

4. n>=100&&n<=999 或 n>99&&n<1000

5. x<3 ∥ x>=10

6. ch>='a'&&ch<='z'、ch>='0'&&ch<='9'

第 4 章

1. break

2. 当型

3. 直到型

4. 100、i<=1000

5. 1000、i>=1、i——

6. 标号

第 5 章

1. int a[]、int[] a

2. double [][]arr、double arr[][]

3. x=a[9];

4. b[2][3]=12;

5. i<a.length

6. 6,数组名赋值实际上是改变数组名中的引用地址

7. i+1 或 i、j<n、j++

第 6 章

1. equals、compareTo、compareToIgnoreCase

2. split

3. trim

4. StringBuffer 或 StringBuilder

5. str.length()、str.charAt(2)

6. str1+=str2 或 str1=str1.concat(str2)、str1=str2.toUpperCase()

第 7 章

1. static、int

2. return x;

3. public static void show(double x,double y),变量名随意

4. short

5. boolean

6. JLabel

7. setText

8. exit

第 8 章

1. static

2. 方法名、参数、返回值

3. Point2D()、Point2D(double x,double y)

4. public 或不使用(缺省)

5. icon

6. getFont

第 9 章

1. FlowLayout

2. BorderLayout、GridLayout、FlowLayout

3. '\n'或\n

4. 字符数组或 char[]

5. JRadioButton、JCheckBox、ButtonGroup

6. buttonGroup

7. setSelected、isSelected

8. JTextArea、lineWrap

第 10 章

1. model

2. getSource

3. dispose

4. JFileChooser、showSaveDialog

5. JColorChooser、showDialog

6. JOptionPane、showMessageDialog、showConfirmDialog

第 11 章

1. abstract

2. class Circle extends Oval

3. final

4. private final int tall;

5. Object

第 12 章

1. interface、implements

2. interface Icompare

3. interface Icompare extends I1,I2

4. int compareWeight(Object obj);

5. class Person implements I1,I2

第 13 章

1. try、catch、finally
2. Exception
3. finally
4. throws
5. throw

第 14 章

1. InputStream
2. Reader、Writer
3. IOException
4. FileOutputStream
5. −1
6. DataInputStream
7. File
8. ObjectInputStream 类和 ObjectOutputStream 类

第 15 章

1. Thread、Runnable
2. run
3. sleep
4. start
5. notify 或 notifyAll
6. synchronized

第 16 章

1. Client、Server
2. TCP/IP
3. IP 地址、端口号
4. SeverSocket
5. new Socket("172.168.2.221",2211)

编程实践指导

第 1 章

1. 略。

2. 注意添加"import java.util. * ;"语句及其出现的位置;使用 nextInt 方法读入整数。

3. 如不是特别需要,编程时实数都使用 double 类型,可以使用 Scanner 类型对象的 nextDouble 方法读入 double 类型数据。

4. 与例 1.5 中华氏温度转摄氏温度类似,注意整数除法的结果是取整。

5. 周长 2 * 3.14159 * r,面积 3.14159 * r * r。

6. 使用 println 按行输出 * 即可。

7. 个位上的数字:除以 10 取余数。十位上的数字:方法一,除以 10 取整后(去掉原个位数)再除以 10 取余数;方法二,除以 100 取余数后(去掉十位之前的数)再除以 10 取整。

8. 按要求位置添加适当的输出语句即可。

9. 输出计算结果值:小时 * 3600+分 * 60+秒。

10. 计算小数时要注意将一个变量强制转换为 double 类型。

第 2 章

1. 小写字母减去 32 就是其对应大写字母的位置,这是一个整数,需要强制转换成字符类型之后再输出。

2. 立方根可以使用 pow 函数,使用 printf 控制输出值保留两位小数。

3. 除以 10 取余数得到个位,除以 10 取整后除以 10 取余得到十位,除以 100 取整得到百位。

4. 直接输出表达式"字符变量>='a'&& 字符变量<='b'"的值。

5. 直接判断表达式 b^2-4ac 的值。

6. 直接输出表达式"整型变量%9==0"的值,注意表达式中用双等号。

7. 其倒数的平方根,注意整数除法得到的结果是整数商。

8. 随机生成一个 0~25 的整数后,加上小写字母 a,即可得到一个随机生成的小写字母的位置信息。

9. 小写字母在字母表中的位置为 ch-'a',其值为 0～25,循环移动后新位置为(ch-'a'+3)%26,因为位置最大值为 25,一旦超过此位置移动到位置 0。输出该位置字符即可。

10. 得到整数的个位数和十位数后,如个位数是 a,十位数是 b,交换后的整数为去掉其个位和十位上的数字后连上数字 b 和数字 a,公式为"整数/100 * 100+10 * b+a"。当然,如果在获取其个位数和十位数的过程中就将其去掉效率更高。

第 3 章

1. 某年能被 4 整除并且不能被 100 整除:year%4==0&&year%100! =0。

2. 构成三角形的条件是任意两条边之和大于第三条边,这需要判断 3 个不等式都成立,使用逻辑与符号连接 3 个不等式。

3. 两个数同号则其乘积大于 0。

4. 用 random 函数生成两个 0～100 的整数,然后比较输出这两个数。

5. 立方根用 pow 函数,平方根用 sqrt 函数,输出结果保留三位小数用%.3f。

6. 使用数学类中的 ceil 和 floor 函数即可。如果不使用函数,可按正负数两种情况分别处理。

7. 分别取出个位数、十位数、千位数和万位数,然后个位与万位比较,十位与千位比较即可。

8. 根据其判定表达式 b^2-4ac 的值的情况(小于 0、等于 0、大于 0)输出即可。

9. 判定表达式表明有根的情况下,计算根的值,然后输出。

10. 3 种情况的多分支结构。

11. if 语句分段进行判断,switch 语句注意输出结果与个位上的数字无关,因此先去掉个位上的数字(除以 10 取整数)再使用 switch 语句。

第 4 章

1. 输入语句放在循环中,输入的过程中累加求和。

2. 先将数据翻转得到其翻转后的数字,将其与原数字比较,相等就是回文数。翻转过程类似于求整数的位数:取出一位数,放到翻转数的个位上(翻转数乘以 10 然后加上当前数字),直到所有有效数字都被取完为止。

3. 注意 $\frac{1}{n^2}$ 应写成 1.0/(n * n)。

4. 最大公约数:用定义(两个数共同的最大的约数),或辗转相除法(速度快);最小公倍数:两个数的积除以它们的最大公约数。

5. 前两个数可能就是最大数和次大数。对于后面的每个数,如果该数字比最大数大,则该数字为当前最大数,原最大数为当前次大数;否则如果该数字比次大数大,则该数字为当前次大数。所有数字都比较后输出最大数和次大数。

6. 对于所有的三位数,按水仙花数定义判断其是否为水仙花数。

7. 从大到小找到质数,边找边计数、求和、输出,找到 10 个质数后结束找质数的过程并输出和的值。

8. 外层循环控制输出行,内层循环控制输出几个算式。

9. 图形上、下两部分对称。上部分外层循环控制每行的输出;内层两个独立循环:一个控制空格输出,由多到少,另一个控制 * 输出,由少到多。下部分处理方式与上部分类似。

```
      *
     * *
    * * *
   * * * *
    * * *
     * *
      *
```

10. 使用 random 函数生成一个随机数,可先给一个固定的数字进行测试;循环执行 12 次,猜中了 break,其他给以相应的提示信息;循环结束后有两种情况,没猜中(循环变量大于 12)或猜中了(循环变量小于或等于 12)。

第 5 章

1. 因为学号和成绩有可能是不同类型的数据,建立两个一维数组,一个存储学号,一个存储该学号的成绩,注意一一对应。

2. 学号和成绩的存储同上,注意排序时两个数组中的数据要同时移动。

3. 建立一个大于 10 的数组,输入数据,可以用－1 代表此处没有数据(其他负数亦可),因为插入后数据必然移动,可以从后面开始,如果当前数据比要插入的数据大,则后移一位,否则在当前位置之后位置放入要插入的数据。注意待插入数据如果比数组中的数据都小,有可能需要特殊处理。

4. 见例 5.4。

5. 找到最大值,记住其所在行与列,计算该行的和与该列的和。

6. 产生两个 0～53 的随机整数,注意有可能这两个数是相同的。

7. 对于每个元素,如果位于主对角线上(i 和 j 的值相同),其值为 1,否则其值为 0,只要发现不符合这一条件就不是单元矩阵。

8. 主对角线右上部分元素 i＜j,主对角线左下部分元素 i＞j。

9. 正数:如 n 个元素,下标为 i 的元素移动到下标为(i＋a)％n 的位置。负数都可以用正数处理,如 a＜n(a 为正),则－a 相当于 n－a。

10. 见例 5.7 和例 5.8。

第 6 章

1. 用 charAt 方法获取每个字符,与输入的字符进行比较并计数。

2. 建立一个空字符串。用 charAt 方法获取原字符串中每个字符,如果是大写字母转换为小写字母连接到新字符串后,如果是小写字母转换为大写字母连接到新字符串后。

3. 能将其转换为一个十进制实数:是由字符 0～9 组成,可以有一个小数点字符。

4. 用 toCharArray 方法将字符串转为字符数组，排序该数组，构建新字符串后输出。

5. 字符串由字符 0～9 组成，转换为整数；在前者基础上含有一个小数点，转换为实数；不符合前面两项，输出"无法转换为整数或实数"。

6. String 类：将原字符串自后向前读取每个字符，连接到一个空字符串上。StringBuffer 类：第一个字符与最后一个字符交换，第二个字符与倒数第二个字符交换，……，注意交换到一半处即可。

7. 主要是确定单词的首字母，可参见例 6.5。

8. 可用 replace 进行字符串的替换。

9. 可使用示例中获取句子中单词的方法获得所有单词数组，对数组进行升序排序；从前到后查看单词，如果当前单词与后面单词相同，计数增 1；如果当前单词与后面单词不同，输出计数结果。

10. 与例 6.13 思想类似。

第 7 章

1. 按质数定义判断即可，返回值为 true 或 false。

2. 将十进制整数 n 转换为十六进制数：除以 16 取余数，商再除以 16 取余数，直到商是 0 为止，所得到的余数倒序排列即可。余数大于或等于 10 分别用 A～F 替代。

3. 编写一个求最大公约数函数（例 7.2），然后编写的函数调用最大公约数函数，返回值为 1 则返回 true，否则返回 false。

4. 先判断数组中元素的个数是否相等，然后再判断相同下标的元素存储的数字是否相等。

5. 如使用 String，可先转为字符数组，然后排序；如使用 StringBuffer，可直接使用选择或冒泡排序，建议使用 StringBuffer。

6. 注意这是对部分数组进行排序，起始位置不是 0 而是 start，结束位置是 end。至于升序排序还是降序排序只需要判断一次即可。

7. 注意查找开始的起始位置 start，结束位置 end，其余参考前面二分查找例 5.6。

8. 参考例 7.6 中求将来某一天是星期几的程序。

9. 从文本框中获取的是字符串，可使用 Double 类将其转换为 double 类型后再参与运算处理。

10. 使用 String 类中的 split 函数。

第 8 章

1. 参照示例 8.4，属性和方法都使用关键字 public；复数加法的返回值类型为复数，只需要一个参数；两个加法为重载方法；测试类应调用所有被定义的属性和方法。

2. 通常情况下类的属性都应该是 private，例如，本题中只有这样设定才能保证分母不为 0，是否为最简式属性的值才不能被随意改变；凡是修改分母值的位置都应先进行数值检查；通常情况下方法都应设置为公有的；最简式属性只有取方法，没有存方法。求两个分数的和、分数加上整数是重载方法，化简方法中要修改是否为最简式属性。

3. 属性的访问控制符为缺省,方法均为公有的。

4. 使用 import java.awt. * 导入语句;颜色属性应设置为类属性;属性使用 public 关键字。

5. 属性应私有,并带有存取器;颜色是 static 的;应有左上角点属性;move 方法是两个重载方法,一个带有 Point 参数,一个带有 x、y 两个参数。

6. 界面设计如例 8.8,随机数介于 0~0.2,显示第一幅图片,随机数介于 0.2~0.4,显示第二幅图片,以此类推。图片显示代码参照生成代码修改即可。

7. 可按花色由小到大次序 3、4、5、6、7、8、9、10、J、Q、K、A、2 分别将扑克牌图片对应数字存放在数组中(如 puke 中),这样比较时仅需要比较 puke[i]%13 所得到的数值大小即可。

第 9 章

1. 参考例 9.8 代码,文字颜色即前景色。

2. 单选按钮要使用按钮组分组,按钮组组件不显示,用左下角导航窗口操作管理;单选按钮的默认设置使用 selected 属性。

3. 使用 isSelected 方法依次判断复选框是否被选中,选中则获取其文本(getText),每行结束符为\n。

4. 要使得组件可以互相遮挡,需要改变当前 JFrame 的布局管理器,将其由 NetBeans 默认的 Free Design 改为 Absolute Layout,组件的遮挡次序是后生成的组件被遮挡;生成与扑克牌数量相等的随机数并与之一一对应,对绑定后数据按随机数进行排序,则洗牌完成;可使用 setLocation 设定扑克牌新的位置,判断当前扑克牌位置,在原位则上移,否则下移,所有扑克牌组件(JLabel)可使用同一个事件监听器。

5. 单击数字按钮时应根据前一次单击的按钮确定不同的操作:前面单击的数字按钮则对显示的数字做连接处理,前面单击的是运算符按钮则替换显示的数字等;所有的数字按钮可使用同一个事件监听器,运算符按钮也可以使用同一个事件监听器。

第 10 章

1. 左侧组件是多行文本框,每行信息后面加上一个回车键;右侧从上到下标签、单行文本框、两个单选按钮、两个列表框、一个按钮。上面的列表框控制下面列表框的内容,具体实现见例 10.1。

2. 单选按钮组,注意需要按钮组,消息选择对话框的使用见例 10.7。

3. 复选按钮的判定,消息选择对话框的使用见例 10.7。

4. 左侧图片使用标签的 icon 属性,文件选择对话框的使用见例 10.5。

5. 菜单和消息选择对话框的使用,注意消息对话框上的图标设置。

6. 菜单和文件选择对话框的使用,通过文件选择对话框获得目录和文件。

第 11 章

1. 圆心是 Point 类型,长轴长和短轴长是 double 类型,所有方法都是 public,final 方法是不可改变方法,Circle 类不需要定义自己的属性。

2. 根据三角形、矩形、圆的共有属性(颜色、线型粗细)、共有方法(求面积、比较大小)进一步抽象出图形类,因无法求得其面积,该类应定义为一个抽象类;子类中的点属性可自行定义,也可以以数组形式定义在图形类中;以父类变量的形式调用子类中相应方法就是以多态形式调用执行代码。

3. 多边形类是一个抽象类,包含三边形、四边形、五边形的共有属性和共有方法;顶点属性可自行定义在子类中,也可以以数组形式定义在父类中,后者更好。以父类变量的形式调用子类中相应方法就是以多态形式调用执行代码。

4. 点类是一个抽象类,包含其子类的共有属性和共有方法;以父类变量的形式调用子类中相应方法就是以多态形式调用执行代码。

5. 可事先设定小球移动速度,然后以一定幅度改变即可;移动方向可以计算,也可以事先多设定几种移动方向;注意自己定义变量(属性)时要写在系统生成代码附近,不要修改系统生成代码;图片移动参考例 11.7。

第 12 章

1. 接口中的方法是抽象方法,两个方法不需要参数,返回值为 double;Rectangle 类中位置为 Point 类型,长度、宽度为 double 类型,线的粗细为 int 类型;测试 Shape 接口是使用多态的方式调用实现接口的类中接口定义的方法。

2. 两个接口中的方法定义如上题提示,折线类的一个构造函数参数为 Point 数组和点的个数 n,多边形类实现了两个接口,用逗号分隔。周长是折线长度之和,每段线段长度使用欧氏距离,面积随便输出一个值即可。

3. Stack 接口描述的是一个堆栈,堆栈中元素是后进先出,push 方法将元素放入栈中,pop 方法取出一个元素,getSize 方法获得当前堆栈中元素的个数。ArrayStack 类的一个构造函数参数为当前存放堆栈的数组大小值。

4. 组合框控制列表框内容显示,显示代码可参考生成代码,本书讲解的 Java 本身提供的播放不支持 MP3,因此需要提前转换成支持的格式。感兴趣的读者也可以查找第三方编写的支持 MP3 播放的组件。

第 13 章

1. 可以先不处理异常,看题目要求的各种情况出现的异常类型,然后用 try…catch 语句进行异常捕获处理。

2. 异常类是 Exception 类的直接或间接子类;产生异常的函数应有 throws 声明,发生异常所示的情况时,使用 throw 语句抛出异常;检查类应用 try…catch 语句捕获异常。

3. 正弦函数图形可计算其上点值,然后用点或直线绘制,圆和正方形可分别绘制。

4. 显示图片和图片旋转可参考例 13.10。

第 14 章

1. 基本数据类型写入文件,使用 DataOutputStream,写入后是二进制文件,无法以文本形式查看。

2. 可以直接以字节流形式读写文件内容。

3. 使用 DataInputStream 读两个文件中的数据，比较大小，将小的数据使用 DataOutputStream 写出到文件中；重复上述过程，直到某个文件结束，将剩余数据依次写入新文件中即可。

4. 将文本文件中文字读入字符串中后一次性显示在多行文本框中即可，写入文件与之类似。

5. 按例 10.5 和例 14.9 中方式获得文件夹下所有文件对象，然后依次判断其是不是文件，是则存放在字符串中，最后显示在列表框中即可。

第 15 章

1. 随机输出 5 个单词：将产生的随机数区间分成 5 份，产生的数值位于哪个区间则输出该区间对应的单词。

2. 随机停止一段时间使用 sleep 方法。

3. 略。

4. 标签面板的制作参考例 15.7，消息选择对话框见 10.6 节。

第 16 章

1. 略。

2. 客户机和服务器连接部分参考例 16.3，按所产生随机数区间，[0,0.5)发送 OK，[0.5,0.8)发送 HI，[0.8,1)发送 hehe 应答。

3. 以某个玩家的计算机作为服务器，3 个玩家程序是客户机程序，所有玩家之间的交互信息通过该服务器中转。

斗地主程序要求和玩法规则

斗地主是一款非常流行的扑克牌游戏,编写的游戏程序不涉及人工智能的高深算法,只要符合出牌规则,两个机器人能管就管即可。斗地主游戏规则如下。

1. 游戏人数和扑克牌的分配方式

(1) 游戏人数:3 人。

(2) 扑克牌的分配方式:一副扑克牌 54 张,每人 17 张牌;3 张作为底牌,地主确定后玩家才能看到底牌,底牌归地主所有。也就是说,最后地主有 20 张牌,另外两个玩家为农民,每人 17 张牌。

2. 出牌规则

(1) 发牌:一副牌 54 张,每人 17 张,3 张作为底牌,地主未确定不能看底牌。

(2) 叫地主:叫分按出牌的顺序(逆时针)轮流进行,分数为 1、2、3 分,叫牌时可以选择叫分,或不叫。叫分最高者当选为地主,其余两个玩家是农民,最高叫分为本局底分。

(3) 第一轮叫牌的玩家随机选择,后面按逆时针次序轮流开始。

(4) 如果都选择不叫,则本局流局,直接结束并进入下一局游戏。

(5) 可带加倍玩法:在叫分规则下,玩家叫完地主后,多一轮加倍环节,从农民玩家开始,选择是否加倍。每个玩家只能加一次倍,若农民都不选择加倍,则地主也无法加倍。

(6) 出牌:由地主先出牌,然后按逆时针次序依次出牌,玩家跟牌时,可以选择不出牌或者出的牌比上一家牌大。

(7) 某玩家出牌或跟牌后,若其他玩家都选择不出,则可以选择任意牌型重新出牌。

(8) 胜负判定:地主打完牌为地主获胜,某一个农民打完牌则为所有农民获胜。

3. 牌型

(1) 火箭:双王(大王和小王),最大的牌。

（2）炸弹：四张相同的数值牌（如 4 个 8）。

（3）单牌：单张牌（如红心 5）。

（4）对牌：数值相同的两张牌（如梅花 4＋方块 4）。

（5）三张：数值相同的 3 张牌（如 3 个 5）。

（6）三带一（三带二）：数值相同的 3 张牌＋1 张单牌或 1 对牌（如 333＋6、333＋88）。

（7）四带二：4 张数值相同的牌＋两个单牌或对牌（如 5555＋3＋8、5555＋44＋77）。

（8）顺子：5 张或更多的连续单牌。不包括 2 和双王（如 34567、10JQKA）。

（9）双顺：3 对或更多的连续对牌。不包括 2 和双王（如 334455、JJQQKKAA）。

（10）三顺：两个或更多的连续 3 张牌。不包括 2 和双王（如 333444、333444555）。

（11）飞机带翅膀：三顺＋同数量的单牌或对牌（如 333444＋7＋9、333444＋66＋77，飞机中如果含有炸弹，则翅膀中不能带炸弹中的牌）。

要求：玩家所出的牌必须为上述牌型中的一种，并且跟牌时必须保持与出牌时的牌型一致（火箭和炸弹除外）。

4. 牌型大小

（1）火箭最大，可以管住任意其他类型的牌。

（2）炸弹比火箭小，比其他的牌大。都是炸弹时按牌的数值比大小。

（3）除火箭和炸弹外，其他牌必须要牌型相同且张数相同才能比大小。

（4）单牌按牌的数值比大小，依次是大王＞小王＞2＞A＞K＞Q＞J＞10＞9＞8＞7＞6＞5＞4＞3。

（5）对牌和三张都是按其单牌的数值比大小。

（6）顺子按最大的一张比大小。

（7）三带一、四带二和飞机带翅膀按其中的三张、四张和三顺部分比较大小，带的牌不影响大小。

（8）牌型比较均不区分花色。

5. 计分规则

（1）倍数：叫地主玩法初始分为最大叫分，乘以加倍的倍数。

（2）每出一个炸弹或者火箭分数加倍（乘以 2）。注意，留在手里没有出去的火箭和炸弹不算。

（3）春天：地主所有牌出完，而其余两家一张未出，分数加倍。

（4）反春天：农民其中一家先出完牌，而地主只出过一手牌，分数加倍。

从程序设计技术角度来说，读者可以只编写到处理最多为 6 张牌的情况，剩下部分不存在任何技术难度，只是需要更多的程序设计时间。

典型示例列表

　　教材中我们讲解了许多编程实例,有一些是针对某些语法的讲解和示范,还有一些则是涉及程序设计的思想和具体编程应用,我们将后者列于此处,方便大家针对性地查询和回顾这些反映大家应用能力的具体示例。如果大家看到下面的题目就知道如何完成,说明使用Java语言进行程序设计的水平大体上可以算是能登堂入室了。

　　例1.3　编写程序,输入任意两个整数,求它们的和。

　　例1.4　编写程序,输入任意两个实数,求它们的乘积和商。

　　例1.5　华氏温度转摄氏温度。我们所说的温度是摄氏温度(C),但是西方许多国家使用的是华氏温度(F),华氏温度转摄氏温度的公式为 $C=\dfrac{5}{9}(F-32)$,现编写一个程序,输入华氏温度,输出其所对应的摄氏温度。

　　例2.7　输入三角形的三条边的长度,输出其周长和面积。

　　例2.8　输入一个小写字母,判断其是字母表中的第几个字符。

　　例2.9　输入一个100以内的正整数,交换其个位数和十位数后输出。例如输入52,则输出25。

　　例2.10　使用字母替换法设置银行卡密码。要想密码难以被人猜中,密码的每位都独立随机效果最好,但这样的密码难以记住,并容易被遗忘。字母替换法是一种既容易记忆又难以猜测的密码设置方法,其方法是用不容易被忘记的任意语句做基础,如"朝辞白帝彩云间",从其拼音中取出若干字母,如取用首字母zcbdcyj,以前6个字母在字母表中的位置的个位作为密码的一位。z是第26个字母,取数字6,c是第3个字母,取数字3,以此类推,可得密码632435。编写程序,输入6个小写字母,输出根据这些字母而设定的6位数字密码。

　　例2.11　仿照字符编码方式,对扑克牌进行编码。然后编写程序,输入一个除大小王之外的扑克牌编码,输出其花色值和数字值。

　　例3.1　输入两个整数,输出其中较大的数。

　　例3.2　输入3条边的长度值,如果这3条边能构成三角形,则输出三角形的面积,否则输出不能构成三角形的提示信息。

　　例3.3　划船问题:一个教师带着x个学生去划船,每条船最多可装4人,问最少需要多少条船?

例 3.4　输入两个数及运算符,根据运算符输出这两个数的四则运算结果。

例 3.5　计算分段函数的值:输入变量 x,当 x 大于 1 时,y 等于 1;当 x 为 −1～1 时,y 等于 x;当 x 小于 −1 时,y 等于 −1。

例 3.6　利用 switch 语句完成例 3.4 的四则运算,输入两个数及运算符,根据运算符输出这两个数的四则运算结果。

例 3.7　输入 2024 年任意一个月份,输出该月的天数。

例 3.8　按由大到小的次序输入 3 条边的值,判断它们是否能构成三角形,如果能构成三角形,则判断构成的是锐角三角形、直角三角形还是钝角三角形。

例 3.9　输入某年某月,输出该月的天数。

例 3.10　3 种方法找最大的数:输入 3 个整数,输出其中最大的数。

例 3.11　输入两个整数,判断第一个数是不是第二个数的约数。

例 3.12　输入一个 1000 以内的正整数,将其反转后输出。如输入 123,则输出 321,输入 12,则输出 21,否则输出“数据输入范围错误。”的提示信息。

例 3.13　编写程序,按例 2.11 对扑克牌的编码方式,输入不包含大小王的一张扑克牌的编码,输出其花色和扑克牌上数值。例如,输入 22,输出“红心 10”;输入 39,输出“方块 A”。

例 3.14　编写程序,随机获取两张不包括大小王的扑克牌 puke1、puke2,按附录 F“斗地主程序要求和玩法规则”比较两张牌的大小。

例 4.1　求 1+2+⋯+100 的值。

例 4.2　输入 10 个数,输出这 10 个数中最大的数。

例 4.3　输入一个整数,判断它的位数。

例 4.5　输入一个整数,判断它是不是质数。

例 4.6　输入整数 n,输出 n 行 n 列的由 * 构成的图形,如输入 6,输出所示的字符图形如下:

```
* * * * * *
* * * * * *
* * * * * *
* * * * * *
* * * * * *
* * * * * *
```

例 4.7　输出 1000 以内的所有质数。

例 4.8　输入一个整数,输出它的所有约数。

例 4.9　百钱百鸡问题:鸡翁一值钱五,鸡母一值钱三,鸡雏三值钱一。百钱买百鸡,问鸡翁、鸡母、鸡雏各几何?

例 4.10　编写程序,验证哥德巴赫猜想:任一大于 2 的偶数都可写成两个素数之和。

例 4.11　修改例 3.14 程序,随机获取两张不包括大小王的扑克牌 puke1、puke2,按附录 F“斗地主程序要求和玩法规则”比较两张牌的大小。

例 5.1　输入 10 个学生的某科成绩,要求输出高于平均分的成绩。

例 5.2　数组中存放若干数据,输入一个数据,判断此数据是否在数组中,如果在输出其所在位置,否则输出不在的提示信息。

例 5.3　数组中存放若干数据,输入一个数据,判断此数据是否在数组中,如果在删除这个数据,否则输出不在的提示信息。

例 5.4　输入 n×n 的二维数组数据,输出其主对角线和副对角线数据之和。

例 5.5　假定在 3×4 的矩阵中的最大值和最小值都仅有一个,编写程序,交换矩阵中最大值与最小值所在的行。

例 5.6　利用二分查找算法在升序数组中(为输入数据方便,假定为 10 个元素)查找数据。

例 5.7　用选择排序按从小到大的方式对数组中的数据排序后输出,以 10 个元素的整数数组为例。

例 5.8　用冒泡排序算法按从小到大的方式对数组中的数据排序后输出,以 10 个元素的整数数组为例。

例 5.9　Arrays 类中 sort 函数和 binarySearch 函数使用示例。

例 5.10　数组中乱序存放着 26 个小写字母,这是一个使用替换加密的密码本。加密过程如下:字母 a 用密码本的第 1 个字母替换,字母 b 用密码本的第 2 个字符替换,以此类推,字母 z 用密码本的第 26 个字符替换。编写程序,输入一个字母序列,将其用密码本加密输出。提示:有 Scanner 对象 in,用"in.next().toCharArray()"可获得输入字母序列对应的字符数组。

例 5.11　数组中存储若干学生的学号和 A、B、C 三个科目的成绩,输入学号,输出其对应的各科目的分数、总分。

例 5.12　数组中存储若干学生的学号和 A、B、C 三个科目的成绩,按总成绩降序输出学号、各科目的分数、总分。

例 5.13　用一维数组存储扑克牌数字值(0~53),编写洗牌程序,即随机打乱扑克牌的次序。

例 5.15　随机数生成应用示例。编写图片显示(以输出字符串示意)程序,有 40% 可能性显示图片一,显示图片二和图片三的可能性各占 30%。

例 6.4　输入用户名和密码,判断该用户名、密码是否正确(与事先存储的用户名和密码都相同)。

例 6.5　输入一个字符串,将其中的每个词的首字母都改为大写,其他字母都改为小写。

例 6.6　输入一个英文句子,统计该语句中单词的个数。

例 6.9　输入一个带有数字的字符串,将其中的数字提取出来并转换为一个整数,将此整数输出。

例 6.10　获取当前的日期和时间并格式化输出。

例 6.12　提取英文句子中的单词并排序。

例 6.13　按日历格式输出程序运行时当月的日历。

例 6.14　Poker1.java,编写程序,洗牌后 3 个玩家各抓取 17 张牌,还有 3 张底牌,输出 3 个玩家及底牌的扑克牌编码值,然后按照斗地主规则中各牌的大小从大到小整理并显示玩家一的扑克牌,同样大小的牌按照黑桃、红心、梅花、方块的次序显示。

　　例 7.1　定义函数 isPrime,其功能是判定一个整数是否为质数,是则返回 true,否则返回 false。在主程序(main 函数)中调用该函数,实现输出 1～1000 的所有质数。

　　例 7.2　输入两个正整数,编写求这两个数的最大公约数函数 gys 和最小公倍数的函数 gbs。

　　例 7.6　已知今天是星期几,编写程序,输入将来的一个日期,判断其是星期几,要求不使用系统提供的日期时间类函数。

　　例 7.7　编写函数,计算整数的阶乘。

　　例 7.8　汉诺塔问题:有 3 个塔座 A、B、C,A 塔座上有 64 个盘子,盘子大小不等,大盘在下,小盘在上,现要将 A 塔座上盘子移动到 C 塔座上,要求每次只能移动一个盘子,并且在移动过程中,3 个塔座上的盘子始终保持大盘在下,小盘在上。在移动过程中可以利用 B 塔座,要求输出移动的步骤。

　　例 7.9　编写两个函数,一个能将十进制整数(int 型)转换为二进制整数字符串,一个能将二进制整数字符串转换为十进制整数。

　　例 7.10　编写函数,对整型数组进行升序排序。

　　例 7.11　Poker1.java,编写程序,可获得某一数值对应的扑克牌(如红心 3、梅花 Q、小王),并能判断多张扑克牌的类型,按照斗地主规则比较两张单牌的大小。

　　例 7.12　使用 NetBeans IDE 创建一个简单的图形用户界面程序,能获取用户的输入信息,并能结束程序的运行。

　　例 8.7　设置和改变文字字体和文字颜色示例。

　　例 8.8　设置图片和动态改变图片显示示例。

　　例 8.9　编写三维空间的一个点类 Point3D,有整数类型属性 x、y、z,其取值范围为 -2000～2000;有显示 show 方法和隐藏 hide 方法,其内容象征性输出字符串信息即可;有 toString 方法,返回(x, y, z)内容的字符串;有计算两个点之间距离的 getDistance 方法;有 move 方法,可以将点在 x、y、z 轴方向分别移动 dx、dy、dz 距离。

　　例 8.10　在第 7 章扑克牌程序的基础上,编写排序 sort 函数,能对给定张数扑克牌按斗地主牌值规则排序,牌值相同按花色排序。编写程序,按斗地主规则抓牌,假定玩家二是地主,排序后显示 3 个玩家的扑克牌。

　　例 9.3　使用面板容器设计一个登录组件组合,并在某个对话框中使用它。

　　例 9.8　利用 NetBeans IDE 设计简单的用户登录界面,界面如图 9.13 所示,用户名和密码显示在多行文本框中,中间用制表符分隔,当用户登录时,如果用户名和密码在左下的多行文本框中,显示"用户名,欢迎你!",如果用户名或密码错误,则显示"用户不存在或密码错误!"

　　例 9.9　编写如图 9.14 所示的程序,选中下面的单选按钮,则上面文字显示相应颜色,选中右侧的复选框,则上面文字做相应改变。

　　例 9.10　SameEvent,事件集中处理:使用一段事件处理代码响应多个组件。

　　例 9.11　Calculator.java,编写如图 9.18 所示的简单计算器程序:在运算符两侧的文本框中输入数字(默认输入正确,不必进行检查),单击"计算"按钮,计算结果显示在后面的文本框中,该文本框中数据只能计算得出,不得修改;可选中左下符号单选按钮改变运算符,单击"关闭"按钮结束程序运行。

例 9.12　在第 8 章扑克牌程序的基础上,编写牌型判断函数,能判断两张扑克牌是不是一对或者火箭,3 张扑克牌是不是三张,4 张扑克牌是不是炸弹或三带一,5 张扑克牌是四带一、三带二或顺子。

例 10.1　编写如图 10.1 所示的程序,组合框中有"辽宁省""吉林省""黑龙江省"3 个选项,默认选择"辽宁省";选择省份之后,下面的列表框中显示该省中的城市,每个省显示 3 个代表性城市即可;左上是一个单行文本框,单击"添加到组合框"按钮,将文本框内的文本添加到组合框中,单击"输出选择的城市"按钮,则在命令行界面中输出所选择的城市,例如,图 10.1 中输出"大连"和"鞍山";单击"关闭窗体"按钮,关闭本窗体。

例 10.2　Puke,使用组件数组编写扑克牌程序。

例 10.3　多窗体程序示例,通过一个窗体调用和控制另一个窗体。

例 10.4　简单菜单设计和使用。

例 10.5　使用文件选择对话框选择图片文件,然后显示选择的图片文件。

例 10.6　ShowImage2,使用颜色选择对话框进行颜色的获取和设置。

例 10.7　带有不同图标的多种消息提示对话框示例。

例 10.8　带有不同按钮组合的消息选择对话框示例。操作与例 10.7 相同,文件名为 OptionConfirm。

例 10.9　简单信息输入对话框示例,操作与例 10.8 相同,文件名为 OptionInput。

例 10.10　编写一考试程序,只有指定学号的学生才能参加考试,有统一的考试密码,程序运行显示如图 10.13 所示的登录窗口,输入正确的学号和考试密码后显示如图 10.14 所示的答题窗口。如学号或考试密码错误,弹出消息提示对话框,内容分别有"学号不存在!"(见图 10.15)和"考试密码错误!"。

例 10.11　编写如图 10.16 所示的简单斗地主界面。假定玩家一是地主,玩家一可按斗地主规则出 1~5 张牌。单击扑克牌,扑克牌上升表示被选中,如图 10.16 中 3 个 5 和 1 个 3 被选中,再次单击被选中的扑克牌就取消选中。

例 11.6　ObjectExample,创建一个 Person 类,包含年龄、身高、性别属性,编写判断对象是否相等和比较对象大小的方法。

例 11.7　利用 Timer 对象控制图片的移动。

例 11.8　Paint.java,假定程序需要记住绘制过的图形,以便绘制过的图形能被选中和调整大小和位置,而且能够得到图形的基本属性信息,如矩形的位置(左上角点的坐标)、宽度、高度、周长、面积等。本例通过类的继承和多态,完成上述的程序设计结构。

例 12.9　利用匿名内部类处理事件。

例 12.10　音乐播放示例。

例 12.11　定义一个队列 Queue 接口,其中有 getFirst 方法,无参数,返回值为 Object 类型,获得队列第一个数据;add 方法,参数为 Object 类型,将数据放置在队列最后,返回值为布尔类型;remove 方法,无参数,返回值为 Object 类型,获得队列第一个数据并将其从队列中删除;getSize 方法,无参数,返回值为整型,获得队列中当前元素的个数。定义一个 ArrayQueue 类实现了 Queue 接口,该类有一个 Object 类型数组 data 属性,用于存放队列元素。

例 13.6　编写程序模拟用户登录某个网络上的服务器,用户可以输入 3 次密码,如果某次输入的用户名和密码都正确,输出欢迎信息;在登录过程中,用户输入 Q 或 q 可取消登录;用户 3 次输入密码错误,则触发多次密码错误登录异常,并显示用户被锁定的信息。

例 13.7　DrawShape.java,绘制图形示例:绘制直线、矩形、圆,图形填充。

例 13.8　在 Swing 组件的 paintComponent 方法中编写绘图函数。

例 13.9　显示图片和缩放显示图片示例。

例 13.10　倾斜和旋转图像的示例。

例 13.11　编写如图 13.6 所示的考试答题窗口,单击"第一题"按钮显示第一题,单击"上一题"按钮显示上一题,如果当前是第一题,则仍停留在第一题上。共放置了五道题,"下一题"按钮和"第五题"按钮与前两个按钮处理方式类似。单击"交卷"按钮,显示如图 13.7 所示的"询问"对话框,如用户单击"取消"按钮则不交卷;如用户单击"确定"按钮则提交试卷,并关闭考试答题窗口,显示如图 13.8 所示的考试结果窗口。

例 14.2　将通过键盘输入的信息存储的指定文件中。

例 14.3　FileCopy,文件复制程序。

例 14.5　将基本类型数据写入文件示例:写入文件某学生的 3 科成绩。

例 14.6　利用 DataInputStream 读入 DataOutputStream 写出的数据文件中的数据。

例 14.8　文件对象操作示例:判断文件是否存在,获得文件路径、大小等属性。

例 14.9　输出目录中的所有文件列表。

例 14.10　利用 RandomAccessFile 类在文件后追加新信息。

例 14.11　利用 ObjectOutputStream 类将对象类型存入磁盘文件中。

例 14.12　编写程序,读取例 14.11 创建的文件中的对象类型数据。

例 14.13　文件合并:在 C 盘 java 文件夹下有两个存储整数的从小到大排序的磁盘文件 a.dat 和 b.dat,编写程序合并这两个文件,合并后的文件名为 c.dat,要求合并后的文件依然有序。

例 14.14　某磁盘文件中存储着若干学生的学号、姓名和科目一、科目二、科目三 3 个科目的成绩,学生总数不超过 300 人。编写图形用户界面,通过文件选择对话框选择该文件,按成绩总分降序在 JTextArea 组件中显示学号、姓名,以及各科目的分数、总分。在最后一行显示统计信息:总人数、各科目平均分、总平均分。

例 15.1　创建 TwoThread 线程类,并以启动两个线程的形式运行。

例 15.3　实现 Runnable 接口的多线程示例。

例 15.5　带有互斥锁的线程示例。使用 synchronized 关键字解决例 15.4 中的资源访问冲突问题。

例 15.6　堆栈问题中线程之间的协作示例。

例 15.7　TabPanel.java,简单地用标签面板完成的以选项卡进行组件分类的图形用户界面程序设计示例。

例 16.1　简单的服务器端程序示例。

例 16.2　简单的客户端程序示例。

例 16.3　编写程序,将客户机上某文件上传到服务器。